衡谷 10 号

衡谷 11 号

衡谷 13 号

衡绿谷 1 号

衡谷 12 号

黄米与绿米对比

2BF-(4~10)B 系列型小粒作物播种机

2BX-4S 谷子精量穴播机

2BX-4 谷子精量穴播机

3ZF-0.5 谷子中耕除草施肥机

3ZF-1.5 谷子中耕除草施肥机

4S-90 谷子割晒机

4S-（150~200）谷子割晒机

5T-28 谷穗脱粒机

5T-45 整株谷子脱粒机

高地隙四轮喷药机

膜侧谷子精量条播机

膜上谷子精量穴播机

切流式谷子联合收获机

白发病——部分结实

白发病——刺猬头

白发病——灰背

白发病——枪杆

白发病——心叶发病

白发病——白发状

白发病——死苗

谷子黑穗病为害穗部初期症状

谷子黑穗病被害穗

红叶病中间寄主玉米蚜

谷子红叶病红叶型

谷子红叶病黄叶型

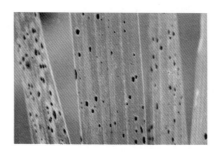

谷子胡麻斑病（1）

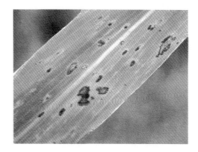

谷子胡麻斑病（2）

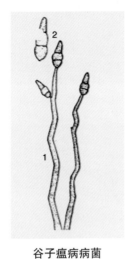

谷子瘟病病菌　　　　　谷瘟病为害叶片　　　　谷子瘟病为害穗部症状
1. 分子孢子；**2.** 分生孢子梗

谷瘟病穗脖被害状　　　　　　　　谷子纹枯病

谷子线虫病　　　　　　　　　谷子锈病

小地老虎幼虫

小地老虎成虫

大地老虎成虫

地老虎成虫

黄地老虎成虫

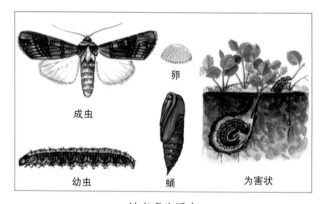

地老虎生活史

沟金针虫成虫

沟金针虫幼虫（1）

沟金针虫幼虫（2）

褐纹金针虫幼虫

细胸金针虫幼虫

单刺蝼蛄

单刺蝼蛄后足

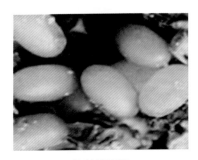

单刺蝼蛄卵

东方蝼蛄

东方蝼蛄后足

东方蝼蛄卵

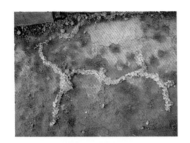
蝼蛄田间为害

蚂蚁吃蝼蛄

华北大黑鳃金龟

铜绿金龟子

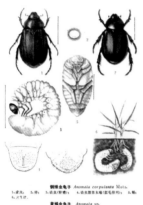
金龟子生活史

粟凹胫跳甲成虫为害状

粟凹胫跳甲成虫

粟凹胫跳甲幼虫
为害枯心苗状

粟凹胫跳甲为害茎基部

9

蛴螬

粟芒蝇成虫

粟芒蝇——畸形穗

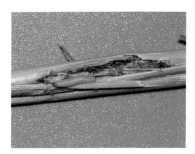

粟芒蝇幼虫为害茎秆状

粟叶甲成虫

粟叶甲成虫为害状

粟叶甲卵

粟叶甲幼虫为害

粟叶甲幼虫为害状

粟小缘蝽成虫

粟缘蝽成虫

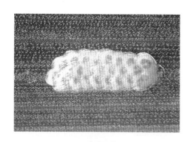

玉米螟卵

玉米螟蛹

玉米螟幼虫

玉米螟成虫

玉米螟蛀茎

玉米螟钻蛀呈白穗状

黏虫成虫

黏虫幼虫

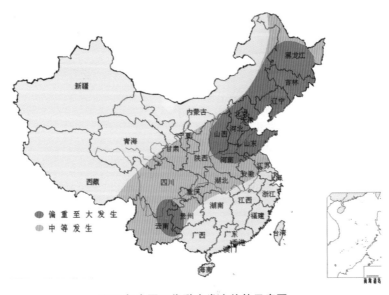

2013 年全国三代黏虫发生趋势示意图

（注：部分图片来自网络，在此表示感谢）

河北省农林科学院旱作农业研究所
衡水市农业科学研究院

谷子规模化高效栽培技术研究

李明哲　郝洪波　崔海英　主编

中国农业科学技术出版社

图书在版编目（CIP）数据

谷子规模化高效栽培技术研究／李明哲，郝洪波，崔海英主编 . —北京：中国农业科学技术出版社，2016.10

ISBN 978 - 7 - 5116 - 2764 - 3

Ⅰ. ①谷… 　Ⅱ. ①李… ②郝… ③崔… 　Ⅲ. ①小米 – 高产栽培 – 栽培技术 – 研究 　Ⅳ. ①S515

中国版本图书馆 CIP 数据核字（2016）第 228938 号

责任编辑	崔改泵
责任校对	贾海霞

出 版 者	中国农业科学技术出版社
	北京市中关村南大街 12 号　邮编：100081
电　　话	(010)82109194(编辑室)　　(010)82109702(发行部)
	(010)82109709(读者服务部)
传　　真	(010)82106650
网　　址	http://www.castp.cn
经 销 者	各地新华书店
印 刷 者	北京昌联印刷有限公司
开　　本	710mm×1000mm　1/16
印　　张	17　彩页 12
字　　数	310 千字
版　　次	2016 年 10 月第 1 版　2016 年 10 月第 1 次印刷
定　　价	50.00 元

◄◄◄► 版权所有·翻印必究 ◄►►►

現代农业产业技术体系建设专项资金 （CARS-07)
资助出版

编 委 会

主　　编　李明哲　郝洪波　崔海英

副主编　杨志杰　张文英　庞昭进
　　　　戴茂华　孔德男　王万兴

编　　委　刘焕新　郭安强　吴海岩　李霄鹤
　　　　焦海涛　王长军　张国军　时丽冉
　　　　崔兴国　高汝勇　李会芬　王桂荣
　　　　王广才　郑红霞　刘合民　郭少科
　　　　王　英　赵青松　张书存

前　言

谷子起源于我国，被誉为中华民族的哺育作物。20世纪50年代到70年代，我国谷子面积曾达1亿亩以上，是我国第三大主要粮食作物。20世纪70年代以后，谷子逐渐由全国主要粮食作物变为了区域性重要作物，其在品种培育、栽培技术及农机等方面研究相对滞后，而同一种植区的小麦、玉米在育种、机械化生产、化学除草等关键技术方面发展较快，伴随着水肥条件的迅速改善，其产量迅速提升，种植面积也迅速扩大，谷子逐步被边缘化，谷子栽培面积迅速萎缩，逐渐沦为辅粮，目前生产面积已不足200万 hm^2，且主要分布在我国北方干旱、半干旱地区。

然而，随着近年来居民生活水平的不断提高，富贵病逐年增加，作为小杂粮的谷子，因富含蛋白质、维生素等又逐渐受到人们重视，尤其是在我国北方水资源日益短缺，干旱缺水已严重制约我国农业发展的历史背景下，作为典型抗旱作物的谷子逐渐有了新的发展，重新受到重视。在一系列政策的引导下，对谷子产业发展问题的探索也逐渐兴起，2008年，谷子被列入国家现代农业产业技术体系，谷子育种工作和栽培技术得到飞速发展，尤其是抗除草剂谷子品种的出现以及与之相配套的栽培技术的推广应用，为谷子生产提供了有力的技术保障。在杂粮消费热的推动下，谷子市场价格持续走高，从而调动了农民种植积极性，生产面积出现了稳中有增的趋势。随着农村土地大面积流转及专业种植合作社的出现，谷子大面积规模化、机械化生产开始出现，但相对落后的传统人力型栽培技术无法满足这一生产需求。为此，我们总结自己近年来谷子规模化生产研究的点滴成果，在前人工作的基础上，同时吸收了国内同行的先进经验，汇编了这本有关谷子规模化生产的技术读本，以期对目前谷子规模化高效栽培有所帮助。

全书共8章。具体分工如下：第一章、第二章、第三章、第六章由河北省农林科学院旱作农业研究所郝洪波完成；第四章及第五章的前四节由河北省农林科学院旱作农业研究所李明哲完成；第五章第五节由河北省农业机械化研究所有限公司杨志杰、刘焕新、吴海岩等完成；第七章由郝洪波、李明哲共同完成；第八章由河北省农林科学院旱作农业研究所崔海英完成。

在本书编写过程中引用了许多文献资料，并尽可能注明来源，部分调研数据来自国家谷子糜子产业技术体系产业经济岗位，在此对原作者致谢；有关领导、同事及同行对本书提出了很多有益的建议并对编写工作提供了很大的帮助，在此表示真诚的谢意，人员名单不再一一列出。本书的主体内容是在国家谷子糜子产业技术体系、河北省科学技术厅、河北省农林科学院等的支持下完成的。

本书在编写过程中注重谷子基础生理与实用技术、试验研究与栽培技术之间的相互结合，尽力做到有理有据，以帮助读者理解和掌握相关知识，也有助于读者在实际生产中灵活运用。但因知识水平所限，不妥之处，还望同行及广大读者批评指正。

编者

2016 年 4 月

目　录

第一章　谷子生产概述

第一节　谷子起源及其在国民经济中的地位

一、谷子起源与发展

一万多年前全球气候变暖，人类为应对生存压力而发明了农业。黍和粟的野生祖先因其极强的抗逆性以及短生育期的特性，成为中华民族首选的栽培作物，种植粟、黍标志着中国北方原始农业的开端。以五谷（稷、麦、稻、黍、菽）为代表的传统农业生产及其方式，为华夏文明的孕育、发展作出了基础性贡献。

自新石器时代晚期粟取代黍的地位后，在古代一直是北方地区的重要食粮。《诗经·国风》中"硕鼠硕鼠，无食我黍"的诗句反映出谷黍在当时作为主粮的事实。粟还是古代政府税收的来源之一、社会财富的重要象征。中国几千年以农立国，稷神崇拜和祭祀之风相延。对稷的崇拜经历了"稷官—后稷—稷神"的演变，古代稷神与社神祭祀往往并提，"社稷"成为国家的象征。

从精神层面说，谷子以其耐旱、耐瘠、耐贮存等生物学特性，培养出华夏子孙艰苦奋斗、坚韧不拔的优秀品质。粟文化深深烙印在国人的精神世界中，并深刻影响着人们的思维和人文情怀。古有伯夷、叔齐"不食周粟"，饿死于首阳山。唐朝世人李绅《古风二首》诗云："春种一粒粟，秋收万颗子。四海无闲田，农夫犹饿死"；"锄禾日当午，汗滴禾下土。谁知盘中餐，粒粒皆辛苦"，时至今日仍有这种关注民生、珍惜粮食的情怀。

从全球范围看，古代文化中的粟符号又是独特的。例如，朝鲜把粟叫"粟克"，俄罗斯把粟叫"粟籽"，印度把粟叫"棍谷"。再如，粟在梵语称"Cinaka"，即"中国"之意，印地语称"Chena"或"Cheen"，孟加拉语称"Cheena"，古吉拉特语称"Chino"，都只是语种上的拼音不同。这些语言学方面留下的痕迹，证明了当地文化与中国外传粟的某些联系，也说明传统文化中的粟符号具有世界意义。总之，粟文化的内涵丰富而广博，从耕作方式到栽培技术、从宗庙祭祀到民间风俗、从诗歌咏颂到各种寓意，是承载中华文明长久发展的重要基因，具有非凡的生命力和世界意义。

目前国际上公认谷子起源于我国，无论是从考古文物中，还是在古籍文献记载上，都能看到粟这种栽培作物贯穿在中华民族的历史长河中。据对西安半坡遗址、磁山遗址、裴李岗遗址等出土的大量炭化谷子考证，谷子在我国有 5 000 ~ 8 000 年的栽培历史。远在 7 000 年前的新石器时代，谷子就已成为重要的栽培作物，在中原和华北的广大地区推广和种植。粟作为五谷之首，不仅是华夏民族的传统主粮，而且谷子和谷草作为战略储备物，对历次战争的胜负起到了举足轻重的作用，使其成为国家稳定和社会发展的关键。据历史资料记载，在隋唐期间谷子经朝鲜传入日本，元、明代开始传播到西伯利亚、欧洲及世界各地。对谷子野生种遗传多样性的研究表明，谷子遗传基因分为中国和欧洲两个基因库，认为这两个基因库有独立驯化的可能性，为谷子的起源与演化充实了论据。谷子同工酶分析结果也表明，狗尾草与栽培谷子亲缘关系较近，是谷子近缘祖先，谷莠子与栽培谷子的亲缘关系最近，是谷子与狗尾草的中间类型。

目前，谷子在世界上分布范围很广，主要在亚洲东南部，非洲北部和小亚细亚等地，以中国、印度，巴基斯坦、埃及栽培较多。从面积上看，面积最大的是亚洲的印度，达到 1 050 万 hm^2，其主要种植是珍珠粟，谷子几乎没有。另外，非洲的苏丹、塞内加尔主要是种植苔芙等作物。中国主要种植谷子、糜子，排在世界第四位。从单产看，中国的谷子单产达到 1 554.9kg/hm^2，而种植面积较大的印度、苏丹、塞内加尔单产水平较低。

谷子在我国各地均有栽培，以黄河以北各省（区）栽培为主。甘肃除甘南高原和祁连山山地高寒牧区外，全省各地均有种植。草谷子是将谷子迟播、密植、收草以供牲畜饲喂之用，在北方干旱地区有种植。

二、谷子在国民经济中的地位

谷子属禾本科，黍族，狗尾草属，又名粟，是我国主要栽培作物之一。谷子耐旱、耐瘠薄，抗逆性强，适应性广，是很好的抗旱作物；子实外壳坚实，能防湿、防热、防虫，不易霉变，可长期保存，是重要的储备粮食。谷子是我国北方地区主要粮食作物之一。在北方旱粮作物中仅次于小麦、玉米，居第三位，是调剂城乡人民生活不可缺少的作物，在作物生产中占有重要地位。谷子是传统的优势作物，虽然从全国来说谷子不再是主要的粮食作物，但在北方干旱地区仍是重要的粮食作物，是典型的环境友好型作物，其不仅在旱作生态农业具有重要地位，而且针对日益严重的水资源短缺问题，谷子作为重要的战略储备作物，在保障干旱、贫瘠地区的粮食安全中起着非常重要的作用。随着现代人们膳食结构及生活方式的改变，作为主食的"五谷杂粮"日渐从人们的餐桌上减少，居民膳食纤维摄取量逐渐下降，肥胖、高血压、糖尿病等富贵病发病率持续上升。由于谷子营养均衡，对糖尿病、心脑血管疾病、皮肤病等多种疾病有食疗作用，所以近年来随着人们消费水平的提高以及对营养、健康与食品安全的关心，城镇居民对小米的需求逐年增加，尤其是优质绿色小米销售旺盛，以谷子为主的杂粮越来越成为人们餐桌的必备食品。

（一）小米营养丰富、全面，具有很好的保健作用

谷子去壳后称小米，小米营养价值高，味美，易消化，深受人民喜爱。据中国农业科学院分析，小米含蛋白质 7.5% ~ 17.5%，平均 11.7%，脂肪 3% ~4.6%，平均 4.5%，碳水化合物 72.8%，还含有人体所必需的氨基酸和钙、磷、铁及维生素 A、维生素 B_1、胡萝卜素等。每百克小米可产生热量1 516千焦，比大米、小麦粉、高粱、玉米都高。每百克小米含蛋氨酸 297mg，色氨酸 194mg，赖氨酸 334mg，苏氨酸 463mg。对某些化学致癌物质有抵抗作用的维生素 E（5.59 ~ 22.36mg/100g 小米）、硒（小米含量 25mg/kg）的含量也很高。对动脉硬化、心脏病有医疗作用的维生素 B_1 的含量更为突出，每百克小米含 0.6 ~ 1.0mg。它是一种很好的营养品，体弱多病者和产妇食用具有较好的滋补、强身作用。小米除焖饭、煮粥等直接食用外，还可加工煎饼、发糕、小米酥系列产品（如高蛋白酥卷、保健酥卷、强化酥卷）和营养调味食品及酿酒、制糖等。谷粒、谷糠、谷芽入药后主治多种病，谷糠既能酿酒做醋，又是家禽的好饲料，且能提炼谷糠油、糠醛等。

（二）谷糠、谷草是很好的饲料

谷子是粮草兼用的作物，收获籽粒后，剩余秸秆可做谷草。据考证，古时候军队出征时"兵马未动粮草先行"中的"草"即为谷草。谷草营养价值高，含粗蛋白质 3.16%，粗脂肪 1.35%，无氮浸出物 44.3%，钙 0.32%，磷 0.14%，高于其他禾本科牧草，接近豆科牧草，品质优良，适口性强，耐贮藏，经久不变，是大牲畜的优质饲料。

（三）谷子是我国北方主要的耐旱、耐贫瘠作物

谷子抗旱，这是人们从千百年来的生产实践中得出来的结论。现代研究证明，谷子根系发达，而且谷子的光合速率、气孔导度、蒸腾速率3个生理指标对干旱胁迫均反应敏感，这些都为谷子的抗旱性提供了有力的科学依据。谷子每生产1g干物质所消耗的水量仅为271g，比高粱、玉米、小麦需水少15.8%~47.1%。在一些干旱地区，谷子可实现缺水有产，足水丰产，这是其他作物所无法实现的。

第二节　谷子生态区划

一、谷子生态区划

我国谷子栽培范围辽阔，自然条件复杂，栽培制度也不同，从而形成了地域间的差异，根据谷子种植的地理环境和气候环境的差异，中国目前将谷子划分为东北平原、华北平原、黄土高原和内蒙古高原4个生态型（图1-1）。

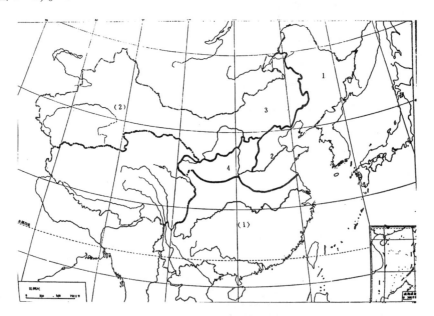

1. 东北平原生态区；2. 华北平原生态区；3. 内蒙古高原生态区；4. 黄土高原生态区

图1-1　全国谷子生态区划示意

（一）东北平原生态区

包括黑龙江、吉林、辽宁、内蒙古自治区（全书简称内蒙古）东部。地处北纬38°40′～53°30′，海拔50～200m，无霜期120～170d，年平均气温12～16℃，降水量400～700mm。这一区域为春谷区，谷子春播为主，生育期在110d以上，中粒种，穗中等，长刺毛品种较多，茎秆较高，一些品种幼苗色较浓，后期全株变红，易早衰。

（二）华北平原生态区

包括河南、河北、山东等省（市）。地处北纬33°30′～39°57′之间的平原地区，海拔高度在100m以下，无霜期150～250d，年平均气温12～16℃，年平均降水量400～900mm。这一区域春播生长期110～120d，夏播80～100d，以夏谷为主，谷子株高在130cm左右，穗中等，为中粒种。

（三）内蒙古高原生态区

包括内蒙古一部分、河北省的张家口地区、山西省的雁北地区。地处北纬40°10′～42°16′，海拔150m以上，无霜期125～140d。日照时数14h以上，年平均2.5～7℃，年降水量250mm。这一区域谷子生育期在100d以上，春播为主，谷子株高120cm，90%谷子品种千粒重在3.1g以上，穗大粒大，矮秆。

（四）黄土高原生态区

包括山西（雁北地区除外）、陕西、宁夏回族自治区（全书简称宁夏）、甘肃等省区。地处北纬34°20′～38°50′，海拔600～1 000m，无霜期150～200d，日照时数14h左右，年平均气温7～15℃，年降水量350～600mm。这一区域谷子对光照反应强烈，生育期在110～125d，春播为主，株高140cm，品种多高秆、大穗、大粒，蛋白质含量平均高于其他3个生态区。

二、生态区划的意义

生态区划可以充分反映不同区域的谷子品种和栽培的特点，了解谷子生态区划，对于了解谷子的适应性以及引种都有积极意义，谷子是短日照喜温作物，对光照和温度的反应比较敏感，通常谷子品种的适应性不大，相互引种范围较小，异地引种特别是跨生态区引种会引起品种特性发生较大的变化，不能盲目引种推广，但在相似生态条件地区，谷子品种可以互换引种。例如夏谷区的山东、河南、河北条件类似地区谷子品种可以引种交换，春谷区的山西长治、陕西延安、甘肃陇东、辽阳等地区生态条件类似，谷子品种可以引种交换，但来自哈尔滨的谷子品种引到石家庄后抽穗会提早 15d 左右，病害严重，后期高温易早衰；石家庄当地品种引到东北地区抽穗会推迟 21d 左右，甚至难以成熟。

谷子异地引种时要注意以下规律。

1. 不同纬度间引种

主要受光照和温度影响，大体上纬度相差 1 度，抽穗期变化 1~2d，生育期变化相差 4~6d。

南种北引：把南部地区的品种引到北部地区，因日照延长，温度降低，导致生长期延长，植株发育迟缓，甚至难以成熟。

北种南引：将北部品种引到南部地区，因日照缩短，温度升高，一般表现为抽穗提前，植株变矮，提早成熟，穗变小，病害加重，易早衰，产量降低。

2. 不同海拔间引种

主要是受温度影响，在海拔相差较大时，每差百米，可引起抽穗期一天多的变化。

低海拔品种引向高海拔种植，温度降低，植株增高，生育期延长；反之高海拔品种引至低海拔，温度升高，植株变小，抽穗提前，生育期提前。谷子引种互换必须遵循严格的引种原则，通常必须经过一年的引种观察试验，在对引种品种特征特性观察鉴定的基础上，确定了其适宜的种植区域后才能推广种植。

因此，在计划异地引种时，首先要调查研究引种地的地理气候特点，先进行小量适应性鉴定以及病虫害调查，表现优良的品种才可以应用于生产。

第三节　我国谷子生产概况和存在的问题

一、我国谷子生产概况

谷子是起源于我国的古老作物，数千年来一直作为中国北方的主栽作物，被誉为中华民族的哺育作物。历史上曾有四大贡米之说，即河北蔚州"桃花米"、山东济宁"金谷米"、山东章丘"龙山小米"、山西沁县"沁州黄"。我国是世界上谷子栽培面积最大，产量最多的国家。播种面积占世界播种面积的 90% 以上。新中国成立初期，我国谷子面积在 1 000 万 hm^2 左右（图 1-2），在北方仍和小麦、玉米一样为主要粮食作物。进入 20 世纪 80 年代后，小麦、玉米育种技术快速发展，优良品种得到大面积推广，配套机械和化学除草等配套技术的逐步成熟，生产面积日渐扩大，而谷子在相关技术领域一直未能成功应用，栽培面积日益萎缩，逐渐沦为辅粮和配角作物，目前种植面积在 100 万 hm² 左右，且主要分布在我国华北、东北和西北地区的干旱、半干旱的丘陵地区，播种面积最大的是山西省（21.85 万 hm²），其次为河北省（16.53 万 hm²）、内蒙古自治区（14.29 万 hm²）、辽宁省（8.19 万 hm²）、陕西省（7.62 万 hm²）、河南省（3.53 万 hm²）、黑龙江省（2.84 万 hm²）、甘肃省（2.17 万 hm²）、山东省（1.51 万 hm²）、吉林省（1.36 万 hm²）、宁夏回族自治区（0.70 万 hm²）。

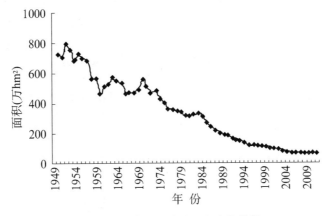

图 1-2 我国谷子种植面积变化趋势

近年来，河北、河南两省谷子播种面积呈逐步下降趋势，分别由 2002 年的 31.0 万 hm² 和 8.0 万 hm² 下降到 2009 年的 14.6 万 hm² 和 3.8 万 hm²，年均递减速度为 8%；其余省份年际间有所波动，但基本稳定。河南、辽宁和陕西单产波动性较大，其余省份单产波动性相对较小；近几年单产高于全国平均水平的有河南、辽宁和河北，低于全国平均水平的是山西、内蒙古和陕西。

随着全国旱情不断发展，水资源短缺、富贵病增加、全球饥饿问题越来越严重，谷子作为小杂粮又重新回到人们的视线。在一系列政策的引导下，对谷子产业发展问题的探索也逐渐兴起，2008 年谷子被列入国家现代农业产业技术体系，为谷子产业技术研发提供了稳定的经费，使我国谷子科研摆脱了困境，迈入了现代化农业科研的轨道，使得谷子产业发展面临着难得的发展机遇。谷子育种工作和栽培技术得到飞速发展，尤其是抗除草剂谷子品种的出现以及与之相配套的栽培技术的推广应用，为谷子生产提供了有力的技术保障。很多人还对谷子停留在原来认识层面，认为谷子是低产作物，压低种植面积，事实上，在科研人员的努力下，目前谷子产量达到亩（15 亩 = 1hm²；1 亩 ≈ 667m²。全书同）产量 300 ~ 500kg（夏谷）已很普遍，张杂谷 5 号（春谷）曾创造了单产量 700kg/亩的纪录。谷子在一些关键栽培技术方面，如精量播种、化学间苗、除草技术、机械收获技术等方面，也已获得突破性进展，并在生产中得到了大面积推广应用。随着人们对谷子的营养保健作用日益重视，推动了谷子市场价格持续走高，从而调动了农民种植积极性，农村土地大面积流转，促成了谷子大面积规模化、机械化生产和谷子种植合作社的出现。

二、河北省谷子生产现状

河北省是谷子生产大省，全省各地均有种植，播种面积和全国谷子播种面积一样，总体呈下降趋势（表 1 - 1 至表 1 - 3）。但河北省仍排在全国前三名。自古以来，河北省谷子文化源远流长，武安市是谷子的发源地之一，小米是武安市农业重点支柱产业之一，武安小米品质优良，色泽金黄，入口甘甜糯香，极富营养价值，市场声誉好，深受消费者青睐。2004 年，武安市被河北省农业厅命名为"河北小米之乡"，2005 年被农业部命名为"中国小米之乡"。另外，河北蔚县的"蔚州贡米"在明清时期就成为全国"四大名米"

表 1 - 1 　1978 ~ 2010 年河北省粮食和谷子的生产情况

年份	谷子			谷子占粮食的比例	
	面积（万 hm²）	产量（万 t）	单产（kg/hm²）	面积（%）	产量（%）
1978	54.23	96.0	1770.15	6.82	5.94
1980	54.92	98.0	1784.40	7.34	6.44
1982	70.00	157.5	2250.00	10.11	8.99
1984	70.65	140.0	1981.65	10.61	7.49
1986	63.09	108.8	1724.55	9.24	5.54
1988	57.21	114.6	2003.10	8.59	5.67
1990	54.90	113.0	2058.30	8.04	4.96
1992	42.88	75.4	1758.45	6.47	3.45
1994	41.96	102.6	2445.15	6.17	4.07
1996	36.49	85.2	2335.05	5.11	3.05
1998	33.26	77.6	2333.10	4.55	2.66
2000	30.96	68.6	2215.80	4.47	2.69
2002	26.23	47.7	1818.60	4.05	1.96
2004	22.27	44.4	1993.65	3.71	1.79
2006	19.42	41.7	2147.25	3.10	1.50
2008	17.35	32.5	1873.20	2.82	1.12
2010	15.48	39.3	2538.75	2.46	1.32

表 1-2　河北省谷子主产县、主栽谷子类型、品种及平均产量

县（区）、市	面积（万 hm²）	谷子类型	主要品种	平均亩产（kg）
蔚县	1.22	春谷	冀张杂 5、张杂 3、张杂 5	—
阳原县	0.35	春谷	冀张杂 5、张杂 3、张杂 5	—
赤城县	0.23	春谷	冀张杂 5、张杂 3、张杂 5	—
宣化县	0.37	春谷	冀张杂 5、张杂 3、张杂 5	—
平泉县	0.24	春谷	承谷 8 号、承谷 12	231
承德县	0.2	春谷	承谷 8 号、承谷 12	276.5
丰宁县	0.2	春谷	吨谷、小红谷、张杂 3、张杂 5	—
迁安市	0.13	春谷、夏谷	张杂 3、张杂 5、小香米、冀谷 20	250
青龙满族自治县	0.37	夏谷	冀谷 19、20，锦谷 12	198
曲阳县	0.39	夏谷	冀谷 19、26、22、31，保谷 18	257
涞源县	0.15	夏谷	冀谷 19、22、26，保谷 18	153
唐县	0.3	夏谷	冀谷 19、保谷 18	195
盐山县	0.2	夏谷	冀谷 19、20、31，沧谷 3	200
黄骅市	0.2	夏谷	沧 170、沧谷 3、冀谷 19、20、31	—
献县	0.13	夏谷	沧谷 3、冀谷 19、20、31	250
武安市	1.62	夏谷	冀谷 19、20、31	273
涉县	0.27	夏谷	冀谷 19、20、31	219
磁县	0.5	夏谷	冀谷 19、20、31，张杂 8	210
永年县	0.25	夏谷	冀谷 19、20、31，张杂 8	216
邯郸县	0.26	夏谷	冀谷 19、20、31	265
馆陶县	0.07	夏谷	冀谷 19、20、31	365
枣强县	0.37	夏谷	冀谷 19、31，衡谷 9	285
冀州市	0.2	夏谷	冀谷 19、31，衡谷 9	200
南宫市	0.67	夏谷	冀谷 19、31，衡谷 9	276
巨鹿县	0.15	夏谷	张杂 8、冀谷 31	231
南和县	0.02	夏谷	张杂 8、冀谷 31	—
威县	0.69	夏谷	冀谷 19、31，衡谷 9	372
新河县	0.27	夏谷	冀谷 19、20、31	231
沙河市	0.25	夏谷	冀谷 19、20、26、31	218
辛集市	0.38	夏谷	冀谷 19、20、31	347
晋州市	0.19	夏谷	冀谷 19、20、25、31	309
井陉县	0.14	夏谷	冀谷 19、20、25、31	145

表1-3 河北省谷子种植面积和产量在粮食中所占的比重

区域	县（区）、市	面积占比（%）	产量占比（%）
河北省太行山丘陵区	全省平均	2.9	1.7
	井陉县	5.65	2.8
	赞皇县	2.75	1.88
	平山县	4.16	1.06
	元氏县	2.82	1.62
	邯市峰峰矿区	6.66	5.35
	涉县	11.39	9.06
	磁县	8.64	5.3
	武安市	20.18	17
	邢台县	6.19	4.26
	临城县	6.57	2.71
	内丘县	5.25	2.32
	沙河市	8.15	4.69
	涞水县	3.25	1.76
	阜平县	3.86	2.07
	唐县	9.34	5.46
	涞源县	8.58	4.59
	曲阳县	14.53	10.35
	顺平县	3.43	1.28
燕山山区	迁西县	6.31	4.76
	秦皇岛市海港区	3.01	1.98
	青龙县	13.03	8.07
	抚宁县	3.36	1.66
	张家口市宣花区	7.15	1.27
	张家口市下花园区	16.59	11.13
	宣化县	12.28	5.24
	蔚县	22.45	15.89
	阳原县	9.45	6.67
	怀安县	7.06	2.89
	万全县	3.5	1.48
	怀来县	4.96	1.31
	涿鹿县	4.42	1.29
	赤城县	10.28	7.73
	承德市双桥区	9.32	6.01
	承德市双滦区	6.35	4.15
	承德市营子区	10.03	7.99
	承德县	7.27	4.74
	兴隆县	5.57	4.91

（续表）

区域	县（区）、市	面积占比（%）	产量占比（%）
燕山山区	平泉县	6.58	3.5
	滦平县	5.31	3.2
	隆化县	5.2	3.27
	丰宁县	3.52	2.25
	宽城县	7.62	4.91
山前平原区	辛集市	5.32	4.16
	晋州市	3.43	2.37
	邯郸县	6.71	3.42
	成安县	3.47	2.59
	永年县	3.32	1.65
	柏乡县	3.61	2.08
	邱县	6.8	5.84
黑龙港低平原区	鸡泽县	2.97	2.3
	巨鹿县	9.85	7.24
	新河县	10.64	6.64
	广宗县	12.7	10.42
	平乡县	3.73	2.6
	威县	24.65	23.77
	清河县	3.97	2.73
	临西县	7.23	5.59
	南宫市	16.45	14.02
	孟村县	3.96	4.07
	枣强县	7.7	6.34
	冀州市	5.11	2.8
滨海平原区	黄骅市	2.88	4.13

而久负盛名，2010 年荣获国家质检总局认证的"地理标志保护产品"标志。河北省农林科学院旱作农业研究所培育的衡谷系列品种，在河北省邯郸、衡水、邢台等地种植，均表现出了抗旱、高产的特点。张家口市农业科学院在几代人的努力下，培育出来的张杂谷系列品种，创造了 12 150kg/hm² 的高产纪录。

河北省有三大小米集散地，分别是石家庄藁城马庄小米集散地、沧州孟村小米集散地、张家口蔚县吉家庄杂粮中转站。其中，藁城马庄村位于藁城、赵县、栾城三县（市）交界的特殊位置，该村小米加工经营历史悠久。马庄村小杂粮加工起步于 20 世纪 80 年代，经过 20 余年的发展，全村已拥有小杂粮加工企业 80 余家，从业人员 2 300 余人，形成了以华北为依托、经销网络辐射全国的马庄小杂粮批发市场和华北最大的小杂粮集散地，年交易额达 3.8

亿元，农民可增收近 500 万元。通过对马庄市场监测，50% 谷子货源来自内蒙古，30% 来自东北，河北省只占 10%。河北省小米加工企业约有 180 家，主要分布在邯郸、张家口等谷子主产区以及石家庄、沧州等小米集散地。但是成规模、大型龙头企业较少；绿色认证、有机认证的产品匮乏。截至 2010 年，河北省绿色认证谷子企业有 5 家，有机认证企业有 4 家；而相邻的山西省绿色认证谷子企业达到 27 家，有机认证企业达到 8 家，说明河北省小米企业的发展水平、规模还处于较低的水平。通过对谷子产业链各环节的调研表明：优质、功能性小米售价高、利润高；而米质一般或较差的小米售价低、效益差；精品优质小米效益好。

三、目前谷子生产存在的问题

（一）生产方式落后

目前，我国谷子种植大多仍沿用传统的耕作栽培方式，多数农户还是采用原始的人畜力进行耕作，从播种、定苗、施肥、除草到收获，机械化程度低，劳动强度大，生产效率低，生产方式远远落后于玉米、小麦等主要农作物。河北谷子机械化率不到 30%，与小麦、玉米等作物的轻简技术水平差距逐步扩大。由于普通谷子不抗除草剂以及谷子需要发挥群体顶土优势出苗，导致谷子栽培耕作方式千百年来依赖人工间苗、人工除草。同时，由于长期对谷子农机研发投入少、研发人员少以及谷子目前大部分种植在丘陵山区而大型机械难以使用等问题，谷子配套农业机械极其缺乏，谷子生产机械化水平低已成为制约谷子规模化生产的主要问题。虽然近年来谷子已培育出抗除草剂品种，但仅针对禾本科杂草，还需与其他双子叶除草剂配合使用；播种逐步向半人工、半机械化方向转变，但中耕施肥及植保的机械较少；收获基本可以实现机械化，但晾晒基本还是以自然晾晒为主。这些因素严重制约了谷子规模化生产。

（二）种植面积太分散

谷子耐旱，耐贫瘠，适应性广，抗逆性强，在人们的传统观念中，谷子都是种植在比较贫瘠的旱地丘陵、山区，因此，很多地区谷子都是零星分散种植，这种种植方式会导致无法进行机械化生产，管理跟不上，产量水平低，品质也难以保证。虽然近年来有些地方出现了谷子专业合作社等形式的小型规模化生产，但较分散，难以成片，加之缺少科学的栽培技术指导，合作社存活寿命很短。

（三）栽培技术落后、种植者素质不高

通过对谷子主产区调研发现，82.7%的户主处于40～60岁；81.2%的户主文化程度处于初中及以下水平；具备农业技能的仅占12.38%。劳动者素质不高、文化水平低，导致农户接受新品种、新技术能力差，是制约谷子产业发展水平的关键因素。主要原因在于农业收入占农户总收入的比例低，通过谷子主产区的调研，农户打工收入占农户总收入60.56%。农村青壮年劳动力大量外出打工，从事农业生产的主要是老人、妇女和儿童。

（四）加工技术落后、消费单一、产业链较短

目前谷子的消费还是以原粮为主，人们对小米的消费以粥食为主，消费方式的单一直接导致消费驱动不足。谷子在产后加工、综合利用等方面，研究水平低，产品匮乏，无法有效开拓市场，进一步限制了谷子消费量的增长。主要原因：一是小米做主食的口感不如大米，随着人们生活水平的提高，小米逐渐被大米取代；二是谷子加工基础研究落后，对谷子功能性成分用途、工业化出口等问题研究不深；三是谷子产后加工研究长期投入低，研究人员少。

（五）企业规模小、加工层次低、谷子种植效益低

河北省谷子企业缺乏大型龙头企业带动，由于企业的规模小，在市场开发、生产组织、基地建设方面处于不利地位，导致规模效应小。调研显示，组织化、产业化程度越高的地区谷子收购价格越高，谷子种植效益越高。如山西省谷子产业整体水平较高，优质谷子收购价为7～9元/kg，而河北省平均为3～4元/kg。

（六）谷子单产仍不高

谷子在历史上一度被认为是低产作物，随着育种技术的不断提升，出现了一大批高产多抗品种，小面积单产曾达到了9 000kg/hm^2，也使谷子由过去的低产作物改变为旱地的稳产、水浇地的高产作物。但是，相对于小麦、玉米等主要作物，谷子单产仍不高，小面积较好产量也是以较高的人工投入为代价的。在机械化程度较高的栽培方式下，单产较低。

（七）病虫草鸟害严重

在我国，谷子的病虫草害发生比较频繁，一直是困扰我国谷子生产的重要影响因素，每年因病虫草害造成的损失都非常严重。通过对我国谷子主产区的详细调查，初步明确了危害我国谷子的主要病虫害有百余种。主要虫害

有钻心虫、蝼蛄、黏虫、红蜘蛛、粟芒蝇、玉米螟等。生产上常发病害有白发病、黑穗病、红叶病、谷瘟病、线虫病等。草害主要是谷莠子，谷莠子苗期与谷子不易区分，待发现时已形成危害，而且成熟早、易落粒、传播能力强，种子在土壤中保存多年都不会丧失发芽率，一旦条件适宜即可出苗，即使是牲畜吃掉，过腹后仍具有发芽能力，因此谷田中谷莠子常常大量生长，造成谷子大幅度减产。鸟害主要是麻雀，小地块鸟害严重，且已形成恶性循环：分散的小地块谷田→鸟害重→谷田面积减少→鸟害更严重→面积再减少，最终使得零星的谷田消失，加剧了谷子生产面积的萎缩。

第二章　谷子的生长发育与产量形成

第一节　谷子的生育期

谷子由种子萌发至成熟形成新的种子，称为谷子的一个生育周期，也称全生育期。而谷子从出苗到成熟所经历的天数称谷子的生育期。由于谷子种子在地下萌发的快慢与生态条件有关，而且不易观察，所以通常用谷子的生育期作为一个指标，来衡量一个谷子品种生长时间的长短。

不同品种谷子在同一地区的生育期长短差异很大；同一品种在不同地区种植生育期长短也有很大变比。一般在春播条件下，春谷类型品种生育期为80~140d，生产上常把生育期少于110d的品种定为早熟品种，111~125d的品种定为中熟品种，125d以上的品种定为晚熟品种。而夏播条件下，夏谷生育期在70~80d的品种为早熟品种，80~90d的品种为中熟品种，90d以上的品种为晚熟品种。

一、谷子的生育阶段

谷子生育期的长短无论存在怎样的差异，但它的生育过程都可划为营养生长阶段和生殖生长阶段。营养生长阶段是从种子萌发开始到抽穗开花，为谷子营养器官分化生长的主要时期；生殖生长阶段是自谷子拔节前后幼穗分化到籽粒成熟，为谷子穗花等生殖器官分化、生长的时期。从拔节到抽穗开花这一时期，既有营养生长，又有生殖生长，这两大阶段不是截然分开的，所以这两个阶段又可分为以下3个时期。

（一）生育前期

指从种子萌发开始到拔节期为止，为纯营养生长期，是谷子根、茎、叶等营养器官分化形成阶段，春谷为45~55d，夏谷为22~30d。这一时期主要是根、茎的生长，谷子会长出3~4层次生根、15~25条须根，有分蘖能力的品种在3~4叶期开始分蘖。

（二）生育中期

营养生长阶段与生殖生长并进阶段：从拔节到抽穗期为止，是谷子根、茎、叶大量生长和穗生长锥的伸长、分化与生长阶段，春谷为 25～28d，夏谷为 18～20d。这一时期既是根、茎、叶生长最旺盛的时期，也是谷子幼穗分化发育的时期，所以又称小穗和花数的决定期，也是根系生长的第二个高峰期。

（三）生育后期

生殖生长阶段：从抽穗期到籽粒成熟期，是谷子穗粒重的决定期，春谷为 40～60d，夏谷为 42～50d。

生育前期为幼苗质量决定期，中期是穗花数决定期，后期是穗粒重决定期。谷子生育期一般为 80～140d。生育期的天数因地理环境、品种、播种期的不同而差别很大。

二、谷子的生长发育期

一般谷子的全生育期划分为 5 个不同的生长发育期。

（一）幼苗期

从种子萌发出苗到分蘖出现为幼苗期，这阶段春播条件经历 25～30d，夏播为 12～15d。当幼苗 3～4 片叶时，就可长出次生根，之前的一段时期，幼苗就靠细弱种根从土中吸收水分和养分，来供给自身生长需要，所以幼苗生长的强弱在很大程度上与种子的质量有关。

（二）拔节期

从长出次生根到开始拔节为拔节期，这一时期春谷需要 20～25d，夏谷需要 10～15d，一般当幼苗长到 10 片叶时，即开始拔节，幼苗在这一时期会长出 3～4 层、15～25 条次生根，此阶段是谷子根系生长的第一个高峰时期，又是谷子一生中最抗旱的时期。在适当干旱的情况下，谷子次生根会更粗壮发达，而此期若土壤过湿会影响根系发育，所以一般生产上在这一时期要适当蹲苗。

（三）孕穗期

从拔节到抽穗为谷子的孕穗期，春谷需 25～28d，夏谷经历 18～20d，这一时期谷子的根、茎、叶生长最旺盛，同时又是幼穗分化发育形成时期。在孕穗期末期，植株叶片已全部长出，地上部干物质积累完成 50%～70%，这一时期为根系生长的第二个高峰期，每株谷子植株能长出 4 ~ 6 层、60 ~ 90 条次生根，根系生长量达到总根量的 60% ~ 70%。这一时期营养器官生长与幼穗发育同时进行，通常在拔节 3 ~ 7d 后开始幼穗分化，历时 20 ~ 25d，完成穗的主轴伸长、花器分化。因此在孕穗期要兼顾营养生长与生殖生长，栽培关键要促根、壮秆、保穗。

（四）抽穗开花期

自抽穗经过开花受精到籽粒开始灌浆为抽穗开花期。这一时期为谷子最短的一个生育时期，一般春谷 15 ~ 20d，夏谷 12 ~ 15d，是开花结实的决定期，是谷子一生对水、肥吸收的高峰期。要求温度最高，怕阴雨、怕干旱，生产关键是要充分满足谷子对水、肥的需求。

（五）籽粒形成期

自籽粒灌浆开始到籽粒完全成熟为灌浆成熟期，这一时期为谷子最长的生育时期，春谷经历 35 ~ 40d，夏谷经历 30 ~ 35d，是籽粒质量决定时期。植株光合产物 60% ~ 70% 输送到籽粒，籽粒产量 70% 以上是在这一时期形成的。开始灌浆的 10 ~ 12d 是决定产量的关键期，所以管理重点要防旱、排涝，尽可能延长根系寿命，防治早衰。

了解谷子生育期的划分以及各个生育时期谷子生长发育特点，结合谷子对环境条件的要求，在生产中便可明确不同时期的栽培管理要点，以便采取相应的管理措施。图 2 - 1 是谷子不同生育阶段与生育时期的示意图。

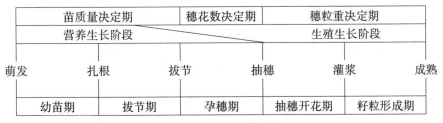

图 2 - 1　谷子生育过程与生育期划分示意

第二节　谷子的生长发育

一、种子萌发与出苗

一粒成熟的谷种在适宜的温度下，只要有水和氧气便可萌发。种子萌发可分为吸水膨胀、物质转化、幼胚生长3个阶段（图2-2）。

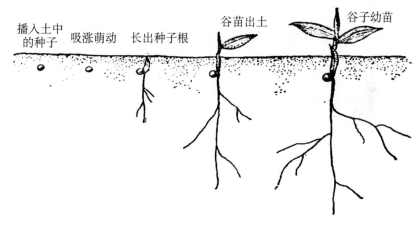

图2-2 种子萌发示意

（一）种子吸水膨胀

谷子种子发芽需水较少，但要想发芽快、发芽率高，就要求种子吸水量达到自身重量的25%～30%，此时土壤含水量在50%左右。种子吸涨作用的大小与种子含水量有关，种子含水量越小种子吸涨越明显，所以在播前晒种有助于种子吸水萌动。

（二）种子内物质的转化

种子内部物质转化是一个生化反应过程，且受多种酶控制。当谷种吸水膨胀达到饱和，各种酶类开始活动，胚乳内所含淀粉、脂肪和蛋白质等比较复杂的有机物质，开始转化为简单的碳水化合物和可溶性的含氮化合物，这些物质是胚能直接吸收利用的营养物质。同时，在吸涨过程中种子的呼吸作用开始增强，呼吸释放的能量能满足谷子幼胚生长对能量的要求。

（三）幼胚生长

在适宜的温度、水分和通气条件下，谷种吸涨后内部物质进行了一系列的转化，为幼胚萌发提供了足够的养分和能量，于是胚根鞘开始伸长，突破种皮，随即胚芽鞘也胀破种皮而出，胚芽鞘不断地向地面伸长，露出地面，形成一片鞘叶不再生长，由胚芽鞘中长出一片广卵圆形苗叶，即第一片真叶，称猫耳叶。通常把第一叶露出地面1厘米称为出苗。种子萌芽的快慢与种子活力和外界条件有关，成熟度好的饱满的种子发芽率高，发芽快，幼苗生长势也强，反之就弱；外界条件主要是温度也影响发芽，谷子发芽的适宜温度

15 ~25℃、最低温度6℃、最高温度30℃。通常夏播谷子1d萌动，3 ~4d出苗。

二、根的生长

谷子为须根系，由初生根（种子根）、次生根（永久根）和支持根（气生根）3种根群组成（图2 - 3）。

（一）初生根（种子根）

初生根来源于胚根，所以又称种子根。种子萌发时，首先长出的一条胚根即为初生根，初生根在谷子幼苗期入土较浅，但它吸收水分和养分供给幼苗生长，对谷子苗期抗旱保苗起着关键作用。初生根伸长5 ~10d即发生极细的支根，从土壤中吸收水分和养分，供幼苗生长。至17 ~18d就能形成相当范围的根群。到播后45d左右，初生根入土达最大深度，且停止生长。初生根的最大深度与土壤含水量密切相关，最深达到35cm。初生根抗旱能力较强，对抗旱保苗具有重要作用。它的寿命一般维持两个月左右。

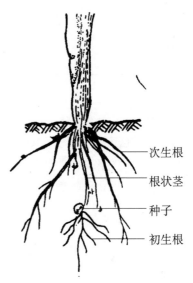

次生根

根状茎

种子

初生根

图2 - 3　根的外部形态

（二）次生根（永久根）

次生根又称永久根、不定根，是在主茎基部茎节上长出的。在初生根伸长和分枝的同时，一般在幼苗3 ~4叶时，首先由幼茎地下3 ~4茎节处的分生组织分化形成次生根，到拔节期次生根分生速度加快，孕穗期达到高峰，在抽穗前后再分生3层次生根后即停止。主茎地下6 ~7节处发生次生根，入土深度可达100cm以上，水平分布达40 ~50cm，其主要分布在30cm耕层内。谷子一生有7 ~9层、60 ~90条次生根，分蘖可长2 ~3轮次生根。早期的次生根密集在一起，多数向地下深处生长，后期的次生根即从第五层开始，多向水平方向延伸，形成谷子一生中吸收力最强的主体根系。次生根向四周伸展50cm左右，向深处扎可达100 ~150cm。苗期根系生长较快，根重约占全株干重的25%。随着生长，根的比例下降，拔节期根重占全株干物重的20%。孕穗期根量有所增加，以后逐渐降低，抽穗期根重只占全株干重的5% ~6%。

（三）支持根（气生根）

抽穗前，在靠近地面的几个茎节上长出 2 ~ 3 轮气生根，有吸收水分、养分和支持茎秆防止倒伏的作用。

谷子根群主要分布在 50 厘米以内的土层中，其中在 30 厘米的表土内分布最多。根系发育好坏，直接影响植株地上部的生长发育。根量与籽粒产量呈高度正相关。

三、分蘖

幼苗 4 ~ 5 片叶时，地下 2 ~ 4 个茎节上开始发生分蘖。分蘖多少与品种和栽培条件有关。分蘖性强的品种分蘖可达 10 个以上。普通栽培品种分蘖力弱或不分蘖。同一分蘖品种在苗期干旱，肥地稀植，营养条件较好的情况下分蘖较多，相反情况下分蘖较少。分蘖大都和主茎一样，能正常抽穗结实。所以在生产条件不良，耕作条件较差，病虫灾害较重地区，分蘖可弥补缺苗，保证总穗数，可获得较稳定的产量。

四、叶的生长

谷子叶为长披针形。叶是生长点初生突起形成的叶原基逐渐发育而成的，叶由叶片、叶舌、叶枕及叶鞘组成，无叶耳（图 2 - 4）。一般主茎叶为 15 ~ 25 片，个别早熟品种只有 10 片。基部叶片较小，中部叶片较长，长 20 ~ 60cm，宽 2 ~ 4cm，上部叶片逐步变小。不同品种和不同栽培条件下，单叶数目及叶面积亦有变化。谷子第一叶椭圆形，称猫耳叶，其他叶呈披针形，最后一片叶短而阔，称旗叶。

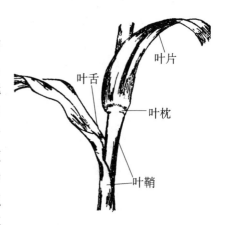

图 2 - 4　叶的外部形态

谷子出苗前，来源于胚芽的 1 ~ 5 片叶已分化形成。出苗到拔节期间分化形成 6 ~ 20 片叶。拔节后开始分化 20 ~ 24 片叶。叶片生长过程，可分为 3 个阶段：一是叶片分化期，从叶原基分化发育开始到形成心叶为止；二是叶片伸长期，从心叶开始伸长到全叶展开停止生长；三是功能期，叶片全部展开到衰亡。谷子相邻两心叶出现的时间间隔，各叶之间不一样，相差很大。拔节前 1 ~ 9 叶，出叶速度较慢。两叶出生间隔 4 ~ 5d。10 叶后出叶速度加快，两叶间隔 3 ~ 4d。18 叶后的几片叶相距更近，有时两叶几乎同时出现。叶片伸长期，各叶片伸长经历的时间不一样，基部 1 ~ 3 叶最短，仅有 10 ~ 12d；10 叶以下和 20 叶以上各叶，时间稍长，为 15 ~ 20d，中部 11 ~ 19 叶时间最长，要经历 25d 以上。叶片功能期长短差别很大，茎部 1 ~ 8 叶功能期最短，只有 30 ~ 50d；9 ~ 18 叶功能期最长，要持续 70 ~ 90d；19 叶以后叶片功能期一直能维持到完熟以后。由于生育阶段的不同，各节位叶形成的时间不同，在器官建成上的作用不同。故将全株叶片划分为几个叶组。由下向上 1 ~ 12 片叶，称根叶组，是决定谷苗质量和根系生长好坏的功能叶组；12 ~ 19 片叶称穗叶组，是拔节和抽穗期间，对幼穗分化发育起主要作用的功能叶组；19 ~ 24 片叶，称粒叶组，是抽穗后对籽粒形成起主要作用的功能叶组。

五、茎的生长

谷子茎直立，圆柱形（图 2 - 5）。茎高 60 ~ 150cm。茎节数 15 ~ 25 节，少数早熟品种有 10 节。基部 4 ~ 8 节密集，组成分蘖节。地上 6 ~ 17 节节间较长，节间伸长顺序由下而上逐个进行。下部节间开始伸长称拔节。初期茎秆生长较慢，随着生育进程生长加快，孕穗期生长最快，1d 可达 5 ~ 7cm，以后逐步减缓，开花期茎秆停止生长。

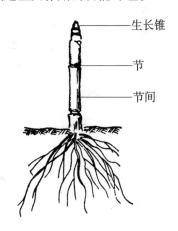

图 2 - 5　茎的外部形态

六、幼穗分化形成

（一）穗的结构

穗为顶生穗状圆锥花序，由穗轴、分枝、小穗、小花和刚毛组成。主轴粗壮，主轴上着生 1 ~ 3 级分枝（图 2 - 6）。小穗着生在第 3 级分枝上，小穗基部有刚毛 3 ~ 5 根。每个小穗内有 2 个颖片，内有两朵小花，上位花为完全花，下位花退化（图 2 - 7）。

一个谷穗有 60 ~ 150 谷码。谷码多以螺旋形轮生在穗轴上，每一轮 3 ~ 4 个谷码。完全花的外稃稍大，成熟后质硬而有光泽，颜色因品种而异。雌蕊柱头羽毛状分叉，3 枚雄蕊，子房基部侧生 2 个浆片，开花时柱头和雄蕊伸出颖外，子房受精后结子 1 粒。每个谷穗有小穗 3 000 ~ 10 000 个。

由于穗轴一级分枝长短不同以及穗轴顶端分叉的有无，构成了不同穗型。常见的穗型有纺锤形、圆筒形、棍棒形、鞭形、鸭嘴形和龙爪形等。

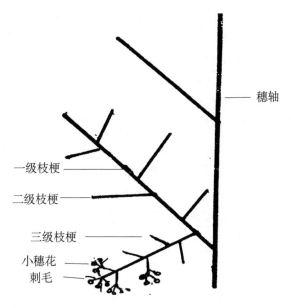

图 2 – 6　谷穗及分枝示意

（二）穗分化过程

（1）生长锥未伸长期。生长锥未伸长，仍保持营养生长时期的特点。基部是最初的叶原基，顶部为光滑无色的半球形突起，长宽比 <1:1。

（2）生长锥伸长期。当谷苗长出12 ~ 13 个叶片时（春谷中晚熟品种），茎顶端生长点开始伸长，长度大于原来半球形突起时的宽度。生长锥伸长期约 12d。

（3）枝梗分化期。植株长出 15 ~ 16 片叶时，在伸长的生长锥上出现 6 排乳头状的突起，而后逐渐发育成为 1 级分枝。1 级分枝原始体膨大呈三角形的扁平圆锥体，在扁平圆锥体上出现互生两行排列的 2 级分枝原始体突起。

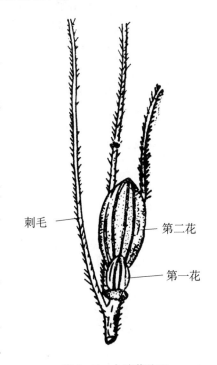

图 2 – 7　小穗花外形

在 2 级分枝原始体上，以垂直方向分化出第 3 级分枝原始突起。枝梗分化约需 13d，枝梗分化期是决定谷子穗码大小、小穗与小花多少的关键时期。

（4）小穗分化期。当植株长出 16~17 片叶时，在 3 级分枝顶端长出乳头状的小穗原基。这些小穗原始体在分化中发生变化，一种是小穗原始体继续膨大，分化成为小穗；另一种是小穗原始体不再继续膨大，而是延长，发育成刚毛。此时期如遇干旱，小穗原始体的膨大就要受到影响。

（5）小花分化期。植株长出 17~18 片叶时进入小花分化期。每个膨大的小穗原始体分化出两个小花原始体，最先分化的一朵小花（下位花），只形成外稃与内稃，为不完全花，只有靠上方的第二朵小花（上位花），继续分化。出现 1 个外稃、1 个内稃、3 个花药和羽毛状分枝柱头及子房，为完全花。小穗和小花分化大约需 10d。花药分化成花粉母细胞，经四分体发育成花粉粒。此期对外界条件反应敏感，干旱、低温都会引起雌雄蕊发育不完全，增加不孕花。

七、抽穗开花与籽粒形成

谷子从抽穗开始到全穗抽出，需要 3~8d。一般主穗开花期为 15d 左右，分蘖穗开花 7~15d。开花第 3~6d 进入盛花期，适宜温度为 18~22℃，相对湿度为 70%~90%。每日开花为两个高峰，以 6~8 时和 21~22 时开花数量最多，中午和下午开花很少或根本不开花。每朵小花开放时间需 70~140min。

开花授粉后，子房开始膨大，胚乳和胚同时发育，进入籽粒灌浆期。籽粒灌浆分为 3 个时期。

（1）缓慢增长期。开花后的一周之内，灌浆速度缓慢，干物质积累量占全穗总重量的 20% 左右（图 2-8）。

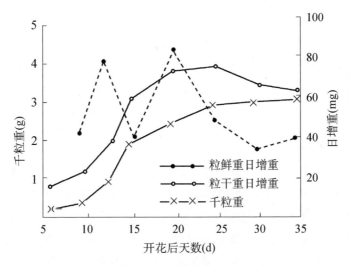

图 2-8　谷粒增重示意

（2）灌浆高峰期。开花后 7 ~ 25d，干物质积累量占全穗总重量的 65% ~ 70% 。

（3）灌浆速度下降期。开花 25d 后，灌浆速度锐减，籽粒进入脱水过程，干物质积累量仅占全穗总重量的 10% ~ 15% 。

第三节　谷子的产量形成与品质

一、谷子产量的构成

谷子的产量可分为生物学产量与经济学产量。生物学产量即为谷子成熟时整株的全部干物质的重量，包括谷子的根、茎、叶以及整个穗部。其中只有籽粒可以为人类食用，这部分的产量称为经济学产量。籽粒产量占经济产量的比重称作经济系数。大多情况下人们种植谷子追求的是籽粒产量；但对于饲用谷子而言，获得较高的生物学产量才是最终目的。研究表明，一株谷子的单株产量与单株重存在极显著的正相关性，与单株秆重也成极显著的正相关。所以要获得较好的谷子产量，就要有较好的生物学产量作为基础。谷子产量是由亩穗数、单穗的穗粒数以及粒重 3 个因素决定的，三者与产量的关系为：

$$亩籽粒产量 = 亩穗数 × 穗粒数 × 粒重$$

三者并不是简单的相乘关系，下面就 3 个因素分别做一简要介绍。

（一）亩穗数

即每亩谷子的有效谷穗的个数，主要由基本苗决定，试验证明，亩穗数与亩留苗数成正比，亩留苗数越多，亩穗数越多，不同品种间亩成穗率是有差别的。另外，直接影响亩穗数的因素还有播量、出苗情况、留苗密度、病虫危害程度等。亩穗数与产量的关系最为密切。

（二）穗粒重

谷子的穗粒数，由每个谷子穗部的支穗码数与支穗码上的粒数的乘积决定，而一般影响谷穗上支码数的因素为播期。在低纬度地区种植高纬度品种，会因为光照变化导致穗分化时间短，从而影响单穗码数。对于同一品种而言，在同一年份谷子穗部的支码数是稳定的，因此增加穗粒数的途径是增加穗码的成粒数，从谷子穗部分化的时期来看，这一时期应在抽穗前 8d 到开花期这一段时间，为谷子雌雄蕊形成到花粉母细胞减数分裂时期，此时如果营养不良或外界不利环境影响，如干旱等，将会影响受精结实，则支穗部谷粒数减少，形成空粒。另一个关键时期在灌浆盛期，此期谷子籽粒灌浆速度很快，水分、营养的缺乏会导致秕谷的形成。所以在生产中要协调好这两个时期的肥水供应，充分满足植株正常生长发育的需要，避免颖花数减少和秕谷的形成，提高谷穗支码的穗粒数。

（三）粒重

通常用千粒重来作为衡量指标，是比较稳定的一个产量构成因素，同一个品种的千粒重通常变化不大，即使不同品种间的千粒重也没有显著的差异。但是播种时间、留苗密度，水肥的多少以及外界不良环境的影响等因素对千粒重影响较大。千粒重的物质来源主要有两个方面：一是贮存于植株茎叶鞘的营养物质，这部分所占比例较小；第二是灌浆期叶片光合作用加强了营养物质的积累，籽粒越饱满，千粒重越高，但如果此时连阴雨或土壤干旱，则会影响光合产物的形成，降低灌浆速度，造成籽粒灌浆不充盈，千粒重下降。所以在生产中，注意保护好灌浆期植株的根与叶片，避免早衰，对于增加谷子千粒重具有十分重要的作用。

这3个因素中千粒重变化范围较小，对产量的影响小，亩穗数随留苗密度的增大而上升，但同时穗粒数会随之降低，所以这两个因素都不能单独决定产量，二者之间有互补关系，只有它们的乘积即亩粒数达到最大时，产量才会达到最大值。也就是说，真正决定产量高低的因素是单位面积的谷粒数。

二、谷子产量形成的生理基础

要提高谷子产量，关键是增加干物质积累水平。谷子90%～95%的干物质是光合作用制造的。所以提高作物光合作用效率是提高谷子产量的生理基础。

（一）干物质积累与分配

谷子一生干物质积累可分为3个阶段：第一阶段，从出苗至拔节、生长锥伸长。这一阶段是营养生长期，茎、叶生长缓慢，根系生长快。干物质积累量少，仅占全生育期积累总量的4.7%左右，光合产物主要用于形成营养器官——根、茎、叶、鞘，其中根系又是分配中心。第二阶段从生长锥伸长全抽穗开花。谷子拔节以后，由根系生长转移到地上部生长。干物质积累分配中心由根系转移到茎、叶、鞘、穗。这一时期是谷子一生中生长最旺盛时期。干物质积累占全生育期积累总量的47.6%左右。第三阶段从开花到灌浆成熟。

谷子抽穗后，营养生长基本结束，完全转入生殖生长阶段，这时干物质积累约占全生育期积累总量的 47.7% 左右，主要用于形成生殖器官，大量有机物质运转到籽粒中去。谷子不同时期不同器官干物质积累速度不同。拔节前叶、叶鞘干物质积累最快，拔节后茎干物质积累最快，其他器官依次是叶、鞘、根、穗。抽穗后穗干物质积累最快，其余依次是茎、叶、根、鞘。灌浆后只有穗干物质迅速增加，茎、叶、鞘、根养分向穗部转移。

从地上、地下干物质积累来看，拔节前地下干物质积累大于地上，地下与地上干物质积累比逐渐增大。拔节后，地下干物质积累小于地上，干物质积累比逐渐变小。

（二）谷田叶面积动态变化

影响谷子干物质生产的因素有 3 个，即：光合面积 × 光合时间 × 光合效率 = 生物产量。叶片是最主要的光合器官。谷田群体叶面积消长变化，决定谷田光合面积的大小和光合时间的长短，而光合效率的高低主要也是通过叶片的功能来体现的。所以叶面积是干物质生产中一个最活跃的因素。叶面积大，光合面积大，干物质积累多，产量高。体现叶面积一般用叶面积指数表示，它是衡量群体结构是否合理的指标。谷子整个生长周期中，叶面积指数发展过程可分为 4 个阶段。

1. 缓慢增长期

谷子出苗至拔节前，叶面积增长速度较缓慢，按指数规律增加，叶面积指数 0.5 ~ 1.0 为宜。这个阶段的特点是，各种措施对叶面积的发展影响很小。

2. 直线增长期

谷子拔节到抽穗，大约 35d，叶面积增长迅速，近乎直线增长，到抽穗开花期叶面积指数达到最高值，以 4 ~ 5 为宜。此时正值营养生长与生殖生长并进阶段。个体与群体矛盾日趋尖锐，各种措施的影响开始明显地表现出来，设法使叶面积尽早达到适宜期。

3. 稳定期

从抽穗到乳熟阶段，最大叶面积指数达到最大值后，保持在 30d 以上不下降或变动很小，称为稳定期。此时谷子营养体生长达最大值，转向完全生殖生长阶段，其生理代谢极为旺盛。叶面积稳定期长，能促进开花受精，提高结实率，增加粒数、粒重，增产显著。

4. 衰亡期

从蜡熟至完熟阶段，稳定期过后，植株下部叶片不断衰老死亡。叶面积指数逐渐下降，成熟时叶面积指数以保持在 2～3 为宜。采取措施防止叶片衰亡。

三、谷子的品质

谷子的品质包括外观品质、营养品质和食味品质以及加工品质等。

（一）谷子的外观品质

谷子的外观品质主要包括谷粒以及小米的颜色、形状、大小等，谷子外观品质直接与其商品性相关，与市场价格相关。不同品种谷子的外观品质相差很大，品种是影响外观品质的主要因素，栽培措施、环境因素等也会影响谷子的外观品质。

（二）营养品质与环境

营养品质主要包括蛋白质、脂肪、淀粉、维生素和矿物质等。

1. 蛋白质

谷子蛋白质含量有随降水量增加而提高的趋势。在同样降水年份，旱地谷子比水地谷子的粗蛋白质含量要高。施用肥料的种类、用量不同，对谷子蛋白质含量影响也不同。据张珠玉试验，在单施氮肥时，$0～112.5kg/hm^2$ 用量范围，其蛋白质含量的增加幅度最大，$112.5～168.75kg/hm^2$ 时，蛋白质含量的增加趋势减弱；配合施磷与单施氮肥相比，对谷子蛋白质的增加影响不明显。谷子的产地、品种与生产年份不同，蛋白质含量有明显差异。

2. 脂肪

干旱有助于谷子脂肪含量的提高。据研究，在干旱条件下比在水分充足的条件下脂肪含量提高 9.6%，最高的提高 27.4%。谷子脂肪含量与生长期积温呈负相关。随着积温的增加，脂肪含量呈下降趋势。脂肪含量还随纬度、海拔增加而呈增加趋势，随施肥量增加而呈下降趋势。

3. 淀粉

谷子无论是单施氮肥，还是氮、磷配合，均随施肥量的增加而总淀粉含量减少。而直链淀粉含量则随施肥量增加呈增长趋势，支链淀粉含量则随施肥量增加呈下降趋势。

（三）小米的食味品质

食味品质主要指气味、食味、硬度等。目前主要以直链淀粉含量、糊化温度和胶稠度作为谷子食味品质的定量测定指标。

1. 淀粉

谷子淀粉由直链淀粉与支链淀粉组成，两种淀粉的比例关系决定着小米饭的适口性。大多数谷子品种直链淀粉含量在14%～25%，我国公认的沁州黄、晋谷14等优质品种，直链淀粉含量在9.0%～11.9%。直链淀粉含量分别与小米饭的柔软性、香味、色泽、光泽有关。

2. 糊化温度

糊化温度是小米淀粉粒在热水中膨胀而不可逆转时的温度，由此可以反映出胚乳和淀粉粒的硬度。糊化温度越低，小米越容易煮烂，且食味较好。反之，糊化温度高，小米越不易煮烂，且食味较差。谷子品种不同，糊化温度不同。小米的糊化温度划分为低（＜60℃）、中（60～63℃）、高（＞63℃）3个等级。糊化温度与蒸煮米饭时间及用水量呈正相关。

3. 胶稠度

胶稠度是指小米蒸煮一定时间后，米汤中胶质的流动长度。胶稠度反映了米胶冷却后的黏稠程度，与小米饭的柔软性有关。胶稠度与适口性之间呈正相关。胶稠度在6～7cm的品种，其米饭黏性适中，冷却后仍柔软，有光滑感，食味品质好；胶稠度在6cm以下的品种，其米饭干燥，冷后发硬，适口性差。胶稠度与糊化温度之间呈中度负相关。糊化温度高的品种其米胶质流动长度较短。

4. 其他因素

谷子品种是影响小米食味品质的主要因素。品种不同，小米的直链淀粉含量、糊化温度、胶稠度不同。收获期的早晚，特别是提早收获，籽粒灌浆尚未结束，小米中蛋白质、脂肪与淀粉等物质尚未完全充实，减少了固形物质而影响食味品质。除此之外，肥料、土壤类型及光、温、水等气候因子的变化也会影响食味品质。

第三章 谷子对环境条件的要求

谷子的生长发育与外界的环境密切相关，周围地理、气候环境的变化对谷子生长以及产量的形成有着非常重要的影响。

第一节 谷子对温度的要求

一、谷子的生育期与积温

谷子是喜温作物，对热量要求较高。热量通常用积温来表示，谷子完成生长发育要求积温一般在 1 600 ~ 3 000℃，生育期短的品种要求低一点，生育期长的品种要求高一些。据山西农业科学院作物遗传所研究，在太原地区，早熟品种积温为 2 140 ~ 2 695.6℃，中熟品种为 2 321.5 ~ 2 943.7℃，晚熟品种为 2 352.3 ~ 3 039.6℃。而在河南新乡，早熟谷子品种需要 1 639.4 ~ 2 418.6℃，中熟品种为 1 675.8 ~ 2 526.5℃，晚熟品种为 1 938 ~ 3 065℃。谷子对积温的要求比较稳定，达不到生长发育的要求，生长发育会延缓，霜前难以成熟。谷子对积温的要求在出土到拔节期变化较大，在其他生育时期较稳定。

二、谷子发育与温度的关系

谷子发育的第一阶段为感温阶段，只有在一定温度条件下完成第一阶段的春化，才能进入第二发育阶段——感光阶段。谷子对春化阶段的温度要求不严，时间也短，而且品种间反应不一。温度对谷子各器官的生长影响较大。在适宜温度下，谷子吸水后一昼夜即可发芽。种子发芽最低温度 6 ~ 8℃，适宜温度为 15 ~ 25℃，24 ~ 25℃时发芽最快，最高为 30℃。在田间土壤中，谷子从播种到发芽的天数与地温关系极大（表 3 - 1）。

谷子幼苗不耐低温，在 1 ~ 2℃ 条件卜易受冻害，甚至死亡。幼苗生长（从出苗至分蘖）适宜的温度为 20℃。拔节至抽穗是营养生长与生殖生长并进阶段，要求较高的温度，适宜温度为 22 ~ 25℃，温度低于 13℃不能抽穗。谷子开花授粉期间，适宜温度为 18 ~ 21℃，气温过高，影响花粉生活力和授粉，温度低于17℃，则花药不开裂，花器易受障碍型冷害。谷子灌浆时适宜温度是20~22℃，温度过高或过低对灌浆均不利。低于20℃或高于23℃，对灌浆不利，特别在阴天、低温和多雨的情况下，延迟成熟，秕谷增多。张履鹏研究证明，灌浆期日均温低于20℃，秕谷率达1/3~1/2，降到15℃以下时，全部为秕籽。灌浆期阳光充足、昼夜温差大，有利于干物质积累，促使籽粒饱满，利于蛋白质合成。

表3-1 谷子出苗天数与0~5cm地温的关系

新乡市		长治市		太原市	
地温（℃）	出苗天数（d）	地温（℃）	出苗天数（d）	地温（℃）	出苗天数（d）
13.0	14	13.7	13	12.9	14
15.1	11	17.9	10	16.7	8
21.3	4	18.5	8	19.3	7
24.2	4	21.0	7	24.7	5
25.3	3	22.9	7	28.3	5

第二节 谷子对水分的要求

谷子不同发育阶段，生长中心不同，对水分的要求是不同的，其中，拔节到抽穗期耗水量最大，占全生育耗水量的53.6%，抽穗到灌浆期、灌浆到成熟期分别占全生育期耗水量的23.1%、24.1%（表3-2）。

表3-2 谷子不同生育阶段需水情况

生育阶段	消耗水分（g）	占总耗水量的比重（%）	生产的干物质（g）
出苗—拔节	1 028.7	1.9	7.0
拔节—抽穗	29 145.7	53.6	100.4
抽穗—开花	11 223.9	20.6	126.0
开花—灌浆	1 357.2	2.5	25.9
灌浆—成熟	11 655.0	21.4	255.2
出苗—成熟	54 410.5	100.0	484.5

一、发芽阶段

种子发芽阶段对水分要求很少，吸水量达种子重量的26%就可发芽。耕层土壤含水量达9%~15%就能满足发芽对水分的要求。春季土壤水分过多，导致土壤温度降低，对发芽不利。

二、出苗—拔节

谷子出苗至拔节生长发育以根系建成为中心，苗小叶少需水量少。耗水量约占全生育期的 6.1%。苗期耐旱性很强，能忍受暂时的严重干旱。即使土壤含水量下降到 10% 以下，仍可暂时维持生长。下降到 5%，仍不致旱死，一旦得到水分又可迅速恢复生长。苗期适当干旱，有利蹲苗，促根下扎，茎节增粗，对培育壮苗和后期防旱防倒有积极作用。农谚有"小苗旱个死，老来一肚籽""有钱难买五月旱"，说明苗期干旱的好处。

三、拔节—抽穗

谷子拔节到抽穗后生长中心由地下根系转移到地上部分，茎叶生长迅速，叶面蒸腾剧增，特别是穗分化开始以后，生殖生长和营养生长并进，对水分要求大量增加，到抽穗期达到高峰。拔节至抽穗是谷子需水量最多时期，不耐旱，耗水量占全生育期的 65%（50% ~ 70%）。特别是小花原基分化到花粉母细胞四分体时期对干旱反应特别敏感，是谷子需水的临界期。在幼穗分化初期遇到干旱即"胎里旱"，会影响 3 级枝梗和小穗小花分化，减少小穗小花数目；穗分化后期，花粉母细胞减数分裂的四分体时期遇到干旱，叫"卡脖旱"，则会使花粉发育不良或抽不出穗，造成严重干码，产生大量空壳、秕谷。这时干旱严重影响小花分化及花粉粒形成，造成结实率显著降低而减产，即使以后水分条件得到改善，所受到的影响也不能挽回。所以群众说："谷怕胎里旱"，要"拖泥秀谷穗"。

四、开花—成熟

谷子喜干燥、怕涝，尤其在生育后期，土壤水分过多，容易发生烂根，造成早枯死熟，应及时排水。这一时期需水量占全生育期总需水量的 30% ~ 40%，是决定穗重和粒重的关键时期。谷子进入灌浆期对干旱反应也比较敏感，如水分不足，使灌浆受阻，秕谷增加，穗粒重减轻，造成减产。灌浆期干旱称"夹秋旱"，农谚有"前期旱不算旱，后期旱产量减一半"。说明灌浆期不能干旱。为保证茎叶制造的营养物质向籽粒输送，仍需充足水分，要求土壤含水量不低于 17%，此期耗水占全生育期的 19.3%。灌浆后期直到成熟，对水分要求渐少，耗水量约占全生育期的 9.6%。此时土壤水分过多，易造成贪青晚熟、霜害、倒伏，而形成大量秕谷。

谷子一生的需水规律可概括为"前期耐旱，中期喜水（宜湿），后期怕涝"。

第三节 谷子对光的要求

一、谷子的光周期反应

光照长度是指理论日照加上曙、暮光的有效光照时间，每天光照与黑暗交替称之为光周期，而把作物的开花、休眠、落叶、地下贮藏器官的形成等受日照长短的调节现象称之为光周期现象。经大量的实验证明：植物的开花与昼夜的相对长度（光周期）有关，许多植物必须经过一定时间的光周期诱导后才能开花，否则就一直处于营养生长状态，因此研究者指出了成花诱导决定于日照长度的理论（即光周期理论），据此把作物分为长日照、短日照、日中性和定日作物四类；光周期理论的应用主要表现在引种、新品种选育、控制花期和调节营养生长及生殖生长等方面。例如：在引种方面，把短日照作物从北方引种到南方，由于在生长季节（一般是夏季）日照变短，将会提前开花；从南方向北方引种，由于日照变长，开花会相应延迟，生育期会拉长，要选择生育期短的品种。

谷子是典型的短日照作物，在生长发育过程中，需要较长的黑暗与较短的光照才能完成发育，才能抽穗开花。日照缩短促进发育，提早抽穗；日照延长延缓发育，抽穗期推迟。谷子在抽穗前，每天日照15h以上，大多数品种不向生殖生长转化，停留在营养生长阶段，生育期延长；每天12h以下，则缩短营养生长，迅速转入生殖生长，发育加快，提早抽穗。谷子一般在出苗后5~7d进入光照阶段。在8~10h的短日照条件下，经过10d即可完成光照阶段（表3-3）。

表3-3 不同谷子品种在不同光照时数下播种—抽穗的天数

（单位：d）

品种	对照 自然光照	光照时数					品种来源 （海拔，m）
		6h	10h	14h	18h	24h	
燕京811	86	53	49	120	133	—	北京（43）
大毛穗	80	50	44	90	103	—	开封（115）
沁州黄	83	46	40	88	97	—	太原（850）
玉皇谷	75	43	34	84	83	99	大同（1 035）

注：播种日期为4月30日

另外，谷子不同品种间对光照长短的反应差异很大。不同品种在同一短日照处理下，一般春播品种较夏播品种反应敏感，红绿苗品种较黄绿苗品种反应敏感。这种差异多与品种来源有关，河北、山东的品种一般对光照反应较小，东北及河南的品种大多数对光照反应为中等，内蒙古及张家口、山西雁北等高原品种大部分对光照反应强烈，因此，在引种时必须考虑到品种的日照特性。低纬度地区品种引到高纬度地区或低海拔地区的品种引到高海拔地区种植，由于日照延长，气温降低，抽穗期延迟。反之，生长发育加快，生育期缩短，成熟提早。

二、谷子对光照强度的要求

光照强度是指单位面积上的光通量的大小。它对植物的光合速率产生直接影响，在一定范围内，光合速率与光照强度成正比，即单位叶面积上叶绿素接受光子的量与光通量呈正相关。作物对光照强度的要求通常用光补偿点和光饱和点来表示。它们就是光合作用对光强度要求的低限和高限，也分别代表光合作用对弱光和强光的利用能力。光补偿点就是光合速率等于零时的光照强度（低限），即就是在一定的光照强度下，实际光合速率和呼吸速率达到平衡时的光照强度。一般来讲，阴生植物的光补偿点是100lx，喜光作物是500~1 000lx，大豆1 700lx，水稻600~1 000lx，玉米1 800~3 000lx（表3－4）。光饱和点就是光合速率不受光照强度增大的影响而趋于最大光合速率时的光照强度（高限）。例如：阴生植物的光饱和点是5 000~10 000lx，喜光作物是20 000lx以上。

表3－4　几种农作物的光饱和点和光补偿点　　　　（单位：lx）

作物	光饱和点	光补偿点
小麦	24 000~30 000	500~1 000
玉米	25 000	1 800~3 000
水稻	40 000~50 000	600~1 000
谷子	60 000	4 500
棉花	50 000~80 000	1 000~2 000
烟草	28 000~40 000	500~1 000

由表3－4可以看出，谷子的光饱和点和光补偿点都很高。光补偿点和光饱和点是作物需光特性的两个重要指标。根据这两个重要指标可以衡量作物的需光量。谷子是喜光作物，光合作用对光强要求很高，无论苗期，还是后期的生长，较强的光照都对谷子有利。在光照充足的条件下，谷子光合效率很高，但在光照减弱的情况下，光补偿点高，光合生产率低。谷子具有不耐阴特性，尽量避免与高秆作物间作。在幼苗期，光照充足，有利于形成壮苗。在穗分化前缩短光照，能加快幼穗分化速度，但使穗长、枝梗数和小穗数减

少；延长光照，穗能延长分化时间，增加枝梗和小穗数。在穗分化后期，即花粉母细胞的四分体分化时，对光照强弱反应敏感。此时光弱，就会影响花粉的分化，降低花粉的受精能力。空壳增多。在灌浆成熟期，也需要充足的光照条件，光照不足，籽粒成熟不好，秕籽增加，农谚："淋出秕来，晒出米来"，就是指这个时期。谷子是 C4 作物，净光合强度（CO_2）较高，一般为 $25 \sim 26mg/$（$m^2 \cdot h$），超过小麦，二氧化碳补偿点和光呼吸都比较低。

第四节　谷子对养分的要求

一、谷子需肥规律

谷子产量的形成需要吸收多种元素，而氮、磷、钾的吸收量为最多。据测定，每生产 100kg 谷子籽粒，一般需要从土壤中吸收氮 $2.5 \sim 3.0kg$、磷 $1.2 \sim 1.4kg$、钾 $2.0 \sim 3.8kg$，氮、磷、钾比例大致为 $1:0.5:0.8$。在一些中低产田，氮肥对产量的影响往往大于磷和钾肥。

不同生育阶段，对氮、磷、钾三要素的要求不同。出苗至拔节需氮较少，占全生育期需氮量的 $4\% \sim 6\%$；拔节至抽穗需氮最多，占全生育期需氮量的 $45\% \sim 50\%$；籽粒灌浆期需氮量减少，占全生育期需氮量的 30% 以上。据李东辉应用 ^{32}P 对谷子吸磷规律研究，磷素在生育期内极为活跃，不同发育时期对磷的吸收与分配不同。叶原基分化期，磷素主要分配在新生的心叶；生长锥伸长期主要分配在生长锥、幼茎；枝梗分化与小穗分化期主要分配在幼穗。此后，抽穗、开花、乳熟期，磷素在植株各器官呈均匀状态分布。例如，抽穗阶段，磷素分布在叶片为 $3\% \sim 8.7\%$，叶鞘 $3.4\% \sim 4.9\%$，茎 $4.1\% \sim 4.6\%$，穗 4.5%。幼苗期吸收钾素较少，拔节到抽穗前是吸钾高峰期。据王纪泽报道，抽穗前 28d 内每公顷积累钾 136.95kg，占全生育期积累量的 50.7%，吸收强度为 $4.89kg/$（$hm^2 \cdot d$），抽穗后又逐渐减少。

氮是构成植物体内蛋白质、叶绿素等的主要成分，氮素不足，植株矮小，叶片窄而薄，叶色黄绿，穗小粒少，产量低；氮素过多，茎叶徒长，贪青晚熟，秆软倒伏，易发病虫害，影响产量。据试验，谷子拔节前生长缓慢，需氮较少，需氮量占一生需氮总量的 $1\% \sim 7\%$。拔节后吸氮量增加，孕穗阶段吸氮量最多，为全生育期的 $60\% \sim 70\%$。开花期需氮也较多，吸收强度较大，吸收量占全生育期的 20% 左右。开花以后吸收能力大为减弱，需氮量仅为全生育期的 $2\% \sim 6\%$（表 3–5）。谷子不同生育阶段，由于生长中心不同，氮素在各器官的分配也不同。幼苗阶段，生长的中心是根系，所以苗期根中氮素积累较多，以后逐渐降低。拔节以后，生长中心转移到地上的茎叶部，氮素主要分配在地上营养器官。孕穗期茎叶中氮素积累占整个积累的90.2%。抽穗开花后生长中心转移到穗子生长和籽粒建成，营养器官中氮素量逐渐减少，在穗中分配量逐渐增加。开花后穗部含氮量急剧增加，这些氮除根从土壤中吸收一小部分外，主要是体内氮的再利用，91%左右由营养器官运转而来。

表3-5　谷子不同产量下各发育阶段的吸氮量　（单位：kg/亩）

生育阶段	亩产≤150kg 吸氮量	生育阶段	200kg≤亩产 ≤250kg 吸氮量	生育阶段	亩产360kg 吸氮量	生育阶段	亩产500kg 吸氮量
苗期	0.23	苗期	0.4	苗期	0.57	苗期	0.135
拔节孕穗期	1.877	分蘖期	0.637	拔节孕穗期	5.61	拔节	5.36
孕穗抽穗	1.245	拔节孕穗期	2.508	抽穗灌浆	1.32	孕穗	9.41
开花期	0.855	孕穗抽穗	1.764	灌浆蜡熟	2	抽穗	0.96
成熟期	1.55	抽穗成熟	0.892	蜡熟完熟	0.23	成熟	1.55
合计	4.302		5.7		9.73		17.42

磷是谷子生长发育的重要营养元素，是构成细胞原生质，细胞核里的磷脂、核蛋白、染色体的重要成分；磷能促进光合作用、呼吸作用，促进碳水化合物、蛋白质的正常代谢，对增强抗逆性提高产量和品质有重要作用。如果缺乏磷素，影响细胞分裂和新细胞形成，根系发育差，叶片呈紫红色条斑，延迟成熟。谷子不同生育阶段，对磷的吸收不同。总的来说，前期吸磷较少，中后期较多，成熟期也较少。据应用示踪元素^{32}P土壤施磷试验，磷在谷子生长周期内极为活跃，吸收后主要集中在当时的生长中心的幼嫩部分。叶原基分化期磷素主要分配在新生心叶，其占全株总数的19.6%；生长锥伸长期以分配在生长锥、幼茎为主，占全株总数的10%；枝梗分化期、小穗分化期是谷子需磷的高峰期，主要分配在幼穗，占全株总数的20.95%；抽穗开花乳熟期，磷素在植株各器官呈均匀状态分布；生育后期植株体内90%以上的磷会迅速地向穗部转移，而此时土壤施磷向穗部运转的很少。有研究证明，谷子穗部的磷素主要是生育前期营养器官积累的再利用。

钾对谷子茎秆组织的坚韧和籽粒灌浆速度都有影响，能促谷子对氮磷的吸收。缺钾时植株矮小，茎叶柔嫩，叶片变黄逐渐干枯，抗倒伏和抗病能力减弱。谷子不同阶段对钾的吸收不同，幼苗期吸收钾较少，大致在5%左右；拔节到抽穗前是吸收钾的高峰期。据报道，抽穗前28d内每亩谷子积累钾9.13kg，占全生育期积累的50.7%，吸收强度为0.326kg/（亩·d）。抽穗后又逐渐减少。在生育前期，钾在叶片和茎中差不多各占地上部总量的一半。到抽穗时叶片钾的含量显著减少，仅占地上部的13.3%，而茎中钾的含量却显著增加，占地上部总量的 78.78%，抽穗后吸收较少，从开花到成熟，体内钾向穗、茎的中上部和根运转。

谷子除需氮、磷、钾外，还需要多种元素，但需要量甚微。施用微肥锌、铂、锰、硼等都有增产作用。

二、不同谷子品种对养分的吸收能力

不同熟期的谷子品种对养分的吸收和积累是有差异的，即使同一熟期的不同品种，对养分吸收的能力也不同。一般的，早熟种在其生育前期、中期对氮磷的吸收和积累、运转速度较快，晚熟种则较慢；因此，早熟种在生产中要重视基肥，而晚熟种除基肥外还要进行追施氮肥（表 3 - 6）。

表 3 - 6　谷子不同熟性品种矿质元素含量比较　（单位：kg/亩）

不同熟期	氮	磷	钾	钙	镁	硅
特早熟种	1.36	0.07	—	0.52	—	2.827
早熟种	1.27	0.15	0.815	0.337	0.425	3.151
中晚熟种	1.14	0.11	0.815	0.434	0.425	3.325

不同谷子品种间对养分的吸收特性也不同，因此，要对每一个新育成品种的养分特性进行研究，以便在生产中合理进行施肥，发挥品种的最大增产潜力。

第五节　谷子对土壤的要求

一、土壤肥力对谷子产量的影响

谷子对土壤要求不严格，黏土、沙土或黄土、褐土都可种植，几乎在所有的土地上都可以生长。但以土层深厚、结构良好、有机质含量较丰富的沙质壤土或黏质壤土最为适宜。谷子虽然耐瘠薄，但肥沃的土壤是保证谷子高产的首要条件。只有土壤保水保肥，才能满足谷子生长发育的需要。

二、土壤结构对谷子产量的影响

从土壤结构来看，团聚度高、孔隙度好的土壤，通气良好，保肥保水好，适于微生物活动，有利于谷子根系生长以及养分的吸收，因而产量较高。这是因为良好的土壤紧实度直接影响土壤中空气、水分，进而影响养分以及微生物。过松土壤空隙较大，土壤中水分与养分容易向下溶淋，而且水分还容易以气态散失到空气中；适度紧实的土壤水分以毛细管水的形式缓慢移动，土壤保水性良好，同时热传导性较好，有利于微生物活动，而且养分不易淋失或挥发到空气中，有利于根系吸收；过紧的土壤中孔隙度太小，通气不良，影响微生物活动，养分不易分解，而且还不利于雨水下渗，这些都不利于谷子根系发育，所以过紧和过松的土壤结构都对谷子生长不利，一般适于谷子生长的土壤紧实度在 $1.1 \sim 1.3 g/cm^3$，若土壤紧实度低于或大于这个范围，则会明显造成减产（表 3 –7）。

表3 –7　土壤紧实度对谷子产量的影响

土壤紧实度（g/cm³）	籽粒产量（kg/亩）	谷草产量（kg/亩）
1.0	313.50	554.50
1.1	366.75	658.50
1.2	372.00	696.50
1.3	361.75	634.50
1.4	330.25	688.00

三、土壤酸碱性对谷子产量的影响

谷子适宜在微酸和中性土壤上生长。谷子抗碱性较弱，在土壤含盐量达到 0.21% ~0.41% 时，生长受到抑制，达到 0.41% ~0.52% 时，植株受到严重的抑制或死亡。在盐碱地上种谷子时要注意改良土壤，以及进行种子抗盐锻炼，在轻盐碱地上播种采用 5% 的盐水浸种 2h，再用清水清洗，比对照增产 24.8%，用 1.5% 氯化钙溶液浸种，比对照增产 20.6%。

第四章 谷子新品种的选育与研究现状

第一节 谷子新品种的选育

一、谷子新品种选育现状

1995 年以前，我国谷子育种目标基本上以高产为主，产量水平明显提高，育成了以豫谷 1 号、昭谷 1 号、冀谷 14 号等为代表的高产多抗品种。1996 年以来，优质育种取得突破性进展，实现了高产、优质的统一，育成了以冀谷 17 号、小香米、豫谷 9 号、晋谷 34 号、晋谷 35 号、晋谷 36 号、九谷 11 号为代表的优质高产新品种，打破了优质与高产的矛盾，使优质育种上了新台阶。

目前谷子产量育种处在爬坡阶段，虽然新育成的品种数量不少，但产量、品质和满足市场多样性需求等方面远不能适应谷子产业化生产发展的需要。在产量潜力方面，虽然豫谷 1 号和昭谷 1 号的育成改变了谷子是低产作物的形象，达到了 8 000~9 000kg/hm² 的单产水平，但同其他禾本科主要粮食作物水稻、小麦、玉米相比，谷子的产量潜力仍是相对低的。谷子与水稻、小麦均属以群体穗数争取产量的作物，水稻和小麦均通过矮秆基因的利用实现了绿色革命，产量潜力大幅度提高。但谷子育种在矮秆基因利用上一直没有突破，虽然发现了数十个矮秆材料，也做了大量的杂交改良探索，但因矮秆种质的早衰等原因，谷子的"绿色革命"至今未实现，新品种仍是中高秆品种。在高光效紧凑株型育种上也未取得显著进展。同时，育种中实际应用的材料遗传基础狭窄影响育种的突破。根据卫丽（1998）统计，华北夏谷区 80% 的品种具有日本 60 日的血缘，春谷区也根据不同地区集中在几个少数种质。只有在中矮秆和高光效的种质创新方面下大工夫，创造和发掘新基因型的高产优质材料，才有可能培育出真正在产量潜力方面有突破的品种，打破谷子产量育种潜力的爬坡局面。在"七五"和"八五"国家谷子育种攻关中，专用品种选育被列为子专题，以选育优质、鸟饲、药膳等新品种为目标，取得了一定的效果。如鸟饲品种晋谷 19、冀特 4 号、秦谷 5 号以穗长、色泽鲜艳、粒大受外商欢迎，曾形成小批量的出口规模。冀特 1 号蛋白质、赖氨酸、维生素 B_1 含量高，在食品加工中受欢迎。富硒品种龙谷 25、冀谷 18 等，硒含量是一般谷子的数倍，对防止克山病和大骨节病有良好的效果。

二、适合规模化生产的谷子新品种选育

谷子育种目标始终以"高产"为中心，辅以优质、特质，为了适应谷子简化栽培、机械化生产，近年来谷子品种选育在以高产为中心的大前提下，着重从以下几个方面开展了育种工作。

（一）适合轻简栽培

谷子简化栽培作为世界难题，育种人员从育种及栽培两方面提出了系列但因技术，栽培方面实施精量播种技术及化控间苗技术等，但因谷粒小、顶土能力较差且谷子多种植在干旱贫瘠的土地上，这些技术常常会出现缺苗断垄情况，应用范围受限。并且谷子对除草剂会有敏感反应，仅有少数除草剂小剂量情况下能够使用，像阿特拉津，不过小剂量情况下，除草效果不好。南开大学在 1998 年研制谷友可湿性的粉剂，可以在播种之后及出苗之前进行封地应用，剂量是 2.1kg/hm^2，水量是 750kg/hm^2。在 1999 年，南开大学与河北省农林科学院谷子研究所合作，通过反复示范与剂型改进，该除草剂在剂量恰当及墒情条件较好的情况下，除草效果可达到 90% 以上，不过墒情不好时，除草效果也并不理想，如果剂量较大，或者阴雨天气，对谷苗具有抑制作用，此除草剂应用范围较小。目前，河北省农林科学院谷子研究所运用抗拿捕净品系与不抗除草剂同型姊妹系育种方法，培育成功了冀谷 25 与 29 号等品种，在河北及山东等地进行了大面积示范，并取得了良好示范效果，加强了谷子简化栽培，推动了谷子生产发展。

（二）适合机械化生产

我国谷子生产向规模化与产业化方向发展是必然趋势，在除草剂品种推广基础上，还应加强适合机械化作业品种的选育，让农艺与农机进行结合，尤其是要适合脱粒机、播种机及收割机等农机发展。我国谷子种植面积减少原因之一就是由于谷子生产机械化程度低造成的。随着机械科技界的关注，河北、陕西等地试用了谷子脱粒机，大部分获得了较好效果，加强脱粒机研制，让脱粒机不经晾晒直接脱粒，并研制出谷子联合机，将收割与脱粒一起进行，如同现代小麦收割一样，能有效促进谷子

大面积种植。

（三）高光效

农业生产系统实际上是一个通过植物的光合作用利用太阳能的系统。作物产量的高低取决于其光合器官的结构、功能及光合产物的分配和大田栽培管理措施等，所以，提高作物产量的关键就是要通过良种选育和栽培措施等来提高作物光合作用效率。

目前，一般采用的途径或方法主要有两种：一是改造植物的形态结构，提高作物品种对光能的利用率，即高光效株型育种；二是选育 CO_2 补偿点低、光呼吸低、净光合率高的高光效品种。

目前，在高光效育种中所采用的方法主要有两种，即直接筛选法和杂交筛选法。直接筛选法：利用现有作物不同品种间和同一品种不同植株间在光效上的差异，根据光呼吸的原理直接进行筛选处理。杂交筛选法：利用作物不同种属间或种内品种间与品种内不同植株之间，特别是 C_3 和 C_4 作物之间在光效上的差异，先进行杂交，再在杂种后代中进行筛选处理。此方法在实施过程中，选好亲本是关键。

在育种应用中要注意以下几点。

（1）叶片厚度。叶厚则单位面积内含氮量多，叶绿素的含量也多，有利于光合作用进行，叶厚可增加光能吸收率。作物不同品种间叶片厚度相差很大。

（2）叶片形态。直而厚的叶片在田间条件下，背面不仅可以受到部分散射光的照射，而且还可以受到部分直射光的照射，故选育叶片厚而直立的品种有利于提高光效。

（3）功能期长短。茎叶是作物光合作用的主要器官，其功能期的长短对作物产量的影响很大，所以从理论上讲，在不延长成熟期的条件下，只要推迟作物衰老时期，就会使作物的产量有不同程度的提高，剑叶的持绿期也与产量呈正相关关系。因为高光效品种应该是不早衰，成熟期也应保持秆青叶绿，这样才能有利于增加籽粒的饱满和千粒重。

（四）防鸟害

鸟类非常喜欢吃谷子，尤其麻雀，不过不同品种谷子，喜食程度是不同的，经多年实践，与中短、长刚毛相比，中长刚毛品种的危害较轻，与黄粒及其他粒色相比，褐色谷粒危害较轻，在育种过程中，把褐色与中长刚毛的性状进行组合，能有效降低鸟害问题。

（五）专用性谷子培育

近年来随着经济的发展，对一些特殊专用型谷子需求增多，如籽粒颜色特殊的谷子和品质独特的谷子。

三、谷子育种的生理基础

谷子从出苗至成熟所经历的时间叫生育期，由于谷子长期在不同地区栽培，在生长发育的过程中所适应的环境条件不同，因此，形成了不同的生育期类型，春播一般为 100～140d，夏播 70～100d。一般而言，低纬度南部地区的品种生育期较长，熟期较晚；高纬度北部地区的品种生育期较短，熟期较早。

谷子生育期虽然有长有短，但一般概括为营养生长和生殖生长两个阶段，这两个时期的划分，有几种不同的概念：一种是从生长的角度考虑，分为营养生长期（根茎叶的生长）、营养生长和生殖生长并行期（幼穗分化到出穗）、生殖生长期（开花授粉至成熟）；第二种是从生理的角度考虑，分为营养生长期（养分吸收器官的形成期）、生殖生长期（花器和产量容器的形成期）和结实期（产量内容物的生产、运输和积累）3 个时期，即源库流。

在育种时，需要事先了解育种材料的光温特性。对感旋光性强的品种进行人工气候的特殊处理，诱导其提前开花，以便进行杂交。

不同品种的生殖生长时期日数差别不大，而生育期长短相对而言主要是由于营养生长时期的差异。影响谷子生育期差异的本质因素在于品种的感温性和感旋光性。

谷子在长期的演化和系统发育过程中形成了要求高温、短光照的发育特性。一定的高温可以提早幼穗分化，缩短营养生长期；低温则可以延迟幼穗分化，延长营养生长期。这种特性称为谷子的"感温性"。

一定的短日照可以提早幼穗分化，缩短营养生长期；长日照则能延长幼穗分化，延长营养生长期。这种特性，称为谷子的"感旋光性"。

不同品种要求积温不同，其主要差异是营养生长期要求的积温不同。愈是迟熟的品种，完成营养生长要求的积温愈多。

谷子为短日照作物，在生长发育的一定阶段要求较长的连续黑暗与较短的光照交替才能抽穗开花。如果缩短光照，则能提早开花和使生育期变短；反之，若延长光照，则推迟开花或不能开花，使生育期变长。

谷子在拔节以前，每天日照时数在 15h 以上，则大多数品种不向生殖生长转化，停留在营养生长阶段，生育期延长；短于12h，则缩短营养生长，迅速进入生殖生长，发育加快，提早抽穗，生育期缩短。对多数谷子品种来说，一般生存的光照时数的阈值最低限是4h，最高限是20h。即若每日完全光照时数不足4h，则个体发育既不能进行营养生长，也不能进行生殖生长，因而就不能存活；当每日完全光照超过20h以上，则个体发育仅处于营养生长阶段，不能开花结实；若每日完全光照时数为4~8h，谷子生长发育很快进入生殖生长阶段，但其个体很小，结实也少。能使多数谷子品种正常发育的最适日照时数是8~15h。

谷子对短日照反应因品种而不同，一般春播品种比夏播品种反应敏感。早熟品种通过光照阶段的时间短，对日照时数要求不严格，感旋光性迟钝。相反，晚熟品种通过光照阶段的时间长，对日照时数要求严格，感旋光性较为敏感。

谷子茎顶端生长点的质变是在完成光周期诱导的基础上进行的。对谷子开花起诱导作用的主要是长暗期的作用，必须在超过某一临界暗期的情况下才能引起生长点的质变，由营养生长转向生殖生长。光照缩短，暗期加长，完成光周期诱导快，幼穗便提早分化；光照延长，暗期缩短，完成光周期诱导慢，幼穗便延迟分化。

感受光周期反应的主要器官是叶片，尤其是嫩叶，在叶片接受光周期刺激后，会产生某些称为"开花激素"的物质，当它输送到生长点，就促使了幼穗分化。开花激素的形成又和一些叫做"光敏色素"（Phytochrome）的物质有关，光敏色素是一种酶，呈蓝色或蓝紫色。

在进行杂交亲本选配时，为了易于鉴别真假杂种，常需要选用具有显性性状的为父本（表4-1）。

表4-1 谷子的显性性状

性状	显隐性表现
苗色、叶鞘色	深色为显性
刚毛色	深色为显性
刚毛长短	中间型，偏向于长
穗型	分枝型为显性；松穗和紧穗，中间偏松
花药颜色	深色者为显性
籽粒色	中间型，偏向于深色
生育期	中间型，偏向于早熟
分蘖性	分蘖则为显性
米质	糯为隐性，粳为显性

第二节　优良谷子新品种介绍

一、中谷1

鉴定编号：国鉴谷 2013004

选育单位：中国农业科学院作物科学研究所

品种来源：母本冀谷 19/父本豫谷 1 号

试验年限：2011—2012 年参加华北夏谷区谷子区域试验，2012 年参加谷子生产试验。

省级审定情况：2012 年通过北京市农作物品种审定委员会审定。

特征特性：该品种幼苗绿色，生育期 89d，与对照相当。株高 121.22cm。在亩留苗 4.0 万株的情况下，成穗率 91.5%；纺锤穗，穗子较紧；穗长 17.42cm，单穗重 14.22g，穗粒重 12.05g；千粒重 2.72g；出谷率 84.78%，出米率 77.99%；褐谷黄米。熟相好。该品种抗旱性、耐涝性均为 1 级，抗倒性 2 级，抗锈性 2 级，对纹枯病、谷瘟病抗性均为 3 级，白发病、红叶病、线虫病发病率分别为 0.66%、0.46%、0.21%，蛀茎率 1.69%。米质一级。

产量表现：2011—2012 年参加华北夏谷区谷子品种区域试验，21 点次增产，2 点次减产，两年平均亩产 333.3kg，比对照冀谷 19 增产 10.43%。2012 年生产试验，平均亩产 337.9kg，比对照冀谷 19 增产 9.27%。

适宜范围：可在河北、山东、河南三省两作制地区夏播及丘陵山地春播，同时可在辽宁中南部春播种植。在推广中应注意合理密植。

二、冀谷31

鉴定编号：国鉴谷 2013006

选育单位：河北省农林科学院谷子研究所

品种来源：冀谷 19×1302-9

特征特性：抗拿捕净除草剂，生育期 89d，绿苗，株高 120.69cm。纺锤形穗，松紧适中；穗长 21.43cm，单穗重 13.38g，穗粒重 10.93g，千粒重 2.63g；出谷率 82.41%，出米率 71.77%；褐谷黄米。经 2008—2009 年国家谷子品种区域试验自然鉴定，抗倒性、抗旱性、耐涝性均为 1 级，对谷锈病抗性 3 级，谷瘟病抗性 2 级，纹枯病抗性 3 级，白发病、红叶病、线虫病发病率分别为 1.91%、0.48%、0.05%。

产量表现：2008 年参加华北夏谷区组全国谷子品种区域试验，平均亩产 385.0kg，比对照冀谷 19 增产 4.48%；2009 年续试，平均亩产 306.23kg，比对照冀谷 19 增产 3.14%。两年区域试验平均亩产 345.62kg，较对照冀谷 19 增产 3.88%。两年 17 点次区域试验中 11 点次增产。2009 年生产试验平均亩产 274.55kg，比对照冀谷 19 增产 8.58%。

营养品质：在中国作物学会粟类作物专业委员会举办的全国第八届优质食用粟鉴评会上被评为"一级优质米"。

适宜范围：冀、鲁、豫夏谷区种植。该品种为抗拿捕净类型，在推广中注意配套的除草剂使用方法和预防谷锈病。

三、冀谷34

鉴定编号：国鉴谷 2013002

选育单位：河北省农林科学院谷子研究所

品种来源：母本冀谷 24/父本冀谷 31

试验年限：2011—2012 年参加华北夏谷组谷子区域试验，2012 年参加谷子生产试验。

特征特性：该品种幼苗绿色，生育期 88d，和对照冀谷 19 生育期一样。株高 124.34cm。在亩留苗 4.0 万株的情况下，成穗率 87.5%；纺锤穗，松紧适中；穗长 20.04cm，单穗重 14.39g，穗粒重 11.90g；千粒重 2.90g；出谷率 82.73%，出米率 79.19%；褐谷黄米。抗倒性 1 级，谷瘟病抗性为 2 级，谷锈病抗性为 2 级，纹枯病抗性为 3 级，白发病、红叶病、线虫病发病率分别为 0.87%、1.26%、0.46%，蛀茎率 1.10%。米质二级。

产量表现：2011—2012 年参加华北夏谷组谷子品种区域试验，15 点次增产，8 点次减产，两年平均亩产 313.1kg，比对照冀谷 19 增产 3.76%。2012 年生产试验，平均亩产 325.59kg，比对照冀谷 19 增产 5.29%。

适宜范围：可在河北、山东、河南三省两作制地区夏播及丘陵山地春播，同时可在辽宁中南部春播种植。在推广中应注意防治谷瘟病、谷锈病和纹枯病；注意除草剂的正确使用。

四、保谷19

鉴定编号：国鉴谷 2013003

选育单位：保定市农业科学研究所

品种来源：母本冀谷 19/父本济 9050

试验年限：2010—2011 年参加华北夏谷区谷子区域试验，2012 年参加谷子生产试验。

特征特性：该品种幼苗绿色，生育期 91d，比对照冀谷 19 晚 2d。株高 123.82cm，在亩留苗 4.0 万株的情况下，成穗率 94.63%；纺锤穗，松紧适中；穗长 21.53cm，单穗重 19.77g，穗粒重 16.26g，千粒重 2.91g；出谷率 82.25%，出米率 76.42%；黄谷黄米。该品种抗旱性、耐涝性、抗倒性均为 1级，对谷锈病抗性为 2 级，谷瘟病、纹枯病均为 3 级，白发病、红叶病、线虫病发病率分别为 1.97%、1.62%、0.25%，虫蛀率 1.41%。米质一级。

产量表现：2010—2011 年参加华北夏谷区谷子品种区域试验，17 点次增产，6 点次减产，两年平均亩产 332.23kg，比对照冀谷 19 增产 6.04%。2012年生产试验，平均亩产 320.87kg，比对照冀谷 19 增产 3.76%。

适宜范围：河北、山东、河南三省两作制地区夏播及丘陵山地春播，同时可在辽宁中南部春播种植。在推广中应注意防治谷瘟病。

五、济谷 16

鉴定编号：国鉴谷 2013006

选育单位：山东省农业科学院作物研究所

品种来源：母本济 8787/父本冀谷 25

试验年限：2011—2012 年参加华北夏谷区谷子区域试验，2012 年参加谷子生产试验。

特征特性：该品种幼苗绿色，生育期 87d，比对照早熟 2d。株高 122cm。在亩留苗 4.0 万株的情况下，成穗率 92.5%；纺锤穗，松较紧；穗长 20.1cm，单穗重 14.01g，穗粒重 11.94g；千粒重 2.75g；出谷率 85.3%，出米率 79.8%；黄谷黄米。抗倒性 1 级，对谷瘟病、谷锈病抗性为 3 级，纹枯病抗性为 3 级，白发病、红叶病、线虫病发病率分别为 0.14%、0.45%、0.69%，蛀茎率 1.59%。

产量表现：2011—2012 年参加华北夏谷区谷子品种区域试验，18 点次增产，5 点次减产，两年平均亩产 320.2kg，比对照冀谷 19 增产 6.10%。2012年生产试验，平均亩产 325.66kg，比对照冀谷 19 增产 5.31%。

适宜范围：可在河北、山东、河南三省两作制地区夏播及丘陵山地春播，同时可在辽宁中南部春播种植。在推广中应注意正确使用除草剂。

六、豫谷18

鉴定编号：国鉴谷 2012001

选育单位：安阳市农业科学院

品种来源：豫谷 1 号 × 保 282

试验年限：2010—2011 年参加华北夏谷区国家谷子品种区域试验。2011年参加国家谷子品种生产试验。

特征特性：该品种幼苗绿色，生育期 88d，比对照冀谷 19 早 2d，株高119.64cm。在亩留苗 4.0 万株的情况下，成穗率 94.13%；纺锤穗，穗子较紧；穗长 18.99cm，单穗重 19.85g，穗粒重 16.94g；千粒重 2.56g；出谷率81.68%，出米率 76.46%；黄谷黄米。在中国作物学会粟类作物专业委员会举办的第八届全国优质食用粟鉴评会上被评为一级优质米。

经 2010—2011 年国家谷子品种区域试验自然鉴定，该品种抗倒性 1 级，抗锈性 2 级，谷瘟病、纹枯病抗性均为 3 级，白发病、红叶病、线虫病发病率分别为 0.4%、1.14%、0.24%，蛀茎率 1.73%。

产量表现：2010—2011 年参加华北夏谷区国家谷子品种区域试验，23 点次全部增产，两年平均亩产 359.91kg，比对照冀谷 19 增产 14.88%。2011 年生产试验，平均亩产 339.38kg，比对照冀谷 19 增产 17.32%。

适宜范围：可在河北、山东、河南夏谷区夏播。在推广中应注意防治纹枯病、谷瘟病。

七、豫谷19

鉴定编号：国鉴谷 2012002

选育单位：安阳市农业科学院

品种来源：豫谷 1 号 × 冀谷 19

试验年限：2010—2011 年参加华北夏谷区国家谷子品种区域试验。
2011 年参加国家谷子品种生产试验。

特征特性：该品种幼苗浅紫色，生育期 90d，与对照冀谷 19 相同，株高126.39cm。在亩留苗 4.0 万株的情况下，成穗率 94.75%；穗子呈纺锤形、棒形两种，松紧适中；穗长 19.01cm，单穗重 18.67g，穗粒重 15.32g；千粒重2.77g；出谷率 82.06%，出米率 77.40%；褐谷黄米。在中国作物学会粟类作物专业委员会举办的第九届全国优质食用粟鉴评会上被评为一级优质米。

经 2010—2011 年国家谷子品种区域试验自然鉴定，该品种抗倒性 2 级，对谷瘟病、谷锈病抗性为 2 级，纹枯病抗性为 3 级，白发病、红叶病、线虫病发病率分别为 0.61%、1.21%、0.33%，蛀茎率 1.24%。

产量表现：2010—2011 年参加华北夏谷区国家谷子品种区域试验，23 点次试点中 20 点次增产，3 点次减产，两年平均亩产 335.21kg，比对照冀谷 19 增产 6.99%。2011 年生产试验，平均亩产 315.04kg，比对照冀谷 19 增产 8.91%。

适宜范围：可在河北、山东、河南夏谷区夏播。在推广中应注意防治纹枯病。

八、沧谷 4 号

原代号：沧 344

选育单位：沧州市农林科学院

品种来源：528 × 冀谷 14

特征特性：生育期 86d，株高 119.7cm。纺锤形穗，松紧适中；穗长 18.42cm，单穗重 12.06g，穗粒重 9.71g；千粒重 2.79g；出谷率 82.36%，出米率 76.2%；黄谷黄米。该品种抗倒性 1 级、抗旱性 2 级、耐涝性 2 级，谷瘟病抗性为 1 级、谷锈病抗性为 3 级、纹枯病抗性为 4 级，抗白发病，红叶病、线虫病发病率分别为 0.7%、0.10%，蛀茎率 0.93%。

产量表现：2008 年参加华北夏谷区组全国谷子品种区域试验，平均亩产 394.0kg，比对照冀谷 19 增产 6.92%。2009 年续试，平均亩产 326.71kg，比对照冀谷 19 增产 10.04%。两年区域试验平均亩产 360.36kg，较对照冀谷 19 增产 8.31%，两年 17 点次区域试验中 13 点次增产。2009 年生产试验平均亩产 276.96kg，较对照增产 9.53%。

适宜范围：在冀、鲁、豫夏谷区种植。在推广中应注意防治谷锈病。

九、衡谷 10 号

鉴定编号：国品鉴谷 2011012

选育单位：河北省农林科学院旱作农业研究所

品种来源：郑 9188 为父本，冀谷 15 号为母本

特征特性：该品种幼苗浅绿，叶片较宽，苗期长势强，茎秆坚韧，根系发达，穗纺锤形，刺毛短，穗码偏紧，黄谷、黄米，熟相好；碾米后，经农业部农产品质量监督检验测试中心检测，小米含铁量高达 61.75mg/kg，属富铁品种。生育期 89d，株高 122.15cm。穗长 18.63cm，单穗重 13.28g，穗粒

重 11.04g，千粒重 2.58g，该品种成穗率高、抗逆性强，抗倒性 1 级，抗旱性、耐涝性均为 2 级，较抗谷锈病、纹枯病、谷瘟病、白发病、红叶病。

产量表现： 2009 年区域试验 11 个试点平均亩产 310.08kg，较对照冀谷19 增产 4.44%，居 14 个参试品种（其中 1 个为对照）第 5 位。2010 年区域试验 11 个试点亩产 328.36kg，居 14 个参试品种（其中 1 个为对照）第 8 位。2010 年生产试验 5 个试点平均亩产 325.49kg，居第 4 位。

适宜范围： 建议在河北、山东、河南夏谷区夏播或晚春播，注意合理密植。

十、衡谷 11 号

鉴定编号： 国鉴谷 2013005
选育单位： 河北省农林科学院旱作农业研究所
品种来源： 母本 201075／父本　安 2491
试验年限： 2011—2012 年参加华北夏谷区组谷子区域试验，2012 年参加谷子生产试验。

特征特性： 该品种幼苗绿色，生育期 87d，比对照冀谷 19 晚 1d。株高134.96cm。在亩留苗 4.0 万株的情况下，成穗率 92.75%；纺锤穗，松紧适中；穗长 18.36cm，单穗重 14.12g，穗粒重 11.94g；千粒重 2.76g；出谷率84.50%，出米率 79.96%；黄谷黄米。抗倒性 2 级，对谷瘟病、谷锈病抗性为 2、3 级，纹枯病抗性为 3 级，白发病、红叶病、线虫病发病率分别为0.28%、0.21%、0.61%，蛀茎率 1.27%。米质国家二级优质米。

产量表现： 2011—2012 年参加华北夏谷区组谷子品种区域试验，18 点次增产，5 点次减产，两年平均亩产 320.9kg，比对照增产 6.33%。2012 年生产试验，平均亩产 316.04kg，比对照冀谷 19 增产 2.20%。因沧州水涝、盐碱影响，减产幅度较大，剔除该点后，本品种增产 4.01%。

适宜范围： 可在河北、山东、河南三省两作制地区夏播及丘陵山地春播，同时可在辽宁中南部春播种植。注意及时防治谷瘟病、纹枯病。

十一、衡谷 12 号

鉴定情况： 2013 年通过专家鉴定，达到国际先进水平。成果登记号：1374
选育单位： 河北省农林科学院旱作农业研究所
品种来源： 衡谷 9 号极早熟变异株

特征特性：幼苗绿色，生育期58d左右，株高46~50cm，分枝、分蘖性强，中下部间可产生多个分枝，主茎节数6节，主茎叶数6片，一级分枝数2~3个，多数分枝均能成穗；纺锤穗，偏紧，刺毛绿色，短；穗长7.32cm，单穗重3.78g，穗粒重3.36g；千粒重3.13g；出谷率88.37%；黄谷黄米。该品种抗倒性为1级，对谷瘟病抗性为1级，谷锈病1级，白发病为0.09%。

该品种的突出特点是同时具有极早熟、矮秆的特性，节数减少。

产量表现：一般产量200kg左右。

适宜范围及推广前景：①种质资源利用方面可作为育种的基础性材料。衡谷12号早熟新品系不仅早熟性突出，株高偏矮，分蘖性强，且中下部节间具分枝，成穗率高，在全国谷子品种中尚属罕见，在谷子育种中可利用其自身具有的突出优点，作为新品种选育的亲本材料加以利用，用于选育早熟性、抗倒性强、分蘖成穗率高、优质高产、抗逆性强的谷子新品种。②其他作物进行间、复种栽培。棉花属经济作物在河北平原农区种植面积较大，但单播棉花时行间距较宽，造成了土地的浪费。可以在棉花行间进行种植，对棉花不会造成遮阴郁闭，而影响其正常生长，反而能有效节约利用土地资源，节水、省肥，在不影响棉花产量的前提下，可收获谷子，经济效益较单种棉花显著提高。衡谷12号还可与饲用小黑麦等牧草进行复种栽培，饲用小黑麦收获后播种衡谷12号仍可收获两季谷子，不仅可以为饲用小黑麦的生长提供充分的生长时间，使其产草量不受影响，而且还有效地节约利用了土地资源，谷子产量也显著提高。③可作为救灾作物及错季利用。衡谷12号新品系因其生育期短、抗逆性强的特点，如遇恶劣性自然条件及灾害性年际可作为抗灾、减灾性的短季型作物进行补充种植，可显著降低因灾害所造成的经济损失。在河北省中南部7月下旬和8月上旬天气多变，多数年份大雨和大风天气多集中在这段时间，有的地方因自然灾害导致受害严重，致使玉米、棉花出现绝收现象，衡谷12号利用其自身优势，可作为减灾作物早秋种植。④秋闲田或冷凉区种植。可作为春玉米、油葵等接茬作物，南方秋闲田填闲作物，也可在河北坝上地区及西北干旱区、青藏高原高等无霜期短的地区开发利用。

十二、衡谷13号

鉴定编号：国品鉴谷2014005

选育单位：河北省农林科学院旱作农业研究所、河北省农林科学院谷子研究所

品种来源： 豫谷 15 为父本，冀谷 31 为母本

特征特性： 衡谷 13 号幼苗绿色，生育期 91d；株高 120.89cm；纺锤形，松紧适中，穗长 20.63cm，单穗重 16.21g，穗粒重 13.11g，千粒重 2.83g；出谷率 80.96%，出米率 74.56%；褐谷黄米，熟相好；抗旱性 1 级，耐涝性 4 级，抗倒性 2 级；谷锈病抗性为 3 级，谷瘟病和纹枯病抗性均为 2 级，白发病、红叶病、线虫病发病率分别为 1.12%、0.47% 和 2.81%，蛀茎率 1.43%。

产量表现： 2012—2013 年华北夏谷区组国家谷子品种区域试验，衡谷 13 号两年平均产量为 4 729.5kg/hm²，较对照冀谷 19 增产 2.44%，居 2012—2013 年参试品种第 6 位，其中，2012 年平均产量为 4 717.5kg/hm²，较对照增产 2.93%，居参试品种第 10 位；2013 年平均产量为 4 741.5kg/hm²，较对照增产 1.94%，居参试品种第 8 位。两年计 21 点次区域试验中有 13 点次增产，增产点率为 61.9%，增产幅度为 0.14%~24.32%。

适宜范围： 可在河北、河南、山东三省两作区夏播及丘陵山区春播，同时可在辽宁中南部春播种植。在推广中应注意防涝和防治谷锈病。

十三、衡谷 15 号

鉴定情况： 2015 年通过专家鉴定，达到国内领先水平，成果登记号：20152921

选育单位： 河北省农林科学院旱作农业研究所

品种来源： 冀谷 15 号系选

特征特性： 幼苗浅紫色，生育期 92d，株高 132.13cm。在亩留苗 4.0 万株的情况下，成穗率 91.25%；纺锤穗，穗子松紧适中；穗长 19.11cm，单穗重 19.04g，穗粒重 16.14g；千粒重 2.78g；出谷率 87.12%，出米率 79.87%；黄谷黄米。熟相较好。

突出特点： ①早熟高产。6 月中下旬播种，9 月下旬收获，平均亩产 390.7kg，较对照冀谷 31 增产 7.34%；7 月中旬播种，10 月上中旬收获，亩产可达 345.8kg。②抗逆稳产。抗旱性 1 级，耐涝性 1 级。抗倒性 1 级，为抗旱性极强的品种。③适合机械化收获。机械脱粒的损失较小，株高 105.6cm，穗紧，成熟时绿叶数 10.1 片，穗下颈节长度 22.4cm，偏短。该品种早熟高产、宜机收、抗逆性好，在抗旱性、抗倒性上表现突出，综合性状优良，在 7 月 20 日种植亩产仍可达 300kg 左右，可以在油葵、马铃薯、西瓜等作物收获后复播，经济效益较高，适合规模化种植，在种植结构调整中优势明显，因

其具有较好的抗旱性，在地下水压采区，加以综合利用，可取得良好的生态效益。

产量表现： 2015 年经现场检测，衡谷 15 号产量为 445.63kg/亩，较对照冀谷 31（亩产 412.75kg）增产 7.97%，在全部试点均较对照冀谷 31 增产。

适宜范围： 该品种区域适应性极佳，适合华北夏谷生态区夏播及丘陵山地春播，也可在辽宁中南部春播种植，复播时最晚应在 7 月中旬。

在新疆维吾尔自治区（全书简称新疆）的精河、石河子、昌吉、喀什等地进行了小面积的试种，春播均可正常成熟且一般亩产 330kg 以上，在喀什地区进行麦后复播，亩产仍可达 320～450kg。

第三节 谷子新品种的特性研究

一、抗旱性研究

谷子耐旱力强，也有其生理特点。首先是其光合作用强，其次是谷子的原生质胶体亲水性高，水合作用强，胶体结构比较稳定，束缚水变化小，细胞液浓度高，因而保水和抗脱水能力强。据测定，在不同供水条件下，叶片束缚水含量变异范围比春小麦低 59.2%。

细胞液浓度比燕麦高 40%～50%，研究表明，谷子细胞原生质胶体亲水性高与体内含钾量高有关。钾易渗入细胞，提高细胞液渗透压力和吸水力；另一方面，钾作为电解质可提高胶体胶粒和原生质分子的电荷，从而保证细胞原生质具有较高的稳定性。

试验发现，不同谷子品种之间的抗旱性存在着较大差别，为了更好地向生产提供抗旱性强的品种，我们进行了多年的抗旱鉴定试验，力图明确谷子的抗旱性鉴定方法。

（一）干旱胁迫对芽期的影响

1. 材料与方法

（1）试验材料。供试的 14 个夏谷品种：沧 344、冀谷 31、安 04 - 4783、206058、沧 555、200131、200152、安 06 - 6082、济 0404、济 0515、06766 - 7、郑 06 - 3、长生 08、冀谷 19。供试的聚乙二醇（polyethylene glycol，PEG）- 6000 为分析纯。

（2）试验方法。挑选饱满的供试种子，用 0.1% $HgCl_2$ 消毒 10min，蒸馏水冲洗干净。用 5%、10%、15%、20% PEG - 6000 溶液进行处理，对照用蒸馏水。每个处理设 3 次重复，每重复 100 粒种子。分别对 14 个品种进行滤纸皿床发芽试验，每皿放入 10ml 处理液，培养箱温度为（25 ± 1）℃，每天定时观察，并记录种子发芽数。以胚根长度 1mm 作为发芽标准。发芽期间以称重法补充蒸馏水，保持各处理浓度的相对稳定。8d 后结束发芽，计算种子相对发芽率、相对发芽指数、相对活力指数。测定所有萌发幼苗的根长、苗长，取其平均值。

为避免不同基因型品种在正常条件下本身所存在的差异对试验结果的影响，客观地反映待测品种在水分胁迫条件下的耐旱性差异，所测定指标均采用相对值进行计算。

相对发芽率（%）=（PEG 处理发芽种子数/对照发芽种子数）×100

发芽指数 $GI = \sum G_t/D_t$ [G_t 指在不同时间（t 天）发芽数，D_t 指不同的发芽试验天数]

活力指数 $VI = S * \sum G_t/D_t$（S 为鲜重）

相对发芽指数（%）=（PEG 处理发芽指数/对照发芽指数）×100

相对活力指数（%）=（PEG 处理活力指数/对照活力指数）×100

相对芽长（%）=（PEG 处理芽长/对照芽长）×100

相对根长（%）=（PEG 处理根长/对照根长）×100

按照祁娟等（2009）的方法计算各品种抗旱性隶属函数，确定抗旱等级。隶属度按四级制划分标准：隶属度大于 0.6 定为 Ⅰ 级，为强抗；隶属度在 0.4 ~ 0.6 定为 Ⅱ 级，为较抗；隶属度在 0.3 ~ 0.4 定为 Ⅲ 级，为弱抗；隶属度小于 0.3 为不抗，定为 Ⅳ 级。

（3）数据统计。采用 Excel 表格结合数据统计软件 SPSS（12.0）进行整理和分析，不同品种相同指标进行 $LSD_{0.05}$ 比较。

2. 结果与分析

（1）PEG - 6000 胁迫对不同基因型夏谷品种萌发的影响。从表 4 - 2 可以看出，除 5% PEG 对谷子萌发基本无影响外，随着 PEG 浓度的升高，PEG 处理对所有供试品种的萌发都产生抑制作用，并且浓度越高抑制作用越大，但不同品种表现出的受抑制程度不同。在 PEG - 6000 浓度为 20% 时，相对发芽率最高的达 95.83%，最低的只有 45.36%。发芽指数反映了种子萌发的快慢程度，活力指数则反映了种子萌发后的强壮程度。比较不同基因型夏谷在相同程度的干旱胁迫下萌发的速度及幼苗的活力，表明相对发芽率高的品种相对发芽指数和活力指数也高，三者呈正相关。不同品种间的差异显著，活力指数最高的 200152 是冀谷 19 的 2.45 倍。

表 4 - 2　PEG - 6000 胁迫对不同基因型夏谷品种萌发的影响

品种名称	相对发芽率（%）				相对发芽指数（%）				相对活力指数（%）			
	5%	10%	15%	20%	5%	10%	15%	20%	5%	10%	15%	20%
沧 344	101a	97a	83b	72c	98a	81b	70b	46b	96a	78a	50ab	26ab
冀谷 31	99a	90b	62d	45f	90b	62f	48f	26fg	90b	52c	34bc	12d
安 04 - 4783	102a	92b	77bc	65cd	95ab	67de	57d	29f	96a	67b	35bc	14cd
206058	100a	92b	75c	67cd	94b	65de	55d	29f	98a	64b	38b	15cd
沧 555	103a	95ab	80b	70c	98a	69d	61c	36d	97a	67b	36bc	16c
200131	102a	98a	83bc	75bc	100a	88a	73b	48b	98a	81a	50ab	28ab
200152	101a	100a	97a	96a	98a	89a	78a	57a	98a	82a	54a	29a
安 06 - 6082	100a	96ab	86b	80b	97a	77bc	69bc	43bc	95a	79a	40b	26ab
济 0404	103a	96ab	86b	76bc	95ab	65de	57d	35d	93ab	55c	33c	16c
济 0515	100a	93b	80b	66cd	96ab	68d	58cd	33de	95a	57c	37b	16c
06766 - 7	99a	96ab	82b	69c	95ab	69d	63c	37d	97a	62bc	39b	18c
郑 06 - 3	100a	95ab	86b	72c	97a	78bc	65c	41c	93ab	67b	41b	22b
长生 08	101a	91b	73c	64d	97a	70d	51e	38d	96a	63bc	30c	14cd
冀谷 19	102a	88bc	70c	59e	99a	81b	68bc	46b	97a	55c	32c	12d

注：表中不同字母代表差异显著。全书同

（2）PEG - 6000 胁迫对不同基因型夏谷品种芽期生长的影响。表 4 - 3 的数据表明，除了 5% PEG 处理对谷子的生长基本无影响外，高于 5% 的 PEG 模拟干旱胁迫对不同基因型夏谷胚芽、胚根、幼苗鲜重均有不同程度的抑制作用，并且浓度越高抑制作用越明显，表现为和对照相比，芽长、根长降低，而

表 4 - 3　PEG - 6000 胁迫对不同基因型夏谷品种芽期生长的影响

品种名称	相对芽长（%）				相对根长（%）				相对鲜重（%）			
	5%	10%	15%	20%	5%	10%	15%	20%	5%	10%	15%	20%
沧 344	97a	81ab	71a	30b	95a	83a	61a	25b	95a	85a	70b	46b
冀谷 31	95a	71c	50c	16e	85b	55d	30d	8d	93ab	59cd	52e	36d
安 04 - 4783	95a	80b	57bc	20de	88b	60c	33d	9d	95a	78b	63cd	41cd
206058	96a	77b	55bc	17e	85b	65c	35d	10d	94a	83a	61d	41cd
沧 555	95a	78b	59b	15e	86b	64c	42c	7gh	96a	86a	66c	45bc
200131	99a	80b	70a	31b	98a	85a	65a	30a	98a	85a	72a	48b
200152	101a	88a	72a	43a	95a	86a	65a	28a	98a	87a	75a	56a
安 06 - 6082	98a	84a	69a	31b	95a	82a	61a	23b	95a	86a	70b	48b
济 0404	94b	85a	66ab	27c	90ab	77b	56b	15c	96a	85a	63cd	45bc
济 0515	98a	82a	58bc	16e	88b	68b	41c	9d	95a	80a	60d	43c
06766 - 7	97a	85a	62b	22d	85b	60c	35d	8d	95a	80a	62cd	43c
郑 06 - 3	97a	80b	61b	23d	88b	61c	55b	13cd	96a	75b	56	41cd
长生 08	96a	82a	67ab	26c	90ab	80a	61a	18c	95a	66c	57d	37d
冀谷 19	93b	74bc	60b	15e	87b	55d	34d	9d	96a	62c	60d	36d

根长降低程度大于芽长，说明水分胁迫对根的影响要大于芽，因为根是直接的吸水器官。胚芽和胚根生长受到抑制直接导致了夏谷幼苗鲜重减少，但鲜重的降低趋势并不表现为完全和芽长、根长一致，如20% PEG胁迫时，沧555芽长、根长要小于安04–4783和206058等，但鲜重却大于后者，原因是由于基因型不同，有的品种胚芽和胚根较短粗，而有的却细长，因此胚芽和胚根细长的有可能鲜重却低。

（3）不同基因型夏谷抗旱性综合评价。选取以20% PEG–6000处理的数据，将参试的14个夏谷品种的6个与抗旱性有关指标和抗旱指数进行综合分析，计算不同材料品种各指标隶属度值，并以各材料品种的平均抗旱隶属度作为抗旱鉴定综合评价指标，见表4–4。综合评价的结果为：200152和200131为强抗旱品种，安06–6082、郑06–3、沧344、济0404、济0515、06766–7、长生08为较抗品种，安04–4783、206058、沧555、冀谷19为弱抗品种，冀谷31为不抗品种。

表4–4　不同基因型夏谷各抗旱指标的抗旱指数隶属值与其隶属度分析

品种名称	相对发芽率隶属值	相对发芽指数隶属值	相对活力指数隶属值	相对芽长隶属值	相对根长隶属值	相对鲜重隶属值	抗旱隶属度
沧344	0.4762	0.4791	0.5031	0.4657	0.5441	0.5176	0.4976
冀谷31	0	0	0.218	0.2338	0.2005	0	0.1087
安04–4783	0.3158	0.2056	0.3346	0.4812	0.3332	0.4256	0.3493
206058	0.3938	0.3273	0.1384	0.2079	0.4461	0.347	0.3101
沧555	0.6868	0.3814	0.4121	0		0.375	0.3092
200131	0.5898	0.5657	0.7665	0.6342	1.0006	0.6505	0.7012
200152	1	1	1	1	0.7079	1.0001	0.9513
安06–6082	0.7319	0.4546	0.6662	0.4171	0.6086	0.6364	0.5858
济0404	0.5085	0.3189	0.3199	0.4326	0.3952	0.6867	0.4436
济0515	0.43069	0.3295	0.4199	0.2041	0.5359	0.648	0.4280
06766–7	0.4531	0.3578	0.3936	0.3728	0.5322	0.4319	0.4236
郑06–3	0.5286	0.53759	0.6354	0.5368	0.4079	0.472	0.5197
长生08	0.4426	0.3785	0.3109	0.3502	0.6975	0.5206	0.4501
冀谷19	0.3386	0.312	0	0.3238	0.434	0.3961	0.3008

3. 结论与讨论

尽管长期以来谷子一直作为旱地农业的重要作物，但选择相对抗旱的品种同样是农业生产和常规育种的迫切需要。大多数植物，种子萌发和初期生长阶段对环境胁迫最为敏感，所以常用种子萌发及其初期生长状况来评价植物的抗逆性。这一时期若土壤水分不足，种子萌发初始时间延迟，萌发率下降，种苗生长缓慢，对全苗、壮苗影响很大，最终影响产量。提高谷子品种自身芽期的耐旱性可以在一定程度上克服土壤墒情的影响，确保谷田基本苗和光合群体的建立。

不同谷子品种间抗旱性差异明显，苗期当土壤含水量降至3%～4%时，浇水后不同品种的谷苗存活率可相差2倍以上（山西农业科学院，1987）。朱学海等（2008）认为，用PEG模拟干旱胁迫处理谷子时，相对发芽率、相对根长表现出较大的方差和变异系数，可用来作为耐旱评价指标。本实验除采用以上两个指标外，利用相对发芽指数、相对活力指数、相对芽长、相对鲜重来综合评价不同基因型夏谷的萌发期抗旱能力，避免了用单一指标进行评价的不一致性。为了确定合适的胁迫浓度，经反复摸索，发现20% PEG－6000胁迫处理夏谷种子最能体现不同品种之间的抗旱性。实验结果表明，在相同的生长环境下不同基因型夏谷对干旱胁迫的响应不尽相同。抗旱能力强的200152和200131等品种在萌发期有较高的发芽率、萌发速率也较快，幼苗的长势也明显好于不抗旱的品种。经过量化后的各指标的抗旱隶属函数值综合评价值也最高。可能是因为抗旱性强的品种具有较强的抗渗透胁迫能力，能够在外界低水势环境下吸收一定的水分供种子萌发生长。种子的吸水特性，尤其是种子在渗透胁迫下的吸水特性，是种子内在本质所决定的种子特征。关于不同基因型夏谷幼苗期以及生育期各阶段的抗旱性能是否和萌发期一致，还有待于进一步研究。

（二）干旱对苗期的影响

1. 材料与方法

（1）试验材料。近年来的育成品种236份。

（2）试验方法。试验按照李荫梅等（1991）的方法实施。试验在长×宽×高为70cm×48cm×20cm的塑料箱中进行，试验用土为壤土，过筛填盒、土层厚15cm，4次重复。播前浇水达到饱和含水量，按方格播种，出苗后定苗，然后进入干旱胁迫期，每个材料15株，幼苗长到3叶期时开始自然干旱，当土壤水分降至田间持水量的7%±2%时，进行复水，72h后调查幼苗存活率，然后自然干旱再复水，反复2次。调查每次胁迫的死苗率。在日平均气温20℃的条件下，干旱一次约需25d。

（3）试验分别于2015年4—7月，在河北省农林科学院旱作农业研究所节水试验站进行。

①4月17日装土，18日浇水，27、28日种植。

②5月4日第一次定苗，22—25日定15株。

③6月9日第一重复与第二重复第一次复水，6月12日第三重复与第四重复第一次复水，6月16日开始调查第一次干旱胁迫的存活率；7月3日进行第二次复水，7月7日调查第二次干旱胁迫的存活率。

2. 试验结果

（1）记录第一次干旱和第二次干旱胁迫存活率。

（2）对四次重复的干旱胁迫存活率进行了排序，有以下研究结果。

试样24#、41#、61#、66#、68#、88#、89#、90#、91#、118#、119#、121#、130#、137#、149#、154#、156#、157#、167#、198#、207#、232#第一次干旱胁迫的存活率第一和第四重复都达到100%；试样19#、60#、65#、67#、68#、128#、135#第二次干旱胁迫的存活率第一和第三重复都超过50%。

从前两次反复干旱存活率的结果看出，苗期植株基部茎秆颜色与品种的抗旱性相关性不明显；苗期植株茎秆矮壮的品种相对抗旱性较好。在每次干旱胁迫死亡率波动幅度不大的品种，说明耐旱能力较好。

（三）谷子灌浆期干旱胁迫研究

1. 研究目的与意义

谷子是我国北方的主要粮食作物，在禾本科中表现了较为突出的抗旱性，但由于谷子主要种植在旱薄地，品种的抗旱性对生产应用极为重要，灌浆期是谷子产量形成的关键期，也是需水关键期，本实验利用旱池控水，基于对苗期和孕穗期的一些生态、生理生化性状测定后，旨在探讨灌浆期一些生理生化特性与品种抗旱性的关系，明确影响谷子灌浆期抗旱性的关键因素，筛选谷子灌浆期抗旱性鉴定的生理生化指标，为谷子抗旱性育种、栽培和鉴定提供理论依据，为系统阐明谷子抗旱机理寻找依据。

2. 材料与方法

（1）材料。抗旱性不同谷子品种6个：冀谷19、206085、济0515、衡谷10号、谷上谷和豫谷1号，冀谷19作为对照种。

（2）设计与处理。试验于2012年在河北省农林科学院旱作农业研究所节水试验站干旱棚内进行。灌水量用水表计量，遇雨时干旱防雨棚自动关闭，保证灌水量的准确，每个干旱池离池壁等距离安装2根PVC管，随时用CPN503DR中子土壤水分测试仪测定干旱池土壤水分变化。种植方式：3次重复、随机排列。行长2.1m，行距0.2m，3行区，小区面积1.32m^2。留苗密度按照华北夏谷区生产上的种植密度3万株/亩操作。全小区收获，测定小区产量。用抗旱指数（DRI）表示各基因型的抗旱性。

试验处理：试验设 2 个试验处理，干旱池最大含水量 28% 左右，播前灌水达最大持水量。非干旱胁迫，全生育期满足水分供应（全生育期灌水 2~3次，每次 63mm，总灌水量 200mm 左右）。灌浆期干旱胁迫，在保证出苗整齐后至灌浆期不再灌水，灌浆期过后复水［谷子在土壤最大持水量 28% 的情况下，土壤含水量达 9% 以下基本停止生长，谷子在土壤含水量低于 9% 时灌一次水，63mm/（亩·次）］。

（3）测定项目与方法。

①根系参数。先将待测根系用清水冲洗干净，然后用滤纸吸干附着水，进行各指标的测定。根数、根长按照常规方法测定。根干重采用烘干称重法测定。

②叶面积。用直尺测量叶片长度、叶片最大宽度，然后按 Monlgomory（1911）方法进行计算。

③叶绿素含量，叶绿素含量测定仪 SPAD－502 用活体叶绿素仪直接测定，测 10 片取平均值。

④可溶性糖。用蒽酮比色测定；脯氨酸用茚三酮比色法测定；丙二醛用硫代巴比妥比色法测定；SOD、POD、过氧化氢酶活性。

以上测定均取灌浆期旗叶叶片，重复 3 次。

⑤茎粗（10 株并列量其到第二节）、株高、单株节数、颈长、穗长、穗重、粒重和千粒重。收获前单株取样，每个小区随机选取有代表性的 10 株，收获后室内考种。

⑥叶绿素含量。灌浆期采用便携式叶绿素测定仪（SPAD）进行测定棒三叶，每小区测 5 株，共测 3 次。

⑦株高、产量性状。株高按常规方法进行，穗部性状包括穗长、穗重、干重等，按照常规考种方法进行。产量性状是籽粒产量，按常规考种方法进行。

（4）统计方法。统计分析采用唐启义研制的《DPS 数据处理系统》，对所得的数据进行分析。

（5）有关计算公式。抗旱性评价指标用抗旱指数来表示。

抗旱指数由下述公式计算：

$$抗旱指数(\mathrm{DRI}) = \frac{Y_a^2}{Y_m} \times \frac{Y_M}{Y_A^2}$$

式中，Y_a 是参试品种旱处理产量；Y_m 是参试品种水处理产量；Y_M 是参试品种水处理平均产量；Y_A 是参试品种旱处理平均产量。

$$抗旱系数(DC) = Y_a/Y_m$$

式中，Y_a 是参试品种旱处理产量；Y_m 是参试品种水处理产量。

（6）试验地点。试验于 2012 年在河北省农林科学院旱作农业研究所旱作节水试验站实施。

3. 结果与分析

（1）谷子品种抗旱性鉴定结果（表 4 – 5）。

表 4 – 5　谷子品种抗旱性鉴定结果

品种名称	水处理产量（kg/亩）	旱处理产量（kg/亩）	抗旱系数	抗旱指数	位次
冀谷 19	198.46	188.61	0.950	0.953	4
206085	196.43	192.50	0.980	1.014	1
济 0515	182.61	177.49	0.972	0.997	2
衡谷 10 号	179.47	178.15	0.993	1.041	5
谷上谷	162.26	151.58	0.934	0.925	3
豫谷 1 号	187.13	160.23	0.856	0.773	6

试验结果表明在灌浆期进行干旱胁迫，206085、衡谷 10 表现较好的抗旱适应性，谷上谷、济 0515、冀谷 19、抗旱适应能力较差；豫谷 1 号的干旱适应能力较差。

（2）谷子品种抗旱性和测试性状的关系（表 4 – 6 至表 4 – 8）。

试验通过在正常供水和干旱胁迫下测定不同抗旱类型谷子品种的、根鲜重、根干重、根条数、根冠比、株高、穗长、穗重、粒重、叶面积、叶绿素、失水速率和可溶性糖、脯氨酸、丙二醛、CAT、SOD、POD 等生理生化指标的变化，并分析其与抗旱指数的相关性，筛出以抗旱指数为综合抗旱性评价指标的一系列简单、实用、有效的鉴定指标，为选育抗旱、耐旱新品种提供理论依据。

试验结果表明，6 个谷子品种生态性状中穗重、百株粒重与抗旱指数间的相关关系 r 值分别为 0.925、0.930** （$r_{0.01}=0.915$），呈极显著相关，关联度值均为 0.901、0.837；株高、植株干重、植株鲜重与抗旱指数间的相关关系 r 值为 -0.762^*、0.878^*、0.824（$r_{0.05}=0.761$），呈显著相关，关联度值均为 0.762、0.864、0.845；茎粗、抽穗期与抗旱指数关系值 r 分别为 0.738、0.764，相关关系较密切；灰色关联度分别为 0.856、0.522，关联度与抗旱指数比较密切。据此，谷子的穗重、百株粒重可作为谷子灌浆期抗旱性评价的生长发育指标，或者叫农艺性状指标，株高、植株干重、植株鲜重在评价谷子抗旱性时可作为参考指标（表4－6、表4－7）。

表4－6 谷子农艺性状与抗旱性相关系数和灰色关联度

项目	抽穗期	开花期	成熟期	株高	穗下茎节长	穗重	茎节数	茎粗	根干重	根条数	植株鲜重	植株干重	百株粒重
相关系数	0.714	0.381	0.608	-0.762*	-0.520	0.925**	0.779*	0.738	0.610	0.341	0.824*	0.878*	0.930**
灰色关联度	0.522	0.637	0.205	0.762	0.779	0.901	0.856	0.868	0.841	0.847	0.845	0.864	0.837

表4－7 谷子生化性状与抗旱性相关系数和灰色关联度

项目	SOD	MDA	POD	脯氨酸	丙二醛	可溶性蛋白	含糖量
相关系数	-0.082	-0.769*	-0.487	0.085	-0.496	-0.667	-0.238
灰色关联度	0.794 9	0.706 3	0.784 4	0.788 8	0.759 2	0.749 5	0.775 6

实验结果表明生理生化指标中 MDA 与抗旱指数成负相关，相关性密切，相关值分别为 $r = -0.769$；灰色关联度值 0.706。可溶性蛋白相对值与抗旱指数成负相关（$r = -0.667$），相关较密切（表4－8）。

表4－8 谷子生理与抗旱性相关系数和灰色关联度

项目	叶片含水量	失水速率	叶绿素	旗叶角度	旗叶面积
相关系数	-0.036	-0.927	-0.335	0.369	0.251
灰色关联度	0.807 6	0.691 2	0.796 1	0.815 5	0.829

从试验结果明显看出抗旱性强的品种叶绿素含量下降幅度小，抗旱性弱的品种叶绿素含量下降幅度大。失水速率与抗旱指数呈显著负相关，$r = -0.927^*$，灰色关联值为 0.692。旗叶角度、旗叶面积与抗旱性的灰色关联度较大值为 0.815 5、0.829。

（四）全生育期抗旱性及水分利用效率研究（2013 年）

1. 材料与方法

（1）材料。选用抗旱性不同谷子品种 6 个，衡谷 10 号、豫谷 18、济 9050、冀谷 19、冀谷 31 和朝谷 15，由河北省农林科学院旱作农业研究所提供。

（2）设计与处理。试验于 2013 年在河北省农林科学院旱作农业研究所节水试验站干旱棚内进行。灌水量用水表计量，遇雨时干旱防雨棚自动关闭，保证灌水量的准确，每个干旱池离池壁等距离安装 2 根中子仪管，随时用水分测定仪——中子仪水分测试仪测定土壤水分变化。

试验处理：试验设对照和干旱处理，对照处理指全生育期满足水分供应，干旱处理指干旱池最大含水量28%，播前灌水达最大持水量，全生育期不再灌水。

种植方式：各处理每品种3次重复、随机排列；行长2.1m，行距0.2m，8行区，小区面积3.3m²。留苗密度按照华北夏谷区生产上的种植密度3.5万株/亩操作。全小区收获，测定小区产量。用抗旱指数（DRI）表示各基因型的抗旱性。

（3）测定项目与方法。

①叶面积。用长×宽×系数法进行测定，在每个时期定株进行测量。

②叶绿素含量。叶绿素含量用活体叶绿素仪SPAD-502直接测定，在旗叶固定部位做标记，定点测定，测10片取平均值。

以上测定均取灌浆后期旗叶叶片，重复3次。

③9月中旬收获，风干后计产，并计算耗水量（灌水量＋播前土壤含水量－收后土壤含水量）和水分利用效率（WUE）。

$$籽粒 WUE = 干物质量/（蒸腾量＋蒸发量）$$

④用土钻去行上单株的植株根系，分0~20cm、20~40cm、40~60cm、60~100cm以上共4个层次分别装入沙袋，同时将区号、土层等资料写一红牌放入沙袋。放入水池中浸泡到土壤与管分离，将泥土冲掉，拣出乳白色的根系，用水冲洗后进行性状测定。

根鲜重、干重：扫描后用滤纸轻轻沾干根系水分，称量其鲜重，后放入烘箱中，75℃烘干12h，后称量干重。

⑤成熟后全区收获测定生物产量（植株鲜重、干重）。收获前单株取样，每个小区随机选取有代表性的10株，收获后室内考种。测定植株株高、穗长、穗重、粒重和千粒重、每个品种每小区单位长度（0~20cm）每株根鲜重、干重；不定根数、最长不定根长。

（4）统计方法。统计分析采用唐启义研制的《DPS数据处理系统》[1]对所得的数据进行分析。

（5）有关计算公式。

抗旱性评价指标——抗旱指数（DRI）由下述公式计算：

$$DRI = \frac{Y_a^2}{Y_m} \times \frac{Y_M}{Y_A^2}$$

式中，Y_a是参试品种旱处理产量；Y_m是参试品种水处理产量；Y_M是参试品种水处理平均产量；Y_A是参试品种旱处理平均产量。

水分利用效率（WUE）采用 Fischer and Turner 的方法，9 月下旬收获，风干后计产，并计算耗水量（灌水量 + 播前土壤含水量 – 收后土壤含水量）和水分利用效率（WUE）。

$$WUE = 籽粒产量/耗水量$$

2. 试验研究结果

（1）谷子品种节水抗旱性鉴定结果（表 4 – 9）。

表 4 – 9　谷子品种节水抗旱性鉴定结果

品种	产量 （kg/hm²）		WUE [kg/（mm·hm²）]		DRI
	水	旱	水	旱	
衡谷 10 号	5 710.3	3 991.8	23.41	31.92	1.026
豫谷 18	6 342	3 983	25.34	25.71	0.92
济 9050	6 039.3	4 103.8	25.99	35.84	1.026
冀谷 19	5 535.3	3 687.3	24.27	30.30	0.903
冀谷 31	5 806.5	3 643.5	20.22	27.46	0.841
朝谷 15	6 756.8	4 889.5	28.40	40.18	1.301

试验结果表明，干旱胁迫下所有品种产量降低，但降低的幅度随品种抗旱性的降低而加大，朝谷 15 是节水抗旱性极强的品种，济 9050、衡谷 10 号是节水抗旱性较好的品种，豫谷 18 和冀谷 19 抗旱性中等，冀谷 31 抗旱性较弱（表 4 – 9）。旱处理的水分利用效率高于水处理的，可能是轻度和中度水分胁迫使得叶片气孔关闭，降低了蒸腾，并且气孔导度降低幅度大于光合作用，从而提高了 WUE（Chaves et al，2002）。

从表 4 – 10 可以看出抗旱指数与产量水平上的水分利用效率相关紧密，相关系数为 $r = 0.698^*$，说明通过抗旱指数判定的抗旱性品种抗旱性越好，水分利用效率越高。

表 4 – 10　谷子生育期测试性状与抗旱性相关系数和灰色关联度

	茎干重	株高	茎粗	茎节数	穗茎长	穗长	单穗重	单穗粒重	千粒重
相关系数	0.293	0.349	0.192	0.306	– 0.108	– 0.214	0.704*	0.804**	– 0.28
灰色关联度	0.341	0.459	0.369	0.484	0.45	0.338	0.333	0.53	0.454

本试验通过在正常供水和干旱胁迫下测定不同抗旱类型谷子品种的根鲜重、根条数、株高、穗长、穗重、粒重指标的变化，并分析其与抗旱指数的相关性，单穗重 r 值为 0.704^*（$r_{0.05} = 0.666\ 4$）、单穗粒重 r 值为 0.804^*

（$r_{0.05}=0.666\,4$）、以抗旱指数为综合抗旱性评价指标的一系列简单、实用、有效的鉴定指标，为选育抗旱、耐旱新品种提供理论依据。

（2）农艺、生理性状与水分利用效率的关系。

①叶面积与水分利用效率的关系。叶片是制造有机物的主要场所，作物进行光合作用，积累干物质，作物产量的高低和有效叶面积的大小有密切关系，在一定范围内与叶面积的大小呈正相关。本试验通过对灌浆期的叶面积与水分利用效率相关性分析得知，水、旱处理的叶面积大小与其 WUE 呈负相关关系（图4-1、图4-2）。张丛志（2009）通过玉米研究试验也指出，水分利用效率与叶面积呈负相关关系。原因可能是较小的叶片其叶细胞较小导致 CO_2 导度增加，光合结构集中，因而具有较高的光合速率及水分利用效率（袁龙飞等，2008）。

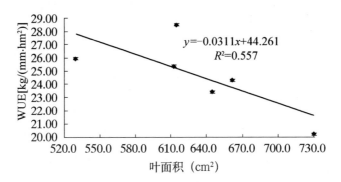

图4-1　水处理叶面积和 WUE 的关系

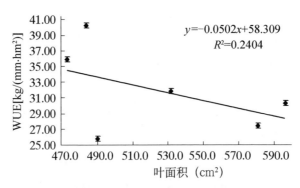

图4-2　旱处理叶面积和 WUE 的关系

②株高与水分利用效率的关系。本试验通过对株高与水分利用效率相关性分析得知，水、旱处理的株高大小与其 WUE 呈正相关关系（图4-3、图4-4），但是并未达到显著相关。

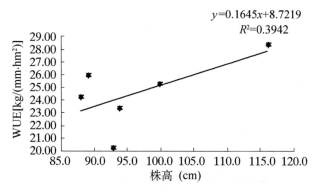

图4-3　水处理株高和 WUE 的关系

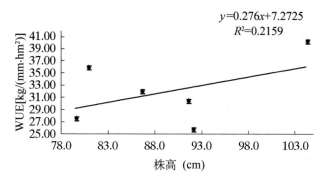

图4-4　旱处理株高和 WUE 的关系

③叶绿素含量与水分利用效率的关系。叶绿素是作物进行光合作用的主要物质基础，是作物生长中重要的生理参数。叶绿素含量既表明作物生长状况，又表明作物的生产能力，也是叶片功能持续期长短的重要标志，延长叶片的功能期和寿命，可提高光合速率和作物的产量。本试验通过对叶绿素含量与水分利用效率相关性分析得知，水、旱处理的叶绿素含量与其 WUE 呈显著正相关关系（图4-5、图4-6）。

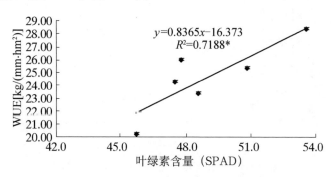

图4-5　水处理叶绿素含量和 WUE 的关系

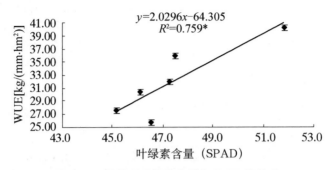

图 4 - 6　旱处理叶绿素含量和 WUE 的关系

谷子品种水、旱处理的叶绿素含量和株高和其 WUE 呈正相关关系，说明随着叶绿素含量的提高和株高的增加，其水分利用效率是提高的，在选择高水效品种时可以适当考虑这些指标。

④地上生物量、根干重及根冠比与水分利用效率的关系。水分胁迫一定程度上降低了生物量干重，但是本试验通过对地上生物量与水分利用效率相关性分析可得知，地上生物产量与 WUE 呈正相关关系（图 4 - 7、4 - 8）。这与前人在小麦上的研究结果是一致的（戚龙海等，2009；刘月岩等，2013）。

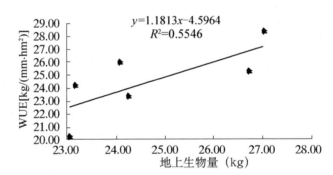

图 4 - 7　水处理地上生物量和 WUE 的关系

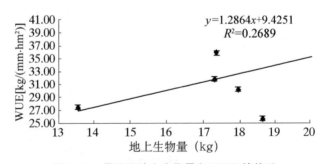

图 4 - 8　旱处理地上生物量和 WUE 的关系

对收获后 0～100cm 的水、旱处理根干重与水分利用效率进行相关性分析（图 4－9、图 4－10），可知谷子品种水处理根干重和其 WUE 呈负相关关系，说明不是根系越大水分利用效率越高，这和 2002 年山仑院士的相关研究一致，即整株水平上的 WUE 与小麦的根干重、根长和根冠比均成显著线性负相关关系，随根重、根长和根冠比的增加而降低（山仑，2002）。

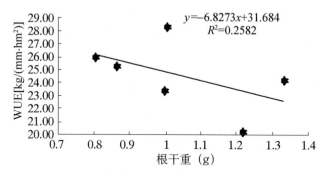

图 4－9 水处理根干重和 WUE 的关系

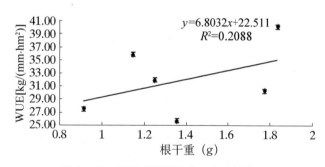

图 4－10 旱处理根干重和 WUE 的关系

根系干物质重量是衡量根系生长状况的一重要指标，根冠比是植物在受环境因素影响下，通过自身体内许多基因变化过程和自适应、自调节后最终所表现出的整体效应。但是从提高水分利用效率来说，根系需要维持适宜的大小，根系干重过多会产生冗余作用。本研究的水处理结果（图 4－9、图 4－11）证明根干重和根冠比与水分利用效率呈负相关关系，前人在小麦（马守臣等，2000；张岁岐等，2003；王艳哲等，2013）和玉米研究中都有证明。但本研究旱处理根干重和根冠比与水分利用效率的相关性分析中，呈正相关关系（图 4－11、图 4－12），在麦类作物研究中，根重在一定范围内是有利于 WUE 的提高，但过大可能会产生对 WUE 不利的冗余（黄玲等，2003），本试验中旱处理的谷子根系对不同土层的水分利用与干重成正相关，无根系的冗余现象，与 WUE 呈正相关。慕自新指出，根系干物质重的贡献最小，在玉米根系形态性状中根长对水分利用效率的贡献是第一位的（慕自新等，2005），本试验中水、旱的根干重与 WUE 均未达到显著相关水平，在谷子根系形态性状中根干重对水分利用效率的贡献有待我们进一步深入研究。

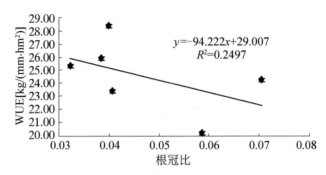

图 4－11　水处理根冠比和 WUE 的关系

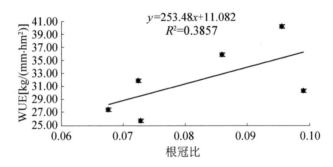

图 4－12　旱处理根冠比和 WUE 的关系

（五）全生育期抗旱性及水分利用效率研究（2014 年）

1. 材料与方法

（1）材料。选用谷子品种 6 个：衡谷 10 号、衡谷 11 号、衡谷 13 号、保谷 20、豫谷 21、冀谷 19，由河北省农林科学院旱作农业研究所提供。

（2）设计与处理。

试验于 2014 年在河北省农林科学院旱作农业研究所节水试验站干旱棚内进行。灌水量用水表计量，遇雨时干旱防雨棚自动关闭，保证灌水量的准确，每个干旱池离池壁等距离安装 2 根中子仪管，随时用水分测定仪——中子仪水分测试仪测定土壤水分变化。

试验处理：试验设对照和干旱处理，对照处理指全生育期满足水分供应，干旱处理指干旱池最大含水量 28%，播前灌水达最大持水量，全生育期不再灌水。

种植方式：各处理每品种 3 次重复、随机排列；行长 2.1m，行距 0.2m，8 行区，小区面积 3.3m²。留苗密度按照华北夏谷区生产上的种植密度 3.5 万株/亩操作。全小区收获，测定小区产量。用抗旱指数（DRI）表示各基因型的抗旱性。

（3）测定项目与方法。

①叶面积。用长×宽×系数法进行测定，在每个时期定株进行测量。

②叶绿素含量。叶绿素含量用活体叶绿素仪 SPAD–502 直接测定，在旗叶固定部位做标记，定点测定，测 10 片取平均值。

以上测定均取灌浆后期旗叶叶片，重复 3 次。

③9 月中旬收获，风干后计产，并计算耗水量（灌水量 + 播前土壤含水量 – 收后土壤含水量）和水分利用效率（籽粒 WUE）= 干物质量/（蒸腾量 + 蒸发量）。

④用土钻去行上单株的植株根系，分 0～20cm、20～40cm、40～60cm、60～100cm 以上共 4 个层次分别装入沙袋，同时将区号、土层等资料写一红牌放入沙袋。放入水池中浸泡到土壤与管分离，将泥土冲掉，拣出乳白色的根系，用水冲洗后进行性状测定。

根鲜重、干重：扫描后用滤纸轻轻沾干根系水分，称量其鲜重，后放入烘箱中，75℃烘干 12h，后称量干重。

⑤成熟后全区收获测定生物产量（植株鲜重、干重）；

收获前单株取样，每个小区随机选取有代表性的 10 株，收获后室内考种。测定植株株高、穗长、穗重、粒重和千粒重、每个品种每小区单位长度（0～20cm）每株根鲜重、干重；不定根数、最长不定根长。

（4）统计方法。统计分析采用唐启义研制的《DPS 数据处理系统》[1]对所得的数据进行分析。

（5）有关计算公式。

抗旱性评价指标——抗旱指数（DRI）由下述公式计算：

$$DRI = \frac{(Y_a)^2}{Y_m} \times \frac{Y_M}{(Y_A)^2}$$

式中，Y_a 是参试品种旱处理产量；Y_m 是参试品种水处理产量；Y_M 是参试品种水处理平均产量；Y_A 是参试品种旱处理平均产量。

水分利用效率（WUE）采用 Fischer and Turner 的方法，9 月下旬收获，风干后计产，并计算耗水量（灌水量 + 播前土壤含水量 – 收后土壤含水量）和水分利用效率（WUE）。

$$WUE = 籽粒产量/耗水量$$

2. 试验研究结果

（1）谷子品种节水抗旱性鉴定结果（表4-11）。

表4-11 谷子品种节水抗旱性鉴定结果

品种	产量 （kg/hm²）		WUE [kg/（mm·hm²）]		DRI
	旱	水	旱	水	
冀谷19	4 780.95	6 028.05	39.90	24.00	1.11
保谷20	4 482.15	6 051.60	41.40	23.40	0.97
豫谷21	4 198.65	5 055.45	36.00	19.50	1.02
衡谷10	4 677.75	5 523.90	39.75	24.90	1.16
衡谷11	4 961.25	6 709.50	39.00	29.55	1.07
衡谷13	4 738.65	5 442.45	41.70	22.65	1.21

①各品种产量比较与分析。从图4-13可知，水、旱处理产量最高的是衡谷11号；两种处理间产量差值最大的仍为衡谷11号，高达1748.25 kg/hm²，说明衡谷11号对水分表现得异常敏感。而衡谷13，无论在水处理，还是在旱处理，其产量差别非常小，仅为703.80 kg/hm²，在各参试品种间是最低。

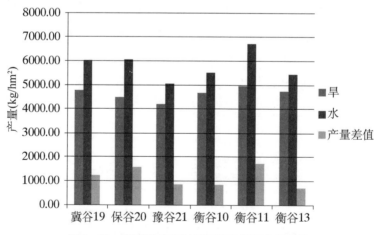

图4-13 各品种产量以及不同处理间产量差值

②各品种WUE的比较与分析。从图4-14可知，各品种水处理的WUE均低于旱处理，说明在干旱缺水的条件下，更能促使作物高效利用水分。衡谷13在两种处理下的WUE差值最大。

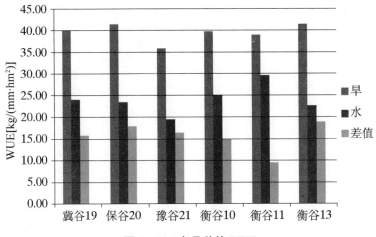

图 4-14 各品种的 WUE

旱处理的水分利用效率高于水处理的,可能是轻度和中度水分胁迫使得叶片气孔关闭,降低了蒸腾,并且气孔导度降低幅度大于光合作用,从而提高了 WUE(Chaves 等,2002)。

③WUE 与 DRI 相关性分析。从表 4-12 的结果可以看出,在旱处理条件下,两者之间具有较高的相关性,相关系数为 0.06。而在水条件下,WUE 与 DRI 的相关性就要差许多,相关系数仅为 -0.57。这说明,WUE 与 DRI 这两个参数是从不同的角度来衡量作物对水分条件的适应策略的,在干旱的情况下,两者更趋于一致。

表 4-12 WUE 与 DRI 的相关性

	WUE(旱)	WUE(水)
DRI	0.06	-0.57

可以看出,旱处理条件下,WUE 与 DRI 两个指标具有高度的一致性;在反映谷子对干旱的耐受及适应能力方面,可以说两个指标具有等同的效果。

(2)WUE 与生物学、生理学指标(表 4-13)。

表 4-13 各项指标与 WUE 的关系

	平均叶片数	株高	叶绿素	失水速率	地上鲜重	地上干重	根干重	根冠比
水	0.18	0.09	0.64	0.30	0.14	0.05	0.25	0.33
旱	0.05	0.55	-0.07	-0.13	0.46	0.47	0.21	-0.18

农艺、生理性状与水分利用效率的关系见图 4-15、图 4-16。从图中可以看出,WUE 与水处理时谷子叶绿素,以及旱处理时谷子的株高具有较强的

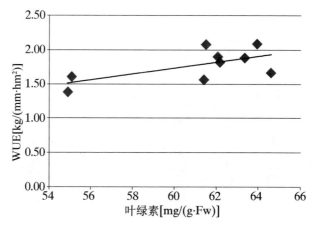

图 4 – 15　叶绿素与 WUE（水处理）

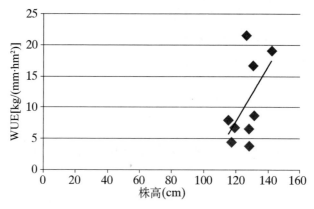

图 4 – 16　株高与 WUE 的相关性（旱处理）

线性相关性。

（六）河北省农林科学院旱作农业研究所新培育品种全生育期抗旱性研究

1. 材料与方法

（1）材料。由本所提供抗旱性不同的 5 个谷子品种，冀谷 19 为对照。

（2）设计与处理。

试验于 2015 年在河北省农林科学院旱作农业研究所节水试验站干旱棚内进行。灌水量用水表计量，遇雨时干旱防雨棚自动关闭，保证灌水量的准确，每个干旱池离池壁等距离安装 2 根中子仪管，随时用水分测定仪——中子仪水分测试仪测定土壤水分变化。

试验处理：试验设对照和干旱处理：干旱池最大含水量 28%，播前灌水达最大持水量，旱处理是全生育期不在灌水，对照处理：全生育期满足水分供应。

种植方式：各处理各品种 3 次重复、随机排列；行长 2.1m，行距 0.2m，8 行区，小区面积 3.3m²。留苗密度按照华北夏谷区生产上的种植密度 4 万株/亩操作。全小区收获，测定小区产量。用抗旱指数（DRI）表示各基因型的抗旱性。

（3）测定项目与方法产量。

①叶面积。用长×宽×系数法进行测定。

②叶绿素含量。叶绿素含量测定仪 SPAD - 502 用活体叶绿素仪直接测定，测 10 片取平均值以上测定均取灌浆后期旗叶叶片，重复 3 次。

③根性状。根钻取样方法连续取样测定谷子根系在土壤中的分布；按土层截成 0 ~ 20cm、20 ~ 40cm、40 ~ 60cm、60 ~ 80cm、80 ~ 100cm 以上共 5 个层次分别装入尼龙袋，同时将区号、土层等资料编号放入尼龙袋。放入水池中浸泡，将泥土冲掉，拣出根系，冲洗后备用。

④在灌浆期测定一次叶面积指数，用 LAI - 2200C 植物冠层分析仪进行测量。

⑤净光和速率、气孔导度、蒸腾速率。

采用美国产 CI - 301PS 型红外 CO_2 分析仪，在谷子干旱灌浆期测定旗叶叶片，每个小区测 3 株，一共测 3 次。测定时间：上午 9：00 ~ 11：00 时，叶表面温度 35 ~ 38℃。

⑥9 月中旬收获，风干后计产，并计算耗水量（灌水量 + 播前土壤含水量 - 收后土壤含水量）和水分利用效率（WUE）籽粒 WUE = 干物质量/（蒸腾量 + 蒸发量）。

⑦成熟后全区收获测定生物产量（植株鲜重、干重）。收获前单株取样，每个小区随机选取有代表性的 10 株，收获后室内考种，测定植株株高、穗长、穗重、粒重和千粒重、每个品种每小区单位长度（0 ~ 20cm）每株根鲜重、干重；不定根数、最长不定根长。

（4）统计方法。统计分析采用唐启义研制的《DPS 数据处理系统》对所得的数据进行分析。

（5）有关计算公式。抗旱性评价指标用抗旱指数（DRI）表示。

抗旱指数由下述公式计算：

$$DRI = \frac{(Y_a)^2}{Y_m} \times \frac{Y_M}{(Y_A)^2}$$

式中，Y_a 是参试品种旱处理产量；Y_m 是参试品种水处理产量；Y_M 是参试品种水处理平均产量；Y_A 是参试品种旱处理平均产量。

$$相对值 = 旱处理/水处理$$

（6）抗旱级别评价（表4 – 14）。

表4 – 14　抗旱鉴定等级划分

抗旱指数	抗旱性等级
≥1.20	极抗（HR）
1.01 ~ 1.19	强（R）
0.81 ~ 1.00	中等（MR）
0.61 ~ 0.80	弱（S）
≤0.60	极弱（HS）

2. 试验进展

（1）谷子品种节水抗旱性鉴定结果（表4 – 15）。

试验结果表明，干旱胁迫下所有品种产量降低，但降低的幅度随品种抗旱性的降低而加大，衡谷11、衡谷15号是抗旱性极强的品种，衡谷13号、衡2015 – 2、衡201101是抗旱性较好的品种。

表4 – 15　谷子品种节水抗旱性鉴定结果

品种	产量（kg/hm²）		DRI	抗旱系数	抗旱级别
	水	旱			
衡201101	6 120.00	5 020.00	1.130	0.820	强
衡谷15号	5 460.00	4 900.00	1.206	0.897	极强
衡2015 – 2	6 220.00	5 140.00	1.165	0.826	强
衡谷11号	5 100.00	4 840.00	1.260	0.949	极强
衡谷13号	6 060.00	5 020.00	1.141	0.828	强
冀谷19号	6 320.00	4 800.00	1.000	0.759	

本试验通过在正常供水和干旱胁迫下测定不同谷子品种与产量相关的性状指标的变化，并分析其与抗旱指数的相关性，结果表明，谷子的相对100穗干重和相对100穗粒重的与抗旱指数呈极显著正相关关系，水处理的100穗粒重与抗旱指数呈显著负相关关系，千粒重与抗旱指数呈显著正相关关系（表4 – 16）。结果说明抗旱指数是一个与产量密切相关的代表抗旱性的指标，综合考虑了品种不同水分处理下的产量及其变化幅度。

表 4 – 16　谷子生育期测试性状与抗旱性相关系数

项目	生物量	株高	100 穗干重	100 穗粒重	千粒重
水处理	- 0.403 8	- 0.126 1	- 0.793 4	- 0.828 *	0.482 2
旱处理	- 0.508 3	- 0.000 4	0.100 1	0.149 0	0.843 0 *
旱/水相对值	- 0.131 2	0.279 0	0.928 3 **	0.945 8 *	0.615 1

相关系数临界值：$a = 0.05$ 时，$r = 0.811\ 4$；$a = 0.01$ 时，$r = 0.917\ 2$

（2）农艺、生理性状与水分利用效率的关系。

①叶面积与抗旱性的关系。叶片是制造有机物的主要场所，作物进行光合作用，积累干物质，作物产量的高低和有效叶面积的大小有密切关系，在一定范围内与叶面积的大小呈正相关。本试验通过对灌浆期的叶面积与抗旱指数相关性分析得知，水、旱处理的叶面积大小与 DRI 呈负相关关系（图 4 – 17、图 4 – 18），原因可能是较小的叶片其叶细胞较小导致 CO_2 导度增加，光合结构集中，因而具有较高的光合速率及水分利用效率，提高作物抗旱性（袁龙飞等，2008）。

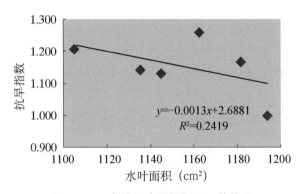

图 4 – 17　水处理叶面积和 DRI 的关系

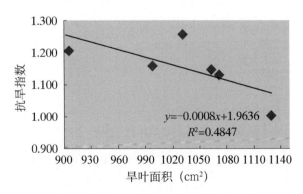

图 4 – 18　旱处理叶面积和 DRI 的关系

②光合速率、气孔导度和蒸腾速率与抗旱性的关系。有关学者（董宝娣等，2005；李升东等，2007）研究表明，产量水平的水分利用效率与光合速率呈显著正相关。在本研究中，水处理和旱处理产量水平的光合速率均与抗旱指数呈正相关关系（图 4 - 19、图 4 - 20）。在对光合速率、气孔导度（Cond）、蒸腾速率（Trmmol）与抗旱指数的相关性分析中发现，虽然气孔导度和蒸腾速率没有与抗旱指数表现出显著的相关性，但是在数据处理中发现，旱处理的光合速率与气孔导度达极显著正相关（$r = 0.925\ 9^{**}$），与蒸腾速率达显著正相关（$r = 0.911\ 2^{*}$）。光合作用是维持作物生长最重要的活动，所以光合速率（Pn）也是评价作物抗旱性的指标之一。气孔导度与蒸腾速率也应作为参考指标。

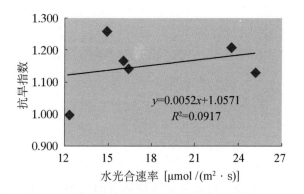

图 4 - 19   水处理光合速率和 DRI 的关系

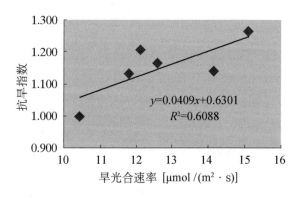

图 4 - 20   旱处理光合速率和 DRI 的关系

③根系性状与抗旱性的关系。根系作为植株的重要组成部分，是作物吸收水分和养分的重要器官，是决定作物抗旱性和产量的重要方面，根系的功能制约着作物冠层的发展与资源利用效率，同时也是在植物生长发育过程中

起着极为重要的作用。本试验将测定的根条数、分层的 $0 \sim 20cm$、$20 \sim 40cm$、$40 \sim 60cm$、$60 \sim 80cm$、$80 \sim 100cm$ 及总的根干重（$0 \sim 100cm$）和根冠比与抗旱性做了相关分析，见表 4 - 17。不论是水处理还是旱处理，$0 \sim 20cm$ 的根干重与根干重总量均达极显著正相关（水 $r = 0.986\ 6^{**}$，旱 $r = 0.989\ 5^{**}$），说明谷子根系主要集中在 $0 \sim 20cm$ 的土层，这与前人研究结果是一致的，因为张喜英等（1997）发现谷子的根深平均在 130cm 左右，$0 \sim 20cm$ 土层中根系表面积占总根系表面积的 80% 以上。在分析中发现，旱处理的根条数与根总干重及其根冠比达显著正相关（分别为 $r = 0.821\ 7^*$ 和 $r = 0.819\ 5^*$），与相对根冠比达极显著正相关（$r = 0.953\ 8^{**}$），而在水处理中，均达到显著相关，说明根条数也是影响作物抗旱性的一个重要指标。任庆成等（2009）也指出胚根数较多的品种在干旱条件下存活率高，抗旱性较强，因而初生根条数可作为干旱环境下作物的抗旱指标。

从表 4 - 17 可以看出，水处理的 $0 \sim 100cm$ 根干重与其根冠比显著正相关（$r = 0.888\ 1$），旱处理的 $0 \sim 100cm$ 根干重与其根冠比达极显著正相关（$r = 0.978\ 6^{**}$），但是水处理的根冠比与抗旱指数正相关，而旱处理的根冠比与抗旱指数负相关，相对根冠比与抗旱指数负相关，说明并不是根系越大抗旱性越好。收获前进行根冠比测定试验，根冠比是植物在受环境因素影响下，通过自身体内许多基因变化过程和自适应、自调节后最终所表现出的整体效应。从提高水分利用效率来说，根系需要维持适宜的大小，根系干重过多会产生冗余作用，这和 2002 年山仑院士的相关研究一致，即整株水平上的 WUE 与小麦的根干重、根长和根冠比均成显著线性负相关关系，随根重、根长和根冠比的增加而降低（山仑，2002）。

在 $0 \sim 100cm$ 分层根干重与抗旱性的相关性分析中我们发现，在水处理中，$40 \sim 60cm$ 的根干重与抗旱性正相关最紧密，而在旱处理中，$0 \sim 20cm$ 的根干重与抗旱性负相关，$80 \sim 100cm$ 的根干重与抗旱性正相关最紧密，说明旱胁迫条件下，浅层根系不宜于过大，否则削弱作物抗旱性，而深层根系有利于抗旱性的增强。任庆成等（2009）也指出谷子深层根系生长增加，以利于根系吸收贮存于深层土壤的水分，减轻干旱的威胁。本试验中旱处理的 $0 \sim 20cm$ 的根干重与其根干总重与根冠比（$r = 0.971\ 1^{**}$）达极显著正相关，与相对根冠比达显著正相关（$r = 0.911\ 6^*$），故根干总重与根冠比与抗旱性呈负相关关系。这与任三学等（2005）关于小麦根系的看法是一致的。黄玲在麦类作物研究中曾指出，根重在一定范围内是有利于 WUE 的提高，但过大可能会产生对 WUE 不利的冗余（黄玲等，2003），同样一定范围的根重才有利

表4-17　根系性状与抗旱性的关系

测试项目		DRI	根条数		水根干重						旱根干重						根冠比		根冠比相对值
			水	旱	20cm	40cm	60cm	80cm	100cm	总重	20cm	40cm	60cm	80cm	100cm	总重	旱	水	相对值
DRI		1.0000																	
根条数	水	-0.7794	1.0000																
	旱	-0.6877	0.4465	1.0000															
水根干重	20cm	0.0757	0.0500	0.3201	1.0000														
	40cm	0.3398	0.1390	-0.7845	-0.0487	1.0000													
	60cm	0.5672	-0.7449	-0.7159	-0.2998	0.2198	1.0000												
	80cm	0.1172	-0.3382	-0.3469	-0.3405	0.1410	0.2152	1.0000											
	100cm	0.2957	-0.3539	0.2690	0.1852	-0.5285	0.1516	-0.6938	1.0000										
	总重	0.1800	-0.0342	0.1685	0.9863**	0.0698	-0.1794	-0.2614	0.1232	1.0000									
旱根干重	20cm	-0.3334	0.2101	0.8308	0.7292	-0.5974	-0.6706	-0.2167	0.2110	0.6254	1.0000								
	40cm	0.4204	-0.1825	0.0834	0.2091	-0.0668	-0.4332	0.2037	0.0551	0.1878	0.3723	1.0000							
	60cm	0.2982	-0.6823	0.0259	-0.4840	-0.5982	0.3483	0.3211	0.3999	-0.4999	-0.1002	0.2466	1.0000						
	80cm	0.3502	-0.4186	-0.1106	-0.6613	-0.3051	0.1593	0.1454	0.3641	-0.6853	-0.3114	0.4067	0.8346	1.0000					
	100cm	0.6374	-0.5049	-0.9588	-0.5368	0.6267	0.7961	0.3448	-0.1632	-0.4003	-0.9227	-0.1646	0.1876	0.3131	1.0000				
	总重	-0.2624	0.1205	0.8217*	0.6715	-0.6549	-0.6489	-0.1742	0.2638	0.5658	0.9895**	0.4604	0.0295	-0.1786	-0.8923	1.0000			
根冠比	旱	-0.2474	0.2212	0.8195*	0.6793	-0.5841	-0.7329	-0.3135	0.3177	0.5644	0.9711	0.5087	-0.0539	-0.1556	-0.9002	0.9786**	1.0000		
	水	0.2369	-0.0772	0.3287	0.9113	-0.1317	-0.4089	-0.1852	0.2104	0.8881*	0.7821	0.5867	-0.2399	-0.3523	-0.5293	0.7764	0.7926	1.0000	
根冠比相对值		-0.4856	0.3510	0.9538**	0.4363	-0.7364	-0.7830	-0.3210	0.3102	0.2910	0.9116	0.3639	0.0535	-0.0345	-0.9546	0.9233	0.9402	0.5379	1

相关系数临界值：a=0.05时, r=0.8114; a=0.01时, r=0.91

于抗旱性。另外，有研究指出，在玉米根系形态性状中根长对水分利用效率的贡献是第一位的，而根系干物质重的贡献最小（慕自新等，2005），本试验中水、旱的根干重与 WUE 均未达到显著相关水平，是否也说明在谷子根系形态性状中根干重对水分利用效率的贡献是最小的，这些结果有待我们进一步深入研究。

为了表明抗旱性与浅层根系与深层根系的关系，做了土层与根系干重的相对值的关系图（图 4 - 21）。图 4 - 21 表明，衡谷 11 的相对根干重在浅层土壤中，旱处理根干重低于水处理的，而在深层土壤中，旱处理的明显高于水处理的，在 6 个品种中衡谷 11 最抗旱，也更加证明谷子作物为了增强抗旱性，浅层根系不宜于过多过大，而应该增加深层土壤的根系。谷子根系与地上农艺性状的相关性为育种和资源评价提供了间接选择指标。

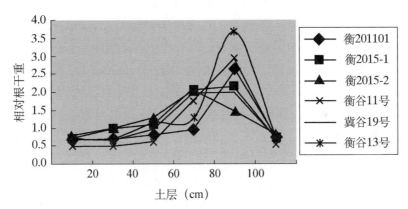

图 4 - 21 土层与相对根干重的关系

3. 试验结论

鉴定和评价谷子的抗旱性是谷子抗旱研究的首要任务，也是进行选育谷子抗旱品种的重要环节。经鉴定，衡谷 11、衡谷 15 号是抗旱性极强的品种，衡谷 13 号、衡 2015 - 2、衡 201101 是抗旱性较好的品种。抗旱性是一个复杂的综合性状，产量形成是其生理过程、生长发育以及形态特征综合作用的结果，采用某一或几个指标很难对抗旱性作出科学准确的判断，因此需要建立抗旱性鉴定的优化指标体系。很多研究证明谷子的许多农艺性状和生理生化指标等都与抗旱性密切相关，但是本试验可能与研究品种数过少有关，与抗旱性直接显著相关的性状不多。为了更好的鉴定谷子的抗旱性，需要我们进行更多的研究。

二、品种的耐低氮及耐盐性研究

（一）品种的耐低氮研究

1. 材料与方法

（1）供试材料。谷子品种：龙谷 31、M1508、首农 35、晋谷 42、赤谷 99、200475、20015、晋谷 41、冀谷 31、龙谷 25、晋谷 21、大同 99，均由河北省农林科学院旱作农业研究所提供。

（2）试验方法。选取均匀、饱满、无病虫害的谷子种粒，经 0.1% 氯化汞消毒 10min，去离子水冲洗干净，均匀地摆放在铺有滤纸的培养皿中，置于 (25 ± 2)℃光照培养箱中培养。

选用直径为 10cm、高为 15cm 的塑料盆，每盆装入等量去离子水洗净的蛭石，种粒培养 6~7d 后，待种子生根发芽，挑选生长一致的幼苗移栽到盆中培养，每品种每盆均匀种植 10 株，每隔两天浇灌等量 1/4 荷格伦特营养液培养。待幼苗长至三叶期时开始处理。设对照组和低氮处理组。对照组营养液成分及浓度为 $Ca(NO_3)_2$ 1.5 mmol/L，KH_2PO_4 1.0mmol/L，$NaCl$ 0.5mmol/L，KNO_3 2.0mmol/L，$MgSO_4 \cdot 7H_2O$ 1.0mmol/L，$Fe \cdot EDTA$ 88.13μmol/L，微量元素 1.0mmol/L，对照组氮浓度 5.0mmol/L。低氮组氮浓度为 0.1mmol/L，用硫酸钙代替硝酸钙，硫酸钾代替硝酸钾，其他同对照组。处理 4 周后进行指标测定。每个处理进行 3 次重复。

测试指标有苗高、根长、干重、含氮量（地上部分）、氮累积量、氮利用效率、耐低氮指数。生物量的测定：将植株在 70℃烘箱内烘干至恒重，电子天平称重；

含氮量测定采用过硫酸钾法：称重后将材料研磨至粉末状，并准确称量 0.2g，利用过硫酸钾氧化吸光光度法测定总氮，即用浓硫酸和过氧化氢对烘干样品进行消煮，过硫酸钾氧化，在波长 210nm 处，以无氨水作参比，在紫外分光光度计上进行总氮测定。

氮累积量 = 含氮量 × 生物量（地上部分）

氮利用效率（地上部分）= 生物量（地上部分）/氮累积量

耐低氮指数 = 低氮胁迫下的氮累积量/正常水平下的氮累积量

采用隶属函数法对 12 个品种的抗低氮能力进行综合评价。

运用软件 SPSS 13.0 对测得的数据进行差异显著性分析。

2. 结果与分析

（1）低氮胁迫对不同基因型谷子苗高的影响。在苗期，一般植物缺氮往往表现为生长缓慢、植株矮小、叶片薄而小、叶色缺绿发黄。不同谷子品种在低氮胁迫下对苗高的影响不同，影响越小的说明该种质耐低氮能力越强。用对照组与低氮胁迫组苗高的降低率来比较其影响力，降低率越小，耐低氮能力越强；降低率越大，耐低氮能力越弱。

由表 4 – 18 可以看出，低氮胁迫下，在 12 个谷子种质材料中，冀谷 31、龙谷 31、龙谷 25，苗高降低率较小，对照与低氮处理间存不显著性差异（$P > 0.05$），说明低氮对它们的影响小，首农 35、200475、大同 99，苗高降低率较大，对照与低氮处理间存极显著性差异（$P < 0.01$），说明低氮对它们的影响大，耐低氮能力弱；其他品种介于中间。

表 4 – 18　不同基因型谷子低氮胁迫下苗高的变化

品种名称	CK（cm）	低氮（cm）	降低率
冀谷 31	29. 12a	25. 35a	12. 95%
龙谷 31	29. 75a	25. 17a	15. 39%
龙谷 25	28. 08a	23. 5a	16. 31%
晋谷 42	23. 83a	19. 92b	16. 41%
晋谷 41	20. 42a	15. 7b	23. 11%
赤谷 99	29. 75a	21. 17b	28. 84%
20015	31. 03a	21. 33b	31. 26%
M1508	33. 38a	22. 27b	33. 28%
晋谷 21	31. 15a	20. 78b	33. 29%
首农 35	26. 17a	16. 33b	37. 60%
200475	29. 65a	18. 25b	38. 45%
大同 99	29. 75a	18b	39. 50%

（2）低氮胁迫对不同基因型谷子根长的影响。根系的生物学特性直接影响作物的氮素吸收效率，从而影响氮效率。具有较长的根长、多而发达侧根、较大的吸收面积和较强根系活力的植物，其根系与介质中氮素的接触面积大、吸收速率快，因而对氮素的吸收也有更大的潜力，较强的氮素吸收能力和较好的植株生长特性是氮胁迫条件下获得高氮效率的生理学基础。根长增加率越大的说明该品种耐低氮能力越强，增长率越小的耐低氮能力越弱。

不同谷子品种生物量（地上部分）降低率如表 4 – 19 所示，冀谷 31、龙谷 31，根长增长幅度较大，对照与低氮处理间存显著性差异（$P < 0.05$），说明低氮胁迫使根长增长，植株通过增加根长来增大与氮素的接触面积，从而提高氮素利用效率，耐低氮能力较强；首农 35、20015、大同 99，根长降低，对照与低氮处理间存不显著性差异（$P > 0.05$），说明耐低氮弱。

表 4 – 19　不同基因型谷子低氮胁迫下根长的变化　　（单位：cm）

品种名称	CK	低氮	增长率
龙谷 31	18.5a	21.5b	16.22%
冀谷 31	17.65a	19.4b	9.92%
赤谷 99	18.25a	19.5a	6.85%
晋谷 41	17.5a	18.525a	5.86%
龙谷 25	17.75a	18.75a	5.63%
200475	18.15a	19.1a	5.23%
晋谷 42	18.5a	19.25a	4.05%
晋谷 21	20.75a	19.4a	−6.51%
M1508	20.55a	19.15a	−6.81%
首农 35	17.5a	15.75a	−10.00%
20015	20.8a	18.15a	−12.74%
大同 99	22a	17.5a	−20.45%

（3）低氮胁迫对不同基因型谷子生物量的影响。大量研究表明，作物在受到低氮胁迫时会导致干物质累积速度下降，从而导致作物的生物量下降。由表 4 – 20 可以看出，与正常供氮相比，在低氮胁迫条件下，供试基因型的地上部生物量均有下降，其地上部生物量降低率在 1.37% ～ 66.67%，变幅为 65.3%。低氮胁迫下，植株生物量降低率越小，低氮能力越强；生物量降低率越大，耐低氮能力越弱。

表 4 – 20 表明，在 12 个谷子种质材料中，冀谷 31、龙谷 31 生物量降低幅度较小，与对照差异不显著，耐低氮能力较强；20015、大同 99 生物量降低幅度较大，与对照差异显著，耐低氮能力较弱；其他品种介于中间。

表 4 – 20　低氮胁迫对不同基因型谷子生物量的影响　　（单位：μg/g）

品种名称	CK	低氮	降低率
冀谷 31	0.091a	0.090a	1.37%
龙谷 31	0.090a	0.086a	4.17%
晋谷 42	0.098a	0.071b	27.33%
赤谷 99	0.126a	0.084b	33.47%
龙谷 25	0.108a	0.069b	36.22%
晋谷 41	0.080a	0.050b	37.50%
200475	0.115a	0.054b	53.36%
首农 35	0.126a	0.057b	54.87%
晋谷 21	0.166a	0.073b	56.02%
M1508	0.116a	0.042b	64.08%
20015	0.183a	0.063b	65.64%
大同 99	0.195a	0.065b	66.67%

（4）低氮胁迫对不同基因型谷子 N 累积量的影响。不同谷子种质材料在同等条件培养下 N 累积量不同，低氮胁迫下的 N 累积量比正常情况下（对照组）降低，表明低氮胁迫影响种质材料的 N 累积量，而低氮组比对照组降低率的大小体现了种质材料耐低氮能力的强弱。降低率越小，耐低氮能力越强；降低率越大，耐低氮能力越弱。

表 4 - 21 数据表明，在 12 个谷子种质材料中，冀谷 31、龙谷 31 N 累积量降低率较小，与对照组差异不显著，耐低氮能力强；首农 35、20015 N 累积量降低率较大，与对照组差异显著，耐低氮能力弱；其他品种介于中间。

表 4 - 21　不同基因型谷子低氮胁迫下 N 累积量的变化

（单位：μg/g）

品种名称	CK	低氮	降低率
龙谷 31	3. 27a	1. 93b	40. 98%
冀谷 31	3. 29a	1. 89a	43. 00%
龙谷 25	3. 61a	1. 99b	45. 00%
晋谷 42	2. 98a	1. 36a	54. 36%
晋谷 41	3. 39a	1. 45b	57. 00%
赤谷 99	4. 2a	1. 6b	62. 00%
大同 99	9. 19a	3. 3b	64. 00%
晋谷 21	5. 06a	1. 61b	68. 00%
200475	3. 72a	1. 18b	68. 00%
M1508	3. 1a	0. 93b	70. 00%
首农 35	4. 34a	1. 22b	72. 00%
20015	4. 78a	1. 13b	76. 00%

（5）低氮胁迫对子不同品种谷子 N 利用效率的影响。不同品种谷子 N 利用率的差异如表 4 - 22 所示，不同种质材料 N 利用率增长在 1. 62% ~ 92. 43%，幅度为 90. 81%。龙谷 31、冀谷 31、赤谷 99 的 N 利用效率增长率较高，与对照组差异显著性，耐低氮能力强；首农 35、大同 99 的 N 利用效率增长率较低，与对照组差异不显著性，耐低氮能力弱；其他品种介于中间。

表 4 - 22　不同基因型谷子低氮胁迫下 N 利用效率的变化

（单位：μg/g）

品种名称	CK	低氮	增长率
龙谷 31	0. 027 495b	0. 052 908a	92. 43%
赤谷 99	0. 030 024b	0. 052 597a	75. 18%
冀谷 31	0. 027 737b	0. 047 693a	71. 95%
200475	0. 030 889a	0. 045 346a	46. 81%

（续表）

品种名称	CK	低氮	增长率
晋谷 41	0.023 593a	0.034 461a	46.06%
晋谷 21	0.032 793a	0.045 331a	38.23%
龙谷 25	0.029 961a	0.039 721a	32.58%
晋谷 42	0.032 866a	0.040 379a	22.86%
M1508	0.037 38a	0.044 987a	20.35%
20015	0.038 335a	0.050 803a	19.48%
首农 35	0.028 951a	0.030 483a	5.29%
大同 99	0.021 22a	0.021 563a	1.62%

（6）低氮胁迫对不同基因型谷子耐低 N 指数的影响。耐低氮指数是衡量植物耐低氮特性的有效方法之一，耐低氮指数越大，谷子的耐低氮能力越强；耐低氮指数越小，谷子的耐低氮能力越弱。

不同谷子种质材料耐低氮指数的差异如表 4 - 23 所示。在 12 个谷子种质材料中，冀谷 31、龙谷 31 耐低氮指数大，即耐低氮能力强；首农 35、20015 耐低氮指数小，耐低氮能力弱；其他品种介于中间。由此可见，夏谷不同种质材料对低氮的适应性存在明显差异，而这种差异在夏谷生长初期表现明显，造成这种差异的原因可能是不同种质材料之间对氮素的利用效率存在差异。

表 4 - 23　不同基因型谷子低氮胁迫下耐低氮指数的变化

品种名称	对照 N 累积量	低氮胁迫下 N 累积量	耐低 N 指数
龙谷 31	2.98	1.76	59.00%
冀谷 31	3.29	1.89	57.00%
龙谷 25	3.61	1.99	55.00%
晋谷 42	3.27	1.63	50.00%
晋谷 41	3.39	1.45	43.00%
赤谷 99	4.2	1.6	38.00%
大同 99	9.19	3.3	36.00%
晋谷 21	5.06	1.61	32.00%
200475	3.72	1.18	32.00%
M1508	3.1	0.93	30.00%
首农 35	4.34	1.22	28.00%
20015	4.78	1.13	24.00%

（7）隶属函数综合分析。12 个谷子品种在低氮胁迫处理后，与对照（正常供氮）相比，各项生理指标均发生一系列的变化。通过计算，发现在不同的生理指标下我们得到不同的耐低氮顺序。这是因为低氮对各生理指标的影

响机制不同，但各指标间并不是完全独立的，它们之间存在相互联系与制约。不同种质材料苗期的耐低氮指数差异明显，因此，苗期的耐低氮指数可以用来初步筛选耐低氮的品种，结果表明：龙谷 31、冀谷 31、赤谷 99 的 N 利用效率较高，与对照组呈差异显著性，耐低氮能力强；首农 35 等的 N 利用效率较低，与对照组差异不显著性，耐低氮能力弱；其他品种介于中间。

为得到更准确的结果，我们通过进行隶属函数值分析，得到表 4 - 24。运用隶属度对根长、生物量、地上部分氮累积量、氮利用效率 5 个指标进行分析，可以得出：12 个品种谷子的耐低氮性由高到低为冀谷 31 > 龙谷 31 > 赤谷 99 > 晋谷 42 > 龙谷 25 > 大同 99 > 晋谷 21 > 晋谷 41 > 20015 > 200475 > 首农 35 > M1508。

表 4 - 24　不同基因型谷子低氮胁迫下的隶属函数值

品种	根长	生物量	N 累积量	N 利用效率	隶属度
冀谷 31	1.00	1.00	0.89	0.76	0.88
龙谷 31	0.67	0.92	0.60	1.00	0.75
龙谷 25	0.62	0.39	0.91	0.26	0.54
晋谷 42	0.51	0.50	0.85	0.38	0.55
赤谷 99	0.53	0.55	0.37	0.88	0.56
大同 99	0.56	0.09	1.00	0.00	0.42
晋谷 21	0.55	0.23	0.27	0.53	0.38
晋谷 41	0.38	0.22	0.39	0.38	0.33
20015	0.35	0.09	0.00	0.75	0.29
M1508	0.02	0.00	0.02	0.43	0.14
200475	0.17	0.14	0.12	0.58	0.24
首农 35	0.00	0.14	0.09	0.67	0.22

3. 结论与讨论

本实验采用温室蛭石培养法，避免了田间实验所受到的限制。通过测定表明，蛭石中氮素营养几乎为零，可以忽略不计。因此可以人为控制氮素营养，对大批量的基因型幼苗进行生理指标的测定。

多年来对不同植物在低氮水平下的表现进行评价已有不少研究，但哪些指标最能反映植物耐低氮能力，研究者的看法不尽相同。有学者把氮效率定义为生长介质中氮素浓度低时植物具有的维持正常生长的能力。已经证实，产量、生物量可作为氮高效品种筛选指标，氮积累量的大小可直接用于表征氮吸收效率的高低，也可作为耐低氮能力评价指标。裴雪霞等认为，植株干重是评价耐低氮能力的重要指标，李丹丹等认为，植株氮积累量和地上干重的耐性指数适合作为耐低氮基因型筛选的指标。张定一等通过研究不同基因型小麦根系在缺氮下的表现,认为根系的形态与生理活性对氮素的高效吸收有重要的作用。

我们通过研究低氮胁迫对不同基因型谷子生理指标的影响,并筛选耐低氮胁迫品种,研究结果支持以上观点。低氮胁迫下各品种生物量均有所降低,但降低幅度差异很大,在 1.37% ~ 66.67%,表明低氮胁迫和生物量之间关系密切。在低氮胁迫下,以龙谷 31 和冀谷 31 为代表的 7 个品种谷子的根生长状况反而好于对照,并表现出较高的氮吸收效率。说明谷子幼苗对氮的吸收直接与根系的大小相关。表明根系对环境的高度适应性与调节能力,如果降低氮素的施用量,既有利于促进根系自我调节能力的增加,也有利于肥料利用率的提高。

除以上指标外,还要考虑氮素营养效率相关指标。裴雪霞等以 12 个小麦基因型为研究对象,进行相关性分析表明,相对植株干重与相对株高、相对植株吸 N 量和相对 N 利用效率间呈极显著正相关($P < 0.01$)。童依平等认为氮素利用效率的基因型差异主要与氮素吸收效率和氮素生理利用效率有关,并认为氮素吸收效率是影响氮素利用效率的主要原因。我们在谷子上的研究结果表明,在低氮水平胁迫下,谷子的氮素利用效率均得到了提高,最高幅度可达 92.43%,所以在耕作中适当降低氮肥使用量有利于提高氮肥生理利用效率。

耐低氮能力是一个受多因素影响、复杂的数量性状,不同谷子品种对某一单项理化指标的耐低氮能力反应不一定相同。因此,用单一指标难以全面准确地反映各品种耐低氮能力强弱,必须运用多个指标进行综合评价。并且苗高、根长、干重、氮累积量、氮利用效率、耐低氮指数等指标不但有单方面作用,还有多个指标间的相互作用,只有对这些指标的交互作用加以深入综合分析,才能提高耐低氮鉴定的准确性,提高引种时筛选耐低氮品种的可靠性。我们认为生物量、根长、氮累积量、氮利用效率这几个指标最能反映不同基因型谷子在低氮胁迫下的基因型差异,因此利用隶属函数进行综合评价,将它应用于谷子耐低氮品种筛选更具科学性和可靠性。综合评价结果认为,冀谷 31、龙谷 31 对低氮胁迫的适应性最强,属耐低氮基因型,M1508、首农 35 等为低氮敏感品种。这一结果对不同地区选择耐低氮的谷子品种具有一定的指导意义。

(二)品种的耐盐性研究——盐胁迫对夏谷幼苗抗氧化能力的研究

盐碱等逆境胁迫因子严重影响了植物的生长、发育,也限制了农作物的种植范围分布。培育筛选抗盐能力强的品种已成为未来农业的一项重大课题。目前，国内对谷子的研究主要集中在栽培、产量评价等方面，田伯红等对多个品种的谷子进行了萌发期和芽期的抗盐评价，而有关不同品种谷子幼苗期耐盐性比较的研究报道较少。本实验对不同品种的夏谷幼苗进行 NaCl 胁迫处理，通过测定幼苗抗氧化胁迫能力，初步判定谷子的耐盐等级，为夏谷的耐盐研究及在盐碱地土壤种植提供理论依据。

1. 材料与方法

供试的 14 个夏谷品种由河北省农林科学院旱作农业研究所提供。品种的名称分别是：沧 344、冀谷 31、安 04 - 4783、206058、沧 555、200131、200152、安 06 - 6082、济 0404、济 0515、06766 - 7、郑 06 - 3、长生 08、冀谷 19。

（1）试验处理。将谷子种子用 0.1% HgCl$_2$溶液进行表面消毒 10min，蒸馏水冲洗干净，在 25℃温箱中用滤纸法发芽，将萌发一致的种子栽种于培养盒的纱网上，每个品种 50 棵，1/2 Hoagland 溶液培养，5 叶期时开始 NaCl 处理，浓度为 200mmol/L，为防止出现高浓度盐对植物的盐冲击现象，逐渐加大 NaCl 浓度，每日递增 50mmol/L，直到达到最终浓度，对照一直用 1/2 Hoagland 溶液培养，每天用通气泵通气 2h，盐胁迫处理 10d 后测定各项生理生化指标。

（2）测定指标。丙二醛（MDA）含量测定采用硫代巴比妥酸比色法，超氧化物歧化酶（SOD）活性测定采用氮蓝四唑比色法，过氧化酶（POD）活性测定采用愈创木酚法，过氧化氢酶活性测定采用紫外分光光度法。增长率 = （处理值 - 对照值)%/对照值。每个处理重复 3 次，取平均值。

2. 结果与分析

（1）NaCl 处理对不同品种谷子幼苗丙二醛含量的影响。植物器官在遭遇干旱、盐渍等逆境时，会发生细胞膜脂过氧化作用，MDA 含量是膜脂过氧化作用强弱的反应，很多研究表明，盐胁迫后的 MDA 增量与抗盐性呈显著的负相关。从表 4 - 25 可以看出，盐胁迫下谷子各品种的 MDA 含量与对照相比都有所增加。谷子叶片内 MDA 含量增加，表明谷子在盐胁迫时产生了膜脂过氧化作用，但 206058、济 0515、、06766 - 7、冀谷 19 比对照增加的幅度要小，表明这 4 个夏谷品种膜脂过氧化作用相对要弱一些，其对盐的抵抗能力较强，而沧 344、长生 08 的 MDA 含量增加幅度较大，受到的膜脂过氧化伤害程度较大。

表4-25　NaCl 胁迫下谷子幼苗 MDA 含量的变化

谷子品种	对照 MDA 含量 [μmol/（g·Fw）]	MDA 含量 [μmol/（g·Fw）]（200mmol/L NaCl 处理）	增长率（%）
沧 344	0.022 9	0.033 5	46.16
冀谷 31	0.022 8	0.031 0	36.07
安 04-4783	0.022 0	0.027 2	23.77
206058	0.020 5	0.024 0	16.90
沧 555	0.022 0	0.027 2	23.25
200131	0.022 8	0.030 8	34.94
200152	0.031 0	0.042 7	37.75
安 06-6082	0.024 5	0.029 5	20.29
济 0404	0.024 3	0.031 8	30.76
济 0515	0.023 0	0.026 9	16.95
06766-7	0.024 4	0.028 5	17.09
郑 06-3	0.028 1	0.036 8	31.09
长生 08	0.020 0	0.032 3	61.82
冀谷 19	0.023 3	0.027 4	17.60

（2）NaCl 胁迫下不同品种谷子幼苗超氧化物歧化酶（SOD）活性变化。SOD 是植物体内清除超氧阴离子自由基的酶，组成了细胞体内第一条抗氧化防线，是细胞中普遍存在的一类金属酶，也是防御氧毒害的关键酶。在盐胁迫下，不同谷子品种的 SOD 活性都比对照高，如表4-26 所示。206058 和济0515 增加明显，分别比对照增加 53.17% 和 54.48%，盐胁迫导致植物产生大量的活性氧，但 SOD 酶活性的增强使谷子能及时有效地清除自由基，保护细胞免受活性氧胁迫的伤害。

表4-26　NaCl 胁迫下谷子幼苗超氧化物歧化酶（SOD）活性的变化

品种名称	对照 SOD 活性 [U/（g·Fw）]	SOD 活性 [U/（g·Fw）]（200mmol/L NaCl 处理）	增长率（%）
沧 344	504	564	11.96
冀谷 31	357	440	23.31
安 04-4783	226	342	51.42
206058	260	398	53.17
沧 555	420	493	17.48
200131	330	381	15.43
200152	390	525	34.42
安 06-6082	239	338	41.44
济 0404	289	421	45.57
济 0515	357	552	54.48

（续表）

品种名称	对照 SOD 活性 [U/（g·Fw）]	SOD 活性 [U/（g·Fw）] （200mmol/L NaCl 处理）	增长率（%）
06766 – 7	196	290	48.13
长生 08	485	516	6.21
郑 06 – 3	289	293	1.27
冀谷 19	325	450	38.24

（3）NaCl 胁迫下不同品种谷子幼苗过氧化物酶（POD）活性变化。POD 是植物在逆境中的保护酶体系之一，POD 作为自由基清除剂，能催化过氧化氢及某些酚类的分解，消除活性氧和超氧阴离子自由基对细胞的伤害，从而保护细胞，增强植物对盐胁迫的抵御能力。不同品种的谷子在盐胁迫下 POD 活性都呈增加趋势，其中，冀谷 19、06766 – 7、济 0515 三个品种增加幅度都在 50% 以上（表 4 – 27）。

表 4 – 27　NaCl 胁迫下谷子幼苗过氧化物酶（POD）活性的变化

品种名称	对照 POD 活性 [ΔOD_{470}/（min·g·Fw）]	POD 活性 [ΔOD_{470}/（min·g·Fw）] （200mmol/L NaCl 处理）	增长率（%）
沧 344	1 605	1 772	10.44
冀谷 31	1 302	1 542	18.46
安 04 – 4783	1 030	1 360	32.14
206058	1 127	1 560	38.48
沧 555	1 414	1 635	15.59
200131	1 203	1 456	21.04
200152	1 084	1 329	22.59
安 06 – 6082	931	1 186	27.42
济 0404	1 051	1 240	18.04
济 0515	858	1 294	50.76
06766 – 7	592	901	52.24
长生 08	1 073	1 135	5.78
郑 06 – 3	908	996	9.70
冀谷 19	955	1 582	65.72

（4）NaCl 胁迫下不同品种谷子幼苗过氧化氢酶（CAT）活性变化。CAT 是植物组织中另一种能有效清除植物叶片中的过氧化氢对细胞的氧化作用的酶，保护膜免受自由基伤害。从表 4 – 28 可以看出，所有品种谷子幼苗在 Nacl 胁下 CAT 活性均降低，但降低幅度不同。206058 和冀谷 19 降低幅度在 10% 以下，而郑 06 – 3 和安 06 – 6082 分别达到了 69.08% 和 72.45%。

表 4 – 28　NaCl 胁迫下谷子幼苗过氧化氢物酶（CAT）活性的变化

品种名称	对照 ［U/（g·min）］	200mmol/L NaCl［U/（g·min）］	增长率（%）
沧 344	89	61	– 31.07
冀谷 31	97	84	– 13.62
安 04 – 4783	57	45	– 21.05
206058	131	126	– 3.81
沧 555	130	71	– 45.47
200131	103	67	– 34.88
200152	119	104	– 12.83
安 06 – 6082	114	31	– 72.45
济 0404	65	41	– 37.07
济 0515	121	94	– 21.95
06766 – 7	104	83	– 20.38
长生 08	100	80	– 19.60
郑 06 – 3	104	32	– 69.08
冀谷 19	105	93	– 11.35

3. 讨论

正常条件下，活性氧的产生与清除处于动态平衡状态，植物能有效地清除体内的活性氧，使细胞膜系统免受伤害，在胁迫条件下此平衡受到破坏，植物体内的氧可被活化成对细胞具有伤害作用的活性氧，出现活性氧积累。MDA 是活性氧积累并攻击膜脂而使其过氧化形成的主要产物，MDA 可与蛋白质、核酸反应，使这些大分子改变构型或发生交联而失去功能，影响植物的正常生长。盐胁迫能诱导植物体活性氧 ROS（包括超氧自由基、羟自由基、过氧化氢和过氧化物自由基等）积累，引发氧化胁迫。为了避免活性氧过量产生及其产生的伤害作用，植物特别是耐盐植物在长期的进化过程中形成一套较为精细的去除、中和及捕获活性氧的抗氧化防御体系，主要包括抗氧化酶系统和非酶系统的抗氧化剂类。超氧化物歧化酶（SOD）、过氧化氢酶（CAT）和过氧化物酶（POD）是植物清除活性氧的主要抗氧化酶类。在这些细胞的保护酶中，以 SOD 最为重要。很多研究表明，盐胁迫下植物抗氧化酶 SOD、CAT 和 POD 活性变化与植物的耐盐性有关。酶活性越高，植物的抗逆性越强。

试验测定的 200mmol/L NaCl 处理对不同夏谷种子的影响结果表明，各夏谷品种 MDA 含量增加，SOD、POD 活性均呈上升趋势，清除自由基，减少活性氧的积累。但幼苗叶片中的 CAT 活性却表现为降低，可能是由于处理浓度、时间以及物种的差异造成的，也说明植物的抗氧化酶系统在协同作用中的复杂性。根据各品种在盐胁迫下 MDA 含量的增加程度，以及 3 种抗氧化酶活性

的变化幅度，我们认为，在供试的 14 个品种中，206058、济 0515、06766 -
7、冀谷 19 表现出对盐胁迫具有较强的抗氧化能力，初步推断这 4 个品种的
抗盐能力较强，而沧 344、郑 06 - 3、长生 08 则为不抗盐品种，其他品种抗盐
能力中等。

植物的抗盐性是一个复杂的生理反应，幼苗期耐盐能力的高低和各生长
阶段耐盐能力有一定的相关性，但不是绝对的。谷子生育期抗盐能力是否和
幼苗期一致还需进一步研究。

第四节　谷子除草剂筛选及应用

一、材料与方法

对抗拿捕净新品种衡谷 13 号进行了谷粒多、二甲四氯钠、拿捕净 3 种除草
剂的试验；选择抗咪唑乙烟酸新品系 201101 进行了咪唑乙烟酸的应用试验。

二、试验结果

（1）"谷粒多"和"二甲四氯钠"对衡谷 13 号农艺性状的影响。"谷粒
多"主要用于播后苗前土壤封闭，是继"谷友"之后一种谷子专用苗前除草
剂，"二甲四氯"用于苗后防除阔叶杂草，可以和拿捕净配合使用，"谷粒
多"播后苗前使用，"二甲四氯钠"（有效成分56%）谷子 5 叶期使用。

从表 4 - 29 可以看出，按推荐浓度喷洒"谷粒多"时，穗长缩短，达显
著水平，其他指标差异不显著，加倍后，株高变矮、穗长缩短、产量降低且
均达差异显著；按推荐浓度喷洒"二甲四氯钠"时，所有指标差异不显著，
加倍后，株高变矮、穗长缩短、产量降低且差异显著。千粒重在所有处理中
均差异不显著，是一个较为稳定的指标。两种药剂的合理使用剂量应为："谷
粒多"为 120g/亩，"二甲四氯钠"为 150g/亩。

表 4 - 29　"谷粒多"和"二甲四氯钠"对谷子农艺性状的影响

药量	株高		穗长		千粒重（g）		产量	
	谷粒多	二甲四氯钠	谷粒多	二甲四氯钠	谷粒多	二甲四氯钠	谷粒多	二甲四氯钠
1X	122.3a	120.9a	16.7b	18.2a	2.99a	2.99a	355.8a	394.5a
2X	115.2b	111.0b	16.0c	17.4b	3.01a	2.97a	311.1b	348.8b
CK	117.1ab	122.3a	17.8a	18.4a	2.95a	3.01a	363.2a	397.5a

注：1X "谷粒多"为 120g/亩（推荐浓度），2X 为"谷粒多"为 240g/亩；1X "二甲四氯钠"为
150g/亩（推荐浓度），2X "二甲四氯钠"为 300g/亩

（2）拿捕净对衡谷 13 号的影响。谷子出苗后三叶期均匀喷洒拿捕净（有效含量 12.5%），实验表明常规不抗除草剂谷子品种施用推荐剂量的 1/50 剂量时即开始死亡，施用推荐剂量的 1/8 剂量时所有品种全部死亡，而抗性新品种（衡谷 13 号）以在推荐剂量的 24 倍用量下存活，显示出抗除草剂新品种的高水平抗性，因此在推荐剂量下使用该除草剂是非常安全的，且对杂草有很好的防治效果。

推荐剂量除草剂对谷子产生的抑制作用可否起到蹲苗作用尚待进一步的研究，推荐剂量除草不但不影响谷子的产量，而且有一定的增产作用，其原因一是除草剂除草效果更加有效彻底，二是多数除草剂在作物能轻易忍耐范围内是作物的生长调节剂，有利于籽实产量的提高。

（3）咪唑乙烟酸（Imazet）对新品系 201101 的影响。咪唑乙烟酸是一种用于豆科作物防除禾科杂草和阔叶杂草的除草剂，本试验所用药剂有效成分含量 5%，亩推荐用药量 100ml，谷子三叶期均匀喷洒。

通过田间试验观察：三叶期茎叶处理，喷施剂量为每亩 100ml、200ml，喷药后 20d 内表现为苗高明显受抑制，20d 后基本解除抑制，至成熟期与对照没有明显差别。在杂草三叶期时使用剂量 25ml/亩，即可杀死大部分杂草，而谷子在剂量 >1 000ml/亩，谷苗仍可生长，但会明显受到抑制。可见每亩喷施 100~200ml 是一个较适宜的剂量，这里只是初步的结果，还有待今后继续研究。

为了进一步验证药剂试验的结果，每 15d 取样一次，均取倒三叶，进行了生理指标的测定。

从表 4-30 可以看出，MDA 有较大幅度的上升，甚至超过对照的 1 倍，对谷子造成了毒害。随着时间的延长 MDA 含量增加幅度有所降低，说明随着谷子的生长，毒害作用逐渐降低。

表 4-30　咪唑乙烟酸对谷子生理指标的影响

日期（月-日）	亩用药量	与对照相比变化幅度（%）		
		MDA	SOD	POD
8-08	100ml	59.90%	105.60%	134.00%
	200ml	96.70%	52.00%	185.80%
	400ml	101.20%	-24.10%	218.10%
8-23	100ml	45.30%	27.90%	58.70%
	200ml	80.80%	23.60%	65.90%
	400ml	87.80%	-6.40%	66.50%

（续表）

日期 （月-日）	亩用药量	与对照相比变化幅度（%）		
		MDA	SOD	POD
9-07	100ml	37.10%	22.00%	13.20%
	200ml	64.40%	19.50%	19.00%
	400ml	66.00%	15.50%	26.30%
9-22	100ml	3.44%	2.12%	1.23%
	200ml	2.01%	1.89%	1.39%
	400ml	3.55%	1.34%	2.23%

SOD活性一般会有所上升，抵御除草剂产生的毒害，清除过多自由基，但是随着药剂浓度的增加（达推荐药量的4倍时），超出了谷子所能忍耐的生理阈值，酶活性将受到抑制，随着时间的延长，SOD活性逐渐接近对照，不同浓度间的差异减小，表明毒害作用逐渐降低。

8月8日取样POD活性变化幅度较大，8月23日和9月7日取样变化幅度逐渐降低。随着浓度加大，变幅加大，说明高浓度除草剂对酶活性影响较大。总体而言，喷施除草剂后，POD活性会有所上升，抵御除草剂产生的毒害，随着时间的延长，POD活性逐渐接近对照，表明毒害作用逐渐降低。

第五节　谷子生产中品种的合理利用

一、我国谷子的分布概况

谷子在我国有悠久的栽培历史，全国各省、区或多或少都有栽培。它的主要产区在北纬32°～48°、东经108°～128°。主要集中在黄河以北的东北、华北、西北各地。

在谷子主要产区内，关系重要的农业自然条件界线有长城线、秦岭淮河线和西部干旱高寒线。长城线是我国一个重要的气象分界线，1月约为－6℃等温线，此线影响冬、春小麦的播种，因而也会影响到作物的组成和栽培制度。秦岭淮河线约为年平均750mm等雨线，此线以北以旱作为基本耕作形态，是各种旱粮作物的主产区。此线以南的地区以水田为基本耕作形态。西部祁连山以北的甘新地区是干旱地区，只有局部存在依靠灌溉的农业。总之，我国谷子主要产区居于小麦旱粮地区内，它既受自然条件的制约，又受其他作物的相互制约，形成复杂的栽培制度。

谷子品种最主要的特点是区域适应性不大。相互引种的范围较小，异地引种引起的变化较大。

目前,在谷子生产、育种和品种管理中采用的是 3 大区划分法,即:东北春谷区、西北春谷区和华北夏谷区。

春谷区包括东北和西北两大部分,地理范围广,包括很我国东北和西北的多个省份,品种类型多样,一般是每年的 4—5 月播种,9 月中下旬至 10 月收获,每年一季,生育期长,生产上多是每亩 2 万株左右,所生产的谷子籽粒相对较大,粒重较高。夏谷区主要位于华北地区,包括河北、河南、山东、北京、天津和山西的中南部地区,品种类型多样性较差,一般是麦收后 6 月份播种,生育期 80 ~ 90d,所生产的谷子籽粒相对较小,比较适合于煮粥用,口感好,适应性较强,好多品种在西北、东北一些地方也可适应,如衡谷 10 号在新疆、甘肃等地均有较高产量。目前适合夏谷区适宜种植的主要谷子品种有冀谷系列、豫谷系列、衡谷系列等。

二、引种原则与方法

谷子是短日照喜温作物,对光照和温度的反应比较敏感,品种的适应种植范围一般较窄,不能盲目引种推广,但在相似生态条件地区,谷子品种可以互换引种。例如夏谷区的山东、河南、河北条件类似地区谷子品种也可以引种交换,河北省北部的品种多属春谷区品种,引种到中南部地区容易出现早衰,严重影响产量;春谷区的山西长治、陕西延安、甘肃陇东、辽宁辽阳等地区生态条件类似,谷子品种可以引种交换。

谷子外地引种时要注意以下规律。

(一) 不同纬度引种

南种北引,植株发育迟缓,生育期延长;北种南引,抽穗提前,植株变矮。大体上纬度相差 1°,生育期变化相差 4 ~ 6d。

(二) 不同海拔引种

低海拔品种引向高海拔种植,植株增高,生育期延长,反之,植株变小,抽穗提前。在海拔相差较大时,每差百米,可引起抽穗期一天多的变化。

谷子引种互换必须遵循严格的引种原则,通常必须经过一年或以上的引种观察试验,在对引种品种特征特性观察鉴定的基础上,确定了其适宜的种植区域后才能推广种植。

第五章　谷子规模化栽培技术

第一节　谷子对土地的要求

谷子对土壤的要求不太严格，无论是黑土、褐土、黄土或黏土、壤土、沙土等，几乎在所有的土壤上都能生长，其适应性甚广。但是最适宜的是壤土、沙质壤土或黏质壤土等土层深厚、结构良好、有机质含量较高、质地松软的土壤最为适宜，保苗容易，有利于根系发育。

谷子幼苗抗盐能力弱，在盐碱地上种植不易保苗，只有选用抗盐性强的品种，才能在盐碱地上栽培。当土壤含盐量超过0.2%时，就需要对土地加以改良后种植。

一、整地

播种前的土壤耕作包括灭茬、耕地、耙地、镇压等一系列的耕作措施。土壤耕作的基本任务是保证土壤肥力提高，改善土壤理化性状，使其最大限度地积累适当的水分，消灭杂草及病虫害。并使土壤平整，保证播种顺利，出苗良好。在干旱地区，保蓄土壤水分的重要性更为突出。

适当深耕（一般以25～30cm为宜）可促进谷子根系的发育。由于深耕改善土壤水分及营养状况，土壤紧实度适宜，促进根系发展。根的生长深度增加，总根量也会加大，有利于谷子的生长。

二、施基肥

增施底肥是谷子增产的重要措施。在肥料充足的情况下，谷子是高产作物，但谷子也是耐瘠作物，它并不是不需要肥料，人们习惯将谷子种植在薄地上，往往产量很低，河北省低平原区的有机质含量普遍偏低，应该重视施用有机肥，在规模化种植中，常使用颗粒有机肥，有利于机械撒肥。

施肥量的多少，要根据土壤肥力和对产量的要求而定，一般每亩需底施有机肥500kg左右。

三、轮作倒茬

谷子不宜重茬，必须合理轮作才能取得高产，这是多年来农民总结出来的种谷经验。早在《齐民要术》中就有提到"谷田岁易"，"岁"是年的意思，"易"是换的意思，也就是说，谷子要年年换茬。近代农谚中也有"重茬谷，守着哭"的说法。

轮作是调节土壤肥力、防除病虫害、实现农作物优质高产稳产的重要保证。轮作也叫倒茬或换茬，其作用主要有以下4个方面。

（一）合理利用土壤养分

轮作能做到土地用、养结合，有利于恢复和提高地力。不同的作物对土壤养分的要求不同，吸收特点和能力亦不相同，谷子根系较浅，但是密集而发达，吸收能力较强。每年在同一地块上种谷子，必然消耗土壤中同种营养和同一土层的土壤养分，因此轮作一些深根性作物，可以充分利用土壤深层中的养分，这样就不会因为谷子所需的养分缺乏，而造成产量的下降。

（二）消除或减轻病虫害

大多数的病菌和害虫都有一定的寄主和寿命。谷子白发病、黑穗病，除了种子带菌传染外，土壤传染也是个重要原因，而粟灰螟等害虫主要是在根茬越冬。随着谷子在同一块地上连年种植，这些病原生物也会大量繁衍。因此实行合理轮作，隔数年种植，就可以大大减轻病菌的感染。

（三）抑制或消灭杂草

莠草在幼苗期形态上与谷苗极其相似，很难区分，间苗时不易拔除，极易当作谷苗而错留。莠草还具有成熟早、易落粒，在土壤中保持发芽力时间长的特点，连作会使其日益蔓延。因此可以利用不同作物对杂草的竞争能力不同这一特点来抑制杂草生长。一般来说，密植作物和速生作物具有抑制杂草的能力，而稀植作物和前期生长缓慢的作物则相对要差一些。谷子幼苗生长缓慢，对杂草的抑制能力较差，而麦类作物茎叶繁茂荫蔽度较大，可以抑制杂草的生长。

（四）利用肥茬创造高产

利用肥茬播种谷子，是夺取谷子高产的重要途径。谷子对茬口的反应比较敏感，其适宜前作依次是：豆茬、马铃薯、红薯、小麦、玉米、高粱等。棉花、油菜等茬口也是谷子较为适宜的前茬。

由此可见，谷子必须合理轮作倒茬，最好相隔 2～3 年再种谷子。合理进行轮作与倒茬，既有利于谷子种植，又克服了连作造成的害处。但是，在没有轮作与倒茬条件的地方，也可采用苗色不同的谷子品种，如红苗谷和黄苗谷之间的轮作，以利于在间苗时清除莠草。

第二节　播种时期

适期播种是栽培技术上的一项重要措施，其一，适期播种能获得当地有利的生长发育条件，使植株生长正常，植株各部位生长调和，能积累更多的营养物质，促使子实饱满。其二，减轻病虫害，病虫害的发生与季节是密切相关的，选择适当的节气播种，可以起到躲避病虫害的作用。其三，能够适应当地的自然条件，选择有利的自然环境时期生长，而躲避不利的自然条件，根据当地水旱情况来确定播种期可以避灾。其四，可以在当地耕作制度中合理安排劳动力，便于各个管理环节的作业安排。

在河北省中南部，要掌握"春粟不宜早，夏谷不宜迟"的原则，一般品种适播期为 6 月中下旬，部分品种也可 5 月中下旬晚春播或 7 月上中旬晚播。掌握了合适的播种期，可以有效防止旱害、病虫害等。

在以夏播谷子为主的地区中，个别播种春谷的，不可过早，过早播种，虫鸟为害较大，往往会造成很大损失（山西省农业科学院，1987）。

第三节　机械化播种技术

国内现有的谷子生产机具多为小麦或水稻机型的改进型，机具性能不完善，不适于谷子生产。现阶段，即便有局部平原地区能够使用改造后的机具，却存在着播量偏大、谷种浪费严重、定苗时劳动强度大、耗时长、贻误农时的现象。近来，不少农机企业"嗅"到商机，加入了谷子机械研发的队伍，极大地改进了排种机构，排种均匀，研发了谷子精量播种机，在谷子机械化领域里抢占先机。实际操作时应注意以下几点。

一、选用良种

选择适宜本地区且通过国家鉴定的谷子品种，如衡谷 10 号等，为管理简单可选用抗除草剂品种，如衡谷 13 号、冀谷 31 等。

二、播种

于适播期适墒播种，随种下肥（复合肥）10～15kg，种肥需施于种子侧下方5cm左右。行距50cm，播种量0.5～1.0kg/亩，播种深度2～3cm，播后镇压，以促进种子吸水发芽，确保苗全苗壮，播后苗前均匀喷洒"谷粒多"除草剂120～150g/亩，能够有效防除多种杂草，减轻人工除草的劳动强度。

第四节　田间管理

一、苗期管理

苗期的管理目标是保全苗，重点包括间苗、除草两项。

（一）保全苗

"三分种，七分管"，说明了田间管理的重要性。谷子在不同的生长阶段对管理的要求不一样，必须依照谷子的生长要求采取科学的措施，才能保证谷子高产。

"见苗三分收"充分说明了全苗的重要性，播种后第一个阶段应以保全苗为中心进行田间管理，在保证全苗的基础上促进根系生长，从而达到全苗壮苗的目的。生产中缺苗断垄是普遍存在的一个问题，一般旱地谷子的缺苗率在10%以上，有的地区严重的达20%～30%，甚至因严重缺苗，不得不毁种或改种其他作物。

1. 缺苗断垄的原因

（1）底墒差。播种时土壤墒情不好，不能为谷子萌发供应足够的水分，是造成谷子缺苗断垄的主要原因。

（2）整地质量差。耕层坷垃多，种子发芽后被压住顶不出地面而蜷曲在土中，俗称"蜷黄"。有的幼苗虽然出土，但土壤大孔隙过多，幼根和土壤接触不良，造成"悬苗"。

（3）土壤含盐量高，抑制种子吸水萌芽，或幼苗因受盐害而死亡。一般土壤含盐量达到0.4%时，发芽率就要降低一半；当苗高3.3～6.7cm时，如果土壤含盐量达到0.3%时，幼苗死亡率达40%～50%。

（4）播后遇大雨，土块表面板结，幼芽顶不出地面，或者幼苗刚出土不久遇到骤雨，泥浆灌入猫耳叶叶心，造成幼苗死亡，俗称"灌耳"。

（5）烧尖。当谷子幼苗出土时，如果土壤水分不足，加之中午太阳猛晒，因地表温度过高（有时地表温度可高达50℃左右），幼苗易被灼伤造成死苗，俗称"烧尖"。

（6）因施肥方法不当，特别是在施用尿素作种肥时，往往因种子与肥料直接接触或施量过大，而使谷子的发芽率降低。

（7）播种时机具堵塞，形成漏播；覆土过浅，种子播在表层的干土上或撒在地表不能萌发，造成"晒籽"；或者覆土过深，幼苗顶不出地表，形成"窖籽"。

（8）虫害。虫害是造成缺苗断垄的另一个重要原因，蝼蛄、蛴螬、金针虫等地下害虫，以及粟灰螟、玉米螟等蛀干害虫，是谷子苗期的主要虫害。

2. 保全苗的技术措施

（1）镇压。播后镇压减少土壤孔隙，可以减少土壤水分的散失，并使土壤下层的水分上升，从而增加耕层的土壤含水量，有利于种子的萌发和出土。土壤干旱严重时，要用大砘子压，重复镇压2~3次效果更好。播后遇雨，出苗前镇压，可以破除土壤板结，防止"蜷黄"。出苗后镇压，可以破碎坷垃，使土壤变得紧实，能防止"悬苗"。由于镇压能提高表层土壤的含水量，而水的热容量比较大，土壤温度上升的慢，可以起到防"烧尖"的作用。"灌耳"后及时镇压，也可以减轻危害。播后镇压能够使土壤和种子接触紧实，有利于谷子发芽、生长。

（2）早中耕。中耕围土稳苗，促进次生根的生长，可防止风害伤苗。早疏苗，晚定苗，可防止因虫害形成缺苗。在盐碱地，深中耕是抑盐保苗的有效措施。苗期深中耕的比不中耕的耕层土壤盐分含量降低0.13%~0.21%。

（3）及时防治地下害虫和苗期害虫。对地下害虫，播前可用杀虫剂进行闷种。苗期害虫，应做好预测预报，密切注视虫情动态，及时防治。特别是对蛀干害虫的防治，必须赶在蛀干之前，成虫出现盛期应及时施药。

（4）查苗补种。查苗应在三叶期前进行。如缺苗断垄较严重时，可在间苗前移栽，移栽的谷苗以4~5叶期最易成活，因这一时期次生根开始大量长出，栽后及时浇水。为了防止土壤板结，浇水后应在上面覆盖一层细土。在土壤干旱幼苗还未长出次生根时，应先把准备移栽的谷苗进行浇水，待长出白根后移栽。如发现有成片的缺苗现象时，应及早人工补种，播种前可用温水浸泡种子，或催芽到胚根刚露出种皮时播种，对移栽或补种的谷苗应加强管理，促进其生长发育。

（二）间苗

早间苗，防荒苗，对培育壮苗十分重要。群众经验是："谷间寸，顶上

97

粪。"早间苗可以改善幼苗的生态条件，特别是改善光照条件，使幼苗根系发育健壮，根量增加，幼苗壮而不旺，叶色浓绿；晚间苗易使谷苗瘦弱细长，叶片狭长，叶色发黄。

间苗时间最好在三叶一心期，其增产效果最好，但由于谷苗太小，操作较困难，一般在4~5叶前操作较好，5叶以后，次生根已较发达，间苗时容易拔断谷苗，易形成残株。实验结果表明，早间苗一般增产幅度明显。

留苗密度可根据土壤肥力情况进行调整，肥力差的应适当降低留苗密度。河北省一般亩留苗4万~5万株，大穗品种可适当减小密度。目前规模化生产中的间苗技术主要有以下两类：懒谷系列、衡谷系列。

1. 懒谷系列

采用抗除草剂和不抗除草剂的姊妹系按一定比例进行混合，通过苗后喷洒除草剂杀死不抗除草剂的苗，起到间苗、除草的作用。目前生产中推广的品种均为抗拿捕净类型，本文以此类型品种为例。具体方法如下。

（1）主体播种量。主体播种量为化学间苗后留下抗除草剂品系的播种量。根据种子发芽率、田间出苗率、当地适宜的留苗密度、品种千粒重（不同的品种千粒重不同，应以实际测定结果为准）来计算。

（2）混配比例。主体播种量与辅助播种量的比例应适当，一般为1:(0.5~2.0)。适宜的混配比例与当地习惯的播种量和留苗密度有关，在留苗密度相对固定的前提下，习惯的播种量越大，辅助播种量的比例就越大；在采用精量播种的情况下，辅助播种量的比例应较小。

（3）总播种量。总播种量是根据主体播种量和最佳混合比例计算得出的。总播种量一般为 $7.5 \sim 15.0 kg/hm^2$。生产应用时还要考虑地块的具体情况，平原春白地或贴麦茬播种地块播种量为 $13.5 \sim 15.0 kg/hm^2$；麦收耕地后播种的地块，特别是联合收割机收获小麦的地块，由于麦茬较多，影响谷子的播种质量，谷子播种量以 $15.0 \sim 17.25 kg/hm^2$ 较佳；喷施剂量及时期：谷苗4~5叶期混合喷施拿捕净和百阔净，其中拿捕净剂量为 $1\,200 \sim 1\,500 ml/hm^2$、百阔净剂量为 $600 \sim 750 ml/hm^2$，对水量为 $450 \sim 600 kg/hm^2$。

（4）注意事项。

①若谷子播种量过大或杂草出土较早，可以分2次使用拿捕净，其中，第1次在谷苗2~3叶期使用，剂量为 $750 ml/hm^2$；第2次在谷苗6~8叶期使用，剂量为 $1\,050 \sim 1\,200 ml/hm^2$。

②如果因墒情等原因导致出苗不均匀时，苗少的部分则不喷拿捕净。

③注意要在晴朗无风、12h内无雨的条件下喷施除草剂，喷药前要关注天

气预报。喷药时，确保不使药剂飘散到其他谷田或其他作物上。

④拿捕净兼有间苗和除草作用，垄内和垄背都要均匀喷施，且不漏喷。

2. 衡谷系列自动间苗品种

目前，自动间苗品种主要有：衡谷 10 号、衡谷 11 号、衡谷 13 号。其原理是通过化学除草剂和保护剂分别处理谷种，再按一定比例混匀配制成自动间苗谷种，播种出苗后，经过除草剂处理过的谷种苗在 2～3 叶时自然死亡，留下正常谷种的种苗，从而实现谷子的不间苗或少间苗，使谷农摆脱了繁重的体力劳动，提高了劳动效率。基本上不受品种的限制。

自动间苗谷种与常规种比较，其特点如下。

（1）在谷子 2 叶时就开始自动间苗，由于间苗早，减少了地力消耗，使正常苗单株营养面积增大，有利于培养壮苗。免间苗试验的谷子在株高、穗长、穗粗、穗重、千粒重、产量和谷草产量上都高。

（2）成本低，操作简便，易于推广。即使是在阴雨连绵的夏季，使用其他品种不能及时喷洒间苗剂时，也可实现较好的自动间苗，避免苗荒。

（3）避免了目前谷子为了实现自动间苗而使用不同品种掺在一起造成的混杂，保证了产品的纯正，深受加工企业的青睐，极大地促进了谷子规模化种植。

（4）使用衡谷系列自动间苗品种的注意事项。

①土壤墒情对化控间苗谷种出苗有直接影响。因此，播种时要根据墒情确定配比与播量，同时抓住墒情机会及时播种。播种要均匀，播量要适当，局部稠密的苗在 5 叶期通过人工间苗进行调整。

②对整地质量要求比较严。若没有适时耙糖，地高低不平，土坷垃多，会造成播种不匀和出苗率下降，直接影响种植化控间苗技术的效果。因此，特干旱年份和整地不好的地块，不宜种植化控间苗谷种。

③红土地，墒情好，土壤肥力高，播量宜少；墒情差，瘠薄地或沙壤地，应适宜加大播量。

④播后出苗期间出现短时间的雨天，对化控间苗几乎不产生影响，若出苗后连阴下雨 1 周以上会影响化控间苗效果，但与常规种相比还是能显示出间苗省工的优势。因此，在播种不误农时、预知有下雨的情况下，最好雨后种植。

（三）除草

1. 谷子苗前通用型除草剂——扑草净（谷粒多）应用技术

谷子原产我国，历史上曾广泛种植，但长期以来，谷子生长期田间杂草危害严重，传统的人工拔草等手段费力、费工、效率低，尤其是遇到连日阴雨，极易造成草荒而致减产甚至绝收，杂草危害严重影响了农民的种植积极性，所以在谷子的栽培管理中，防除草害是一项重要的生产措施，特别是谷子苗期至拔节期的草害，应用人工除草劳动量大且很难彻底防除。因此采用化学除草将是一种更为简单有效的捷径和手段，同时如果运用恰当，也可以解决谷子田间苗困难的问题。

本着预防为主的原则，谷田杂草也应在播后、苗前做好防除工作。试验证明，在播后及时喷施40%扑草净（谷粒多）可湿性粉剂，可有效防除谷田常见的杂草。

扑草净（谷粒多）为选择性内吸传导型除草剂，是谷子田专用播后芽前新型除草剂，主要通过茎叶、根部吸收到杂草体内，通过杂草体内的蒸腾流进行上下传导，抑制光合作用，从而使杂草失绿，干枯死亡。本品药效迅速且稳定，喷施后，可为土壤黏粒吸附，在0~2cm表土中形成药层，持效期45~70d。该除草剂可以防治多种一年生禾本科杂草、阔叶杂草和莎草科杂草，如狗尾草、牛筋草、稗草、马唐、反枝苋、马齿苋、藜等。该药活性高，用量小，施药时用药量要准确，避免高温时施药，气温超过30℃时，易产生药害。具体使用方法如下。

（1）喷洒时期。在谷子播后出苗前及时喷施，也可以在谷子3叶期、杂草未出土前喷施，但此时要定向且距地面25cm喷洒地面，不要喷到谷子心叶上。

（2）使用剂量。使用剂量一般为100~150g/亩，气候干旱少雨、黏壤土使用剂量要高些，气候多雨湿润、沙壤土使用剂量应略低些。

（3）配制方法。用二次稀释法，每亩用量100~150g，先将药剂配成母液，地表干旱、墒情差时对水3桶即45kg，地表潮湿墒情好时对水2桶，喷施1亩地。

（4）喷施方法。喷施前注意天气预报，不要在雨前喷施，否则一是达不到理想的防除效果，还要重新喷施，二是低洼处积水，药液汇集会引起谷苗发黄甚至死亡，所以要在雨前72h喷施效果最理想。苗前喷施要及时，不要超过2d，喷洒要均匀，不留死角，否则达不到防除效果；苗期3叶前喷施，一定要将喷雾器的喷嘴压低到距地面20~25cm，定向沿垄间喷施地面，不要喷在谷苗心叶上。不要随意增减药量，以免产生药害。如果是其他品牌的扑草净，请先小面积试验后再进行大面积应用。

应用扑草净防除谷田杂草应注意：在谷子收获后，下茬作物严禁种植大白菜、萝卜等十字花科蔬菜以及其他阔叶作物，种植玉米、小麦、高粱、大葱、洋葱等没有影响。另外，在喷施药液时注意个人防护，避免吸入，不慎接触皮肤后要用大量清水及肥皂清洗，溅入眼睛后应用清水冲洗15min，眼睛仍不适者及时到医院就诊。该药切勿误服，因无特效解毒剂，所以应放在儿童接触不到的地方，并远离食物、饮品。

2. 抗除草剂品种的除草技术

对于"衡谷13号""冀谷31"等抗除草剂的谷子品种，可在杂草生长初期通过喷洒配套除草剂进行防除，对于阔叶杂草可在杂草发生早期喷洒二甲四氯（150g/亩）来防除，此时应注意要在谷子四叶期以后喷药，以减轻对谷子的危害。

二、拔节抽穗期管理

（一）中耕除草

如果苗期措施得当，此期的杂草一般不足以为害谷子生长，可不再喷洒除草剂而是通过中耕方法进行物理防除。

谷子是适宜中耕的作物，但在实际生产中往往被人们忽视，尤其是规模化种植时重种植轻管理的现象更为普遍，人们过多地依赖化学药物来实现除草，对生态造成了很大的影响。在机械快速发展的今天，传统的中耕技术应该得到改进和利用。

中耕具有明显的增产作用，主要原因为：一是可除草，减少水肥的消耗。二是减少水分蒸发，具有抗旱保墒的作用。三是疏松土壤，有利于根系生长。四是促进微生物活动，加速养分的分解，从而为谷子生长发育创造良好的环境条件。

中耕一般在幼苗期、拔节期和孕穗期进行。

1. 幼苗期中耕

谷子的第一次中耕，一般结合间苗或在定苗后进行浅锄，此时幼苗大部分为独根苗，生长缓慢，因此，在中耕时应掌握浅锄、细锄、破碎土块，围正幼苗，做到深浅一致，防止伤苗、压苗。这次中耕，不仅能达到松土、锄草、提高地温的目的，而且经过浅锄后，能减少土壤水分蒸发，促进根系生长并深扎。

2. 拔节期中耕

（1）清垄。谷子开始拔节后，随着气温的逐渐升高，进入了生长的旺盛阶段，为了避免水、肥的消耗，促进植株良好发育，在追肥、中耕前进行一次清垄是非常必要的。所谓清垄，就是将垄眼上的杂草、谷莠子、杂株、残株、病株虫株、弱小株及过多的分蘖，干净彻底地拔除。经过清垄以后，植株生长粗壮，整齐一致，株型匀称，苗脚清爽，可以增强群体内部通风透光性能，有利于植株个体的发育，从而提高产量。

（2）中耕。谷子的第二次中耕，是在清垄之后结合追肥浇水进行。这次中耕要求锄深、锄透，无漏锄，不仅要锄细，而且要锄到谷根，做到根部无硬埂，并少量培土，一般深度要求 7～10cm。这次中耕很重要，因为谷子拔节开始后，进入营养生长与生殖生长并进的阶段，一方面需要大量的水分养分，一方面要控制基部节间的伸长。深中耕不仅可以多接纳雨水，而且可以拉断部分老根，促进新根生长，从而起到控促结合的作用，既控制地上部基部节间的伸长，又促进根系发育，多吸收水肥，加强谷子后期耐旱抗倒的能力。

3. 孕穗中后期中耕

此期是谷子地上部营养生长和生殖生长最旺盛的阶段，需要大量的水肥供应，此时根系基本形成，中耕不宜过深，以不伤根为原则，以免影响谷子生长。一般深度以 5cm 左右为宜。这次中耕除松土除草外，同时进行高培土。培土能促使植株基部茎节发生次生根，增加须根量，增强谷子吸收水肥和土壤对谷子的支持能力，既可防止后期倒伏，提高穗粒重，又便于后期的排灌。

培土贵在适时，我国北方群众认为："头伏耧地一碗油，二伏耧地半碗油，三伏耧地没有油"。头伏正值雨季高峰季节，进行耧地培土，接纳大量雨水，满足谷子幼穗分化和临界期需水，保证穗大粒多，因而效果最好，如果推迟耧地培土，效果明显下降，这在易旱无灌溉条件的地区尤为重要。培土高度视具体情况而定，一般以培到能发生气生根的基部茎节为度。培土的方法，一般采用人字锄，顺垄背向两边分锄，将土耧到谷子根部。垄作区机械化程度较高，可以采用机械作业。在种植方式上要适当放宽行距，既便于操作又有利于后期通风透光，保持根系活性，延长叶片寿命，增强光合能力，同时，气生根增多，增强防风抗倒能力。

谷子抽穗以后，一般不再进行中耕，只进行拔除大草，以免损伤植株和根系，从而造成早衰。此时，谷田最怕积水，影响根系呼吸，如果秋雨连绵，要注意排水。

（二）追肥

谷子施肥一般分为基肥、种肥和追肥，谷子接近抽穗前，一般在出苗后 1 个月左右，应抓紧进行追肥，确保后期正常生长，最好能够结合当地测土配方施肥方案进行合理调配。

一般而言每生产 100kg 谷子籽粒需要氮 2.5～3.0kg、磷 1.2～1.4kg、钾 2.0～3.8kg。其中，出苗到拔节，吸收的氮占整个生育期需氮量的 4%～6%；拔节到抽穗期，吸收的氮占整个生育期需氮量的 45%～50%；籽粒灌浆期，吸收的氮占整个生育期需氮量的 30%。幼苗期吸钾量较少，拔节到抽穗前是吸钾高峰，抽穗前吸钾占整个生育期吸钾量的 50% 左右，抽穗后又逐渐减少。

追肥的最佳时期是拔节后至孕穗期，追肥增产作用最大的时期是抽穗前 15~20d 的孕穗期或者是谷子 9~11 片叶时，一般每亩用尿素 10~20kg。氮肥较多时，分别在拔节期追施"坐胎肥"，孕穗期追施"攻粒肥"。在谷子生育后期，每亩用 0.2% 磷酸二氢钾溶液 50kg 叶面喷施；齐穗前 7d，用 300~400mg/kg 浓度的硼酸溶液 50kg/亩叶面喷洒，间隔 10d 可再喷一次。叶面喷施磷酸二氢钾和微肥，可促进开花结实和籽粒灌浆，低产田可加入尿素共同叶面喷施。

三、开花灌浆期管理

谷子抽穗以后，开始进入开花受精、籽粒建成的阶段。田间管理的主要目标是防止叶片早衰，提高光合能力，促进光合产物向穗部的运转和积累，从而提高结实率，增加穗粒重。田间管理的重点是防旱、防涝、防腾伤、防倒伏、防霜冻等。

（一）防旱

谷子开花后，仍需一定量的水分，以保证开花授粉正常进行。如果在高温干旱的情况下，则开花授粉不良，影响受精作用，容易形成空壳，降低结实率。灌浆成熟期，适量的水分能提高光合作用，有助于体内营养物质的运转，加快灌浆速度，增加粒重。如果水分缺乏，抑制光合作用的正常进行，阻滞体内物质运转，易形成秕粒，影响产量。据张履鹏报道在灌浆期干旱处理后，籽粒不饱，穗重、粒重均显著降低。因此，谷子生育后期要注意防旱保持地面湿润，在灌水技术上要掌握浅浇轻浇，最好喷灌，或隔沟浇，切勿大水漫灌。同时，注意高温不浇，防止腾伤；风天不浇，防止倒伏。

（二）防涝

谷子后期既怕旱又怕涝。如果后期雨涝或大水淹灌，往往由于土壤通气不良，影响谷子根系呼吸，甚至造成窒息。据古世禄（1980）观察，水分过多时，谷子根系变短而粗，毛根减少，颜色加深。因为我国北方谷子生育后期，往往秋雨连绵，因此，防涝成为谷田后期管理的重要内容。要选择地势高燥地种植，谷田设好排灌渠道，做到旱能浇，涝能排。适期播种，使谷子灌浆成熟阶段能处于雨水较少的秋季。

（三）防腾伤

所谓腾伤，系指在窝风地、平川大片谷田于灌浆期骤然萎蔫而逐渐呈现灰白色的干枯状态，导致穗重量减轻，秕谷增多的现象。有时还兼感严重的病害。在谷子生长越旺盛的地块越容易发生腾伤。

腾伤发生的原因，主要是由于田间的温度过高，通风不良所致。防止措施主要是通过中耕来降低田间的温、湿度。选择高燥通风的地块种植，完善排灌渠道，适当放宽行距，提高田间通风透光性能，注意培土，排除积水。

（四）防倒伏

谷子苗期除特殊干旱外，一般不宜浇水，否则会因水分过多，形成高脚苗，要及早间苗，留苗密度要合理。拔节至抽穗期，结合中耕高培土，既利于根系深扎，又利于气生根多发，增加根系对植株的支撑能力。谷子灌浆期要严格控制氮素营养水平，保持氮、磷营养的协调，防止氮素水平过高形成茎叶徒长和贪青晚熟。根据土壤墒情适量灌水，切忌大水漫灌和风天灌水，及时排除积水。另外，在谷子生长期间要及时防治蛀茎害虫。以上防止倒伏的措施，在谷子整个生育期间，必须全面考虑，才能取得防倒的效果。

（五）防霜冻

霜冻是谷子成熟期的一大灾害。霜冻后谷子茎叶细胞间结冻，体积膨大，内部组织遭受破坏而失水，轻者不能正常成熟，重者全部枯死。接近成熟时遭受霜冻，可使籽粒严重脱落。在生育期较短的冷凉地区，后期管理尤要特别注意防霜冻的工作。

预防霜冻，首先要选用在当地霜冻前能正常成熟的品种，其次要在谷子后期严格控制水肥，大面积追肥要在抽穗前结束，同时，追肥量不宜过大。即使是三类田，其偏追肥也不能过量，否则，容易贪青晚熟，遭受早霜的袭击而减产。在霜冻来临前，预防的主要办法有两种：一是根据气象预报，在霜冻前一二天适当浇水，以增加地面湿度，减少地温的失散。二是采用烟熏法，在霜冻发生时利用秸秆燃烧所产生的烟雾形成隔离层，防止或减轻霜冻，所用燃料以耐燃烧生烟大的材料为宜，如稻草、麦秸、杂草、松枝等，根据地形、地势及面积分点堆积设置，原则上以生烟后各点烟雾能互相连接为标准。当温度急剧降至 2~3℃时即可点燃防霜冻。一般烟雾防霜可提高气温 1~2℃。

四、收获

谷子当粒色变为本品种固有色泽，籽粒变硬时及时收获，大面积地块宜采用联合机械收获，籽粒应及时晾晒或烘干，使含水量≤13%后入库贮存。

第五节 谷子规模化生产中常用机械

一、国内外谷子机械发展现状

(一) 国内外谷子生产状况

谷子是起源于我国的一种古老作物,我国谷子的栽培面积最大,其次为印度、朝鲜、埃及和非洲的一些国家,在发达国家如澳大利亚、美国、日本等有少量种植,但基本上用于家畜的饲草料,因此国外基本上没有研发谷子专用生产机械。尽管目前我国谷子在世界上栽培面积最大,但从20世纪70年代开始,谷子种植面积严重萎缩,近年来有所恢复,谷子主产区多集中在经济欠发达、技术相对落后的干旱和半干旱的丘陵地带,地块小、比较分散,增加了生产机械化的难度。

(二) 长期以人畜力为主的谷子生产方式

谷子播种有些地区采用人力或畜力牵引的简易播种耧;有些采用其他作物播种机具稍加改进后进行播种,播量大,谷种浪费严重,尤其是间苗劳动强度大、耗时长,影响作物的正常生长发育。在谷子收获环节主要靠镰刀收割、掐穗、碾压或脱粒等,劳动强度大,收获期长。少量应用的谷子脱粒机多为小麦脱粒机改进筛板后脱谷穗使用,脱粒效果较差,需要脱粒数遍,效率低,损失严重,很难满足生产需要。

(三) 谷子生产机械研究起步较晚

市场经济的环境下,由于谷子的种植相对于其他主要农作物来说面积比较小,机具需求量少,而研究开发机具投入大、回报率低,相关科研单位及企业的积极性不高,造成目前生产中缺少机具的现状。

二、谷子生产机械化发展趋势

(一) 谷子生产机械需求日趋迫切

近年来,随着农业机械化进程不断加快,农业机械化进入了历史上发展最快的时期,随着小麦、玉米和水稻等主要农作物生产机械化的普及,谷子种植区域农民对谷子生产机械的需求越来越高,加上近年来谷子种植经济效益较好,需求较大,人们迫切希望谷子也能够像小麦、玉米和水稻一样实现机械化生产。

（二）科研院所与企业联合推动，促进谷子生产机械的发展

谷子机械化生产是现代化农业发展的必然趋势，进入"十二五"后，国家和各级政府对谷子机械化生产越来越重视，开始加大对谷子机具研制的扶持力度。"国家谷子糜子产业技术体系"也将谷子生产机械化岗位列入其中，建立了谷子糜子生产机械化创新团队，与其他创新团队联合、与农艺相结合，专门从事谷子生产全程机械化的系统研究，并联合企业加快了谷子系列化生产机具的生产和推广，谷子生产机械化已经迎来了快速发展的新时期。

（三）坚持农机与农艺相结合

我国谷子种植区域分散，品种和种植方式繁多，且种植地的自然条件和种植要求存在较大的差别，单一机型很难满足生产需求。因此，谷子生产机具研发要满足多元化的需要，研发机具的生产效率要与种植规模和用户的需求相适应，过大、过小都会影响到机具的推广和使用；谷子生产机械就目前来说，应以小型轻简机具为主，并逐步开发适于平原地区的大、中型生产机具，此外，谷子生产机具还要考虑到机具生产成本，考虑到市场接受能力。

三、谷子生产机械选型

（一）谷子播种机

谷子播种机从功能上来讲主要是能够实现精确播种，从而实现免间苗，减轻劳动强度。与农艺配套的播种机械可分为如下几种：从排种方式上，可分为精量条播机和精量穴播机；从种植方式上可分为常规平播机、垄上播种机、覆膜和膜侧播种机等；此外，根据地域差异，还应加大播种行数调整范围，以适应不同地块需求，对于小地块种植区，可采用单行或少行（2~3行）的小型机具，对于平原大面积种植区，可采用3行以上的中型机具。

1. 谷子精量条播机

型号：2BF－（4~10）B（图5-1）。

功能：2BF－（4~10）B型小粒作物播种机，播种行数为4~10行，由机架、种肥箱、施肥机构、排种机构、浮动仿形机构、覆土和镇压机构组成，采用小籽粒排种器可使播量均匀精确，播深一致。该播种机适用于谷子、糜子、芝麻、胡麻等小粒作物播种，可实现少间苗、免间苗，其机具参数见表5-1。

图 5 - 1　2BF - （4 ~ 10）B 系列型小粒作物播种机

表 5 - 1　2BF - （4 ~ 10）B 型播种机机具参数

项　目	单　位	技术参数	
机具型号		2BF - （4 ~ 10）B	
行数		4 ~ 10	
配套动力（拖拉机）	kW	13. 2 ~ 29. 4	≥44. 1
适宜行距	cm	50	35（平均）
播种深度	cm	2 ~ 5（可调）	
播种量	kg/亩	0. 15 ~ 1. 5	
最大施肥量	kg/亩	40	
施肥深度	cm	3 ~ 10（可调）	
适宜作业速度	km/h	2 ~ 5	
适宜播种作物		谷子、糜子等小粒作物	

2. 谷子精量穴播机

型号：2BX - 4（图 5 - 2、表 5 - 2）。

功能：该播种机采用无刮伤种器设计，不伤种子，穴距准确、且穴粒数可调，各行采用单体仿形设计，播深稳定，V 形镇压轮设计，利于破土出苗，采用专用地轮进行排种和施肥驱动，减小打滑率，使播量更可靠。

3. 手扶拖拉机配套的小型谷子精量播种机

型号：2BX - 4S（图 5 - 3、表 5 - 3）。

功能：该机与手扶拖拉机配套，体积小、重量轻，采用 2BF - （4 ~ 10）B 播种机的排种器，能够实现精量免间苗播种，适于山区和丘陵区使用。

图 5 - 2　2BX - 4 谷子精量穴播机

表 5 - 2　2BX - 4 机具参数

项　目	单　位	技术参数
机具型号		2BX - 4
配套动力（拖拉机）	kW	18.4 ~ 29.4
播种行数	行	4
适宜行距	cm	50
穴距	cm	8 ~ 12（可调）
穴粒数	粒/穴	3 ~ 15（可调）
播种深度	cm	2 ~ 5（可调）
播量范围	kg/亩	0.25 - 1.5
最大施肥量	kg/亩	40
施肥深度	cm	3 ~ 10（可调）
作业速度	km/h	2 ~ 4
适宜播种作物		谷子、糜子等小粒作物

图 5 - 3　2BX - 4S 谷子精量穴播机

表 5 - 3 2BX - 4S 机具参数

项 目	单 位	技术参数
机具型号		2BX - 4S
配套动力	kW	5.8 ~ 8.8（手扶拖拉机）
外形尺寸（L×B×H）	mm	840 × 1 400 × 810
整机重量	kg	45
行数		4
适宜行距	cm	30
播种深度	cm	2 ~ 5（可调）
播种量	kg/亩	0.15 ~ 1.5
适宜作业速度	km/h	2 ~ 3
适宜播种作物		谷子、糜子、油菜等小粒作物

4. 其他形式的谷子播种机（图 5 - 4、图 5 -5）

图 5 - 4 膜侧谷子精量条播机

图 5 - 5 膜上谷子精量穴播机

（二）谷子田间管理机械

中耕可以破除地表板结，增加土壤的通透性，促进根系生长发育，还可以消除杂草对谷子的竞争作用，提高谷子的抗倒伏能力，进而使谷子产量和粗蛋白含量显著提高。根据农艺生产需求，选用适宜的谷子中耕施肥机，喷药机等装置，要求与播种行距相适应。

1. 中耕除草施肥机

型号：3ZF -（1.5 ~2.5）（图 5 -6）、3ZF -0.5（图 5 -7、表 5 -4）。

功能：两种机型，一种是与小四轮拖拉机配套的中耕追肥机，适宜较大地块使用；一种是微耕机配套的单行中耕追肥机，体积小、重量轻，适宜小地块使用。两种机械均可实现田间除草、追肥、培土等作业，操作简单，使用方便。

图5-6 3ZF-1.5谷子中耕除草施肥机　　　图5-7 3ZF-0.5谷子中耕除草施肥机

表5-4 3ZF-（1.5~2.5）、3ZF-0.5机具参数

项目	单位	技术参数	
型号		3ZF-（1.5~2.5）	3ZF-0.5
配套动力	kW	18.4~29.4（四轮拖拉机）	5.5~8.8（微耕机）
最小地隙	cm	43	
中耕行数	行	3~5	1
适宜行距	cm	40~50	40~50
中耕深度	cm	2~4（可调）	2~4（可调）
施肥量	kg/亩	20~50（可调）	15~30（可调）
培土合格率	%	95	95
伤苗率	%	≤3	≤3
作业速度	km/h	2~4	2~3

2. 高地隙四轮喷药机（图5-8）

功能：高地隙四轮喷药机采用液压操作，后置喷药，生产安全，省时省力，并且轮距可调，稳定性好，雾化均匀，可满足谷子植保需要。

图5-8 高地隙四轮喷药机

（三）谷子机械收获

1. 丘陵旱薄区——分段收获模式

在丘陵以及山区，这些地区土地贫瘠，干旱少雨，地块小，坡度大，大型联合收获机械难以进行作业。要实现这些地区谷子机械化收获，应从小型机械着手，以突出小型机械机动灵活，适应性强的特点。其主要作业流程是：使用小四轮或手扶拖拉机配套的谷子割晒机先把谷子割倒，进行晾晒后，再用谷穗或者整株脱粒机进行脱粒，从而实现谷子分段机械化收获作业。

（1）割晒机。

① 4S－（150~200）谷子割晒机（图5-9）。

功能：4S－（150~200）型多功能割晒机主要与小型拖拉机配套使用，针对谷子秸秆较高，穗大且重，喂入困难，容易缠绕，秸秆铺放难以控制，在拨禾轮上加装超长弹齿，提高扶禾能力；横向输送带上加装板齿，增强输送能力，提高铺放一致性。该机具既适用于偏坡地、小地块作业；也适用于平整、大地块作业。

图 5-9 4S－（150~200）谷子割晒机

机具参数如表5-5。

表 5-5 4S－（150~200）型多功能割晒机参数

项 目	单 位	技术参数
机具型号		4S－（150~200）
配套动力（拖拉机）	kW	18.4~25.7
外形尺寸（L×B×H）	mm	1 000×（1 660~2 160）×600
整机重量	kg	145~190
割茬高度	mm	≤150
铺放角度	°	90±20（无风或微风条件下）
作业效率	亩/h	6~10
工作幅宽	mm	1 500~2 000
铺放方式		右侧横铺
适宜作物		谷子、糜子、辣椒、大豆等作物

②4S-90谷子割晒机（图5-10）。

图5-10　4S-90谷子割晒机

功能：该机采用手扶拖拉机或微耕机配套，适用于小地块作业。

主要技术参数如表5-6。

表5-6　4S-90谷子割晒机参数

项　目	单　位	技术参数
机具型号		4S-90
配套动力（手扶拖拉机）	kW	5.8~8.8
外形尺寸（L×B×H）	mm	1 000×1 060×600
整机重量	kg	75
割茬高度	mm	≤150
铺放角度	°	90±20（无风或微风条件下）
作业效率	亩/h	6~10
工作幅宽	mm	900
铺放方式		右侧横铺
适宜作物		谷子、糜子、辣椒、大豆等

小型谷子糜子割晒机，配套动力小型拖拉机或手扶柴油机，幅宽0.8~1.2m，作业速度2~4km/h。

（2）谷子脱粒机。

①5T-28谷穗脱粒机（图5-11、表5-7）。

功能：针对谷子秸秆完整利用的需求，可采用人工掐穗，再进行谷穗脱粒。针对谷穗喂入困难、脱粒效率低、破碎率高、漏粮多、清选效果差等问题，重新设计喂入装置；增设可调风量机构，制定了合理匹配风机的风量；增加滚筒长度、滚筒板齿与钉齿的耦合等改进方案，提高谷穗脱粒机的作业效率和脱粒质量。能够一次完成谷穗的谷糠、谷秕、杂余和谷粒的分离，具有操作方便、体积小、效率高等特点。

图 5 –11　5T –28 谷穗脱粒机

表 5 –7　5T –28 脱粒机机具参数

项目	单位	技术参数
机具型号		5T –28 型
配套动力	kW	2.2（4 级电机）
外形尺寸	mm	1 250 ×1 100 ×1 030
整机重量	kg	80
滚筒型式		杆齿
清选型式		（吹）风选
凹板间隙	mm	10 ~20
作业效率	kg/h	400
滚筒转速	r/min	1 260
脱净率	%	≥97
破碎率	%	≤2
含杂率	%	≤3.5

② 5T –45 整株谷子脱粒机（图 5 –12、表 5 –8）。

功能：当对谷子秸秆没有特殊要求时，可不进行人工掐穗，而是在割晒机将谷了割倒后，经过晾晒，对整株谷子进行脱粒。谷子的草谷比较大，谷子秸秆较长，容易缠绕脱粒滚筒，当喂入量不均匀时，极易造成堵塞停机，造成机具故障，影响作业效率；其次，由于谷子籽粒较小，当秸秆含水率较高时，籽粒容易粘在秸秆上，这也是损失率高的原因之一；另外，谷子籽粒与秸草的比重相差不大，容易引起秸草与籽粒分离不清，造成损失。因此，针对整株脱粒机存在的问题，着重分析谷子茎叶含水率对脱粒性能的影响；在谷子割倒后，进行充分的晾晒，严格控制秸秆的含水率；采用输送链自动喂入机构，保证均匀喂入，增加安全性，适当增加配套动力减少堵塞几率，以提高机具生产率。

图 5 - 12　5T - 45 整株谷子脱粒机

表 5 - 8　5T - 45 机具参数

项目	单位	技术参数
型号		5T - 45
配套动力	kW	7.5（4 级电机）
外形尺寸	mm	2 130 × 1 290 × 1 540
整机重量	kg	300
滚筒型式		纹杆与杆齿组合式
清选型式		吸风与筛选组合式
凹板间隙	mm	5 ~ 10
作业效率	kg/h	800
滚筒转速	r/min	1 050
脱净率	%	≥97
破碎率	%	≤2
含杂率	%	≤3.5

2. 平原区——联合收获模式

由于谷子的生理特性与小麦相差较大：小麦收获时，茎叶枯黄且含水率低，小麦的籽粒也较重，更适宜脱粒和分离，在北方地区用小麦联合收割机收获谷子时，出现了意想不到的问题。华北夏谷区谷子收获初期，由于谷子头重脚轻，割台两端秸秆堆积严重，造成堵塞，拨禾轮不能正常工作；谷子籽粒夹杂较多等，秸秆含水率高，加上籽粒小质量轻、易粘连难分离，造成夹带损失增多；容易造成谷子联合收获机的筛面堵塞；收获后期个别品种出现早衰引起倒伏，很难收获，收获损失更大。由此看来，谷子的联合收获应在机械方面做大量的研究与试验。

（1）轴流式联合收获机在收获谷子时存在先天缺陷。以新疆 - 2 型小麦联合收获机为代表的轴流式谷子联合收获机，基于轴流式钉齿或板齿滚筒设计，采用击打式脱粒及分离方式，作物秸秆在滚筒内滞留时间较长，秸秆破碎严重，尤其是在茎叶含水率高时，脱粒过程中茎叶易挤出水分，谷子籽粒小、重量轻，分离时籽粒容易与茎叶粘连，造成夹带损失大。

（2）切流式联合收获机比较适合收获谷子。切流式联合收获机（图 5 - 13）采用切流式滚筒脱粒、逐稿器分离结构，其揉搓式脱粒、抖动式分离的工作原理，非常适宜谷物联合收获。通过对佳木斯 1065/1075 为代表切流式联合收获机进行改造，针对谷子收获作业的特点对清选风量、风速等参数进行了调整，对凹板筛进行了更换，加装了特定的割台分禾装置。对机手进行了培训后，根据待收获谷子的高度、秸秆含水量、倒伏程度、作物产量等状况，对收获机的作业速度、滚筒转速、割台离地间隙等参数进行适当调整，可达到较好的作业效果，主要表现在含杂率明显变小，尤其是在收获秸秆含水率较高的谷子品种时，夹带损失较小，基本上解决了轴流式滚筒联合收获机筛板堵塞、含杂率高和夹带损失率较高的难题。

图 5 - 13　切流式联合收获机

四、加快谷子生产机械化发展建议

采用先进的机械化作业代替繁重的手工劳动是一项长期的任务，任重而道远。谷子生产机械化的发展需要政策上的引导、经济上扶持以及相关人员的共同努力。由于谷子生产机具种类多，科研投入大，而机具需求地区大多为经济欠发达地区，且与主要农作物相比机具需求量小，机具形成产品后价格可能会偏高。因此，需要政府加大对科研的扶持力度，加快科研产品推广和市场转化，提高农民购置机具的补贴额度，减轻农民购机负担。

规范栽培技术，从播种前整地、播种、田间管理，最后到收获，制定一套科学系统的技术操作规范，并在此基础上配套相应农机，这样可以适当减少机具种类，进而降低机具作业成本。由于谷子的生长特性，给农机的设计带来一定的难度，因此，开发有利于机械化作业的新品种、新农艺等，为机械化作业创造条件，促进农机化的大力发展，确保农机农艺的相融合，才能够真正实现谷子生产机械化。

第六章 一年两熟区夏谷
免耕覆盖栽培技术

第一节 免耕栽培概述

一、免耕栽培的起源与发展

免耕（No-tillage），又称零耕（Zero-tillage），是指作物播前不用犁、耙整理土地，直接在茬地上播种，播后作物生育期间不使用农具进行土壤管理的耕作方法。免耕种植技术具有省能源、省机械、省时间，提高土壤耕性，增加土壤有机质含量，增加土壤含水量和水分有效性，减少土壤风蚀和水蚀等优点。免耕栽培是相对于传统耕作的一种新型耕作技术。它是用大量的秸秆残茬覆盖地表，将耕作减少到只要能保证种子发芽即可，并主要用农药控制杂草和病虫害的一种耕作技术。美国和澳大利亚研究开发免耕栽培的指导思想是：在保护环境、提高环境质量、实现农业可持续发展的前提下，最有效地利用和节省资源，提高农业生产能力和利润率，改善农产品的品质，保持农业在国际市场上的竞争力。其主要内容是：保护地表秸秆残茬覆盖量必须达到 30% 以上，尽量减少不必要的田间作业工序，通过合理轮作、留茬覆盖、合理施肥等综合措施，为作物创造良好的生态环境。免耕栽培的实质是：改善土壤结构，减少水蚀风蚀和养分流失，保护土壤，减少地面水分蒸发，充分利用宝贵的水资源；减少劳动力、机械设备和能源的投入，提高劳动生产率，达到高产、高效、低耗、优质、可持续发展的目的。

免耕栽培技术在国外发展得较早。20 世纪 30—40 年代，美国由于盲目开垦破坏了大片森林和草原，大面积机械耕作使土壤结构受到破坏、土粒过细，从而引发"黑风暴"，1934 年 5 月 12 日，一场巨大的风暴席卷了美国东部与加拿大西部（部分地区）的辽阔土地。风暴从美国西部土地破坏最严重的干旱地区刮起，狂风卷着黄色的尘土，遮天蔽日，向东部横扫过去，形成一个东西长 2 400km，南北宽 1 500km，高 3.2km 的巨大的移动尘土带，当时空气

中含沙量达 $40t/km^2$。风暴持续了 3d，掠过了美国 2/3 的大地，3 亿多吨土壤被风暴刮走，风所经过之处，水井、溪流干涸，牛羊大量死亡，人们背井离乡，流离失所，北美大陆一片凄凉。这就是当时震惊全世界的北美黑风暴事件。在中国北部 116 万 km^2 的沙漠中，有 39% 是由于人为原因引起尘暴而造成沙漠化的。20 世纪 50 年代中期，原苏联在中亚地区开垦荒地，破坏草原植被，引起"黑风暴"，逐渐使人们对传统的深耕及裸地休闲产生更大的怀疑，这些都为近代保护性耕作法的形成奠定了基础。1943 年美国学者佛克纳（E. H. Fanlkiner）在《犁耕者的愚蠢》一书中首次提出土壤免耕论点后，世界很多国家开展了免耕法的研究。20 世纪 70 年代初，Phillips 等人在多年实践研究的基础上，出版了《No-tillage Farmings》一书。但由于当时除草与秸秆还田技术尚不成熟，因此免耕研究进展缓慢。近 30 年来，随着农业机械及多种除草剂的发展，免耕法得以在美国、加拿大及澳大利亚等发达国家大面积试验和推广。美国对保护性耕作技术的研究最为详尽，从 20 世纪 30—40 年代开始对保护性耕作的内容、方式、机具及经济效益等都进行了研究，提出了一套完整的以减（少）耕法、免耕法、垄作、覆盖、带状耕作等为内容的保护性耕作新技术，并进行了大面积的示范推广。1965 年美国免耕法耕地面积占国土总面积的 1/54，1977 年达 1/7，1989 年达 26%，1998 年达到 37% 左右。2002 年，美国约 60% 耕地实行了不同形式的保护性耕作。据报道，2010 年美国有近一半的种植地采用免耕法。其中，玉米、大豆、高粱和小麦等作物的保护性耕作面积将更大。

在免耕基础上，将其与作物秸秆覆盖技术相结合，这一改进已越来越多地引起人们的重视。研究表明，免耕秸秆覆盖在改善生态环境、培肥地力、提高资源利用和增产增收方面发挥着重要的作用。秸秆免耕土壤，由于持水力强，饱和及不饱和导水率高，保水力强，抗旱节水，提高了土壤水分利用率；改善了土壤的物理、化学和生物性状；改善了土壤的水、肥、气、热等多方面的生态效应，从而提高旱地农业的综合生产能力，获得良好的生态效益和社会效益。目前，以作物残茬覆盖为前提的免耕、少耕、休闲、轮作以及固定道作业等一系列耕地保护性措施在美国、澳大利亚等国被广泛利用。

二、国内外发展研究现状

美国目前各类耕作模式的面积中有 90% 的农田实行少耕、免耕，其中一半以上是免耕。加拿大免耕栽培于 20 世纪 50 年代中期开始试验研究，初期除草剂和机具为研究重点，到 1990 年研究成功，1995 年得到突飞猛进发展，现已得到大面积推广。除上述国家外，前苏联、墨西哥、以色列、印度、埃及、巴基斯坦等国家也积极开展免耕栽培研究，并取得良好效果。

我国的免耕农业始于 20 世纪 50 年代，近年来研究进展较快，很多省区已开展了相关研究，其中主要集中在小麦、玉米和水稻等作物上。在华北平原小麦—玉米两熟制农田中，90% 以上的玉米已经采用了免耕播种技术。

河北省是全国最大的地下水超采区，深层地下水位降落漏斗区有 7 个，其中，衡水—德州漏斗区面积达到 7 933.5km² 。衡水市位于河北省东南部，缺水率高达 27.61% ，是河北省最大的地下水漏斗区。目前困扰河北省旱地农业生产的两大难题是干旱缺水和水土流失，干旱缺水受到大气环流的影响，但水土流失多因不合理的土壤耕作和种植制度引起的。河北省农林科学院旱作农业研究所自 2010 年开始对谷子免耕栽培进行了一系列的研究，在理论研究的基础上，形成了一套科学合理的高效的谷子免耕栽培技术。在旱作地区如何将有限的降水拦截蓄积，减少地表径流和蒸散损失，增加土壤水库的蓄水保墒作用，减少土壤水分的无效蒸发，是解决旱作地区农业生产的关键所在。前人研究表明，采用免耕及在此基础上的不同覆盖措施，都能起到有效蓄集降水，减少土壤水分的过度蒸散，减轻水土流失等作用。

三、免耕栽培的作用

（一）免耕对产量的影响

由于产量形成与环境的关系错综复杂，长期以来的研究结果不一。北京农业大学试验得出，免耕覆盖产量显著改善。其中，前 4 年免耕比翻耕增产4.9% 。景县试验 2 年结果表明，麦秸翻压与覆盖免耕对产量影响不显著。大多数研究结果表明，稻、麦少耕和免耕处理产量高于或相当于常规耕作，但也有少数研究结果相反，有国外学者研究指出采用常规耕作、少耕和免耕种植产量结果为常规耕作 > 少耕 > 免耕，免耕较常规耕作稻谷减产 35% 。但也有研究表明大豆采用免耕栽培的效果证明，作物少耕和免耕条件下可获得高于或相当于常规耕作产量。保护耕作对作物产量影响不同可能与水分条件密切相关，水分条件越差，采用保护耕作效果往往越好。研究还发现干旱年份小麦产量免耕优于常规耕作，但湿润年份则相反，即播种季节降雨量低于正常年份时，免耕可获得最佳效果。夏季干旱条件下大豆试验证实产量保护耕作超过常规耕作。此外连续采用免耕的年限也影响免耕效果，有研究指出连续免耕 2 ~ 3 年后才能表现出其优越性。这些国外研究多基于一年一熟制栽培模式，与我国多有不同。郝洪波等研究表明，在一年两熟区，夏茬谷子实行免耕产量会略高于常规耕作栽培，较传统旋耕提高 7.90%。

（二）免耕对土壤理化性状的影响

保护耕作对土壤容重的影响，研究结论有很大分歧，有研究认为免耕使土壤容重增加，有的则认为免耕仅使表层土壤容重增加，或免耕使土壤容重降低。黄细喜等研究发现，土壤本身对容重具有自调功能，作物种植一段时间后土壤容重小的会逐渐变大，容重大的则逐渐变小，并随时间推移逐渐接近自调点 1.38g/cm³。还有研究认为，耕作对土壤容重的影响与作物生长关系较小。大量研究指出，保护耕作对改善土壤结构具有显著作用，尤其是增加土壤水稳定性团聚体含量或增强团聚体的稳定性，改善土壤孔隙状况，减少大、中孔隙数量，增加小孔隙数量，维持毛管孔隙度相对稳定。郝洪波等试验表明，相对于常规栽培，谷子免耕 0~150cm 土壤含水量提高 6.71%，其中，在 0~40cm 土层土壤含水量提高 13.40%，具有明显的保水效果。

保护耕作与耕翻条件下土壤水热、通气状况及养分状况有较大差异，研究多报道土壤有机质积累明显，且由于作物残茬主要在地表分解，保护耕作土壤表层有机质积累更明显。无机 P 和 K 在表土层中的聚积也是免耕土壤的特征。未耕作土壤极少搅动，土壤中来自施肥和地表有机物分解、不易移动的养分如 P 和 K 极易在表层富集，易移动养分如 N 的消长则取决于土壤质地、降雨量和灌溉条件等因素。国外研究发现沙壤土免耕处理表层土壤积累了较多硝态氮。保护耕作对土壤养分状况的影响及少耕和免耕条件下施肥方式的改变一定程度影响了施肥效果。侯雪坤等研究发现，轮作与连作处理，N、P肥利用率均以常规耕作最高，免耕最低。朱文珊等研究指出，低 N 施肥水平下玉米产量免耕与翻耕无明显差异，而高 N 施肥水平下免耕高于常规耕作。其结果表明免耕条件下作物需要肥料可能更多。证实少耕、免耕及秸秆覆盖等对保持土壤水分具有明显作用。一是地面残茬及秸秆覆盖层减少了地面径流，土壤可接纳更多降水并减少地面水分蒸发；二是保护耕作下土壤导水率提高，可增加水分入渗；三是减少土壤翻耕时水分的大量散失。一些研究还证明保护耕作下提高了水分有效性和利用率。郝洪波等研究发现，谷子免耕在拔节期、灌浆期、成熟期 0~40cm 土层的碱解氮平均含量分别比常规低 2.76%、4.72%、4.00%；速效磷平均含量分别较常规高 34.22%、31.78%、40.77%；速效钾的平均含量分别比常规低 12.90%、9.53%、6.12%；有机质含量分别较常规高 3.26%、4.98%、6.16%；免耕 0~100cm 土壤 NO_3^- 含量在拔节期和成熟期分别比常规高 55.15%、70.33%，在灌浆期则低于常规 22.82%。

（三）免耕对土壤中不同形态氮素变化和肥料利用的影响

农田系统中过量施用氮肥，是引起环境污染的重要因素之一，硝化和反硝化作用产生的 NO、N_2O 等气体引起大气污染，由于免耕增加了土壤渗透性，流向地下水中的污染物也相应增加，特别是进入地下水的硝态氮量明显高于对照，增加了地下水的污染。Thomas 研究表明，进入地下水的硝态氮量明显高于对照，并在 90cm 以下免耕的土壤中发现硝态氮的存在，认为免耕增加了较大孔隙度增加了硝态氮的淋洗，从而降低了氮肥的利用率。但国内关于免耕条件下地下水污染的报道相对较少。无机氮化合物（NH_4^+、NH_3、NO_3^-、NO_2^-）在微生物的作用下转化为有机态 N 的过程被称为 N 的固定。土壤微生物群落与植物之间对于有效的无机态 N 有着强烈的竞争，作物生长季节中、当贫 N 的作物残茬加入到土壤中时，大量微生物活动可能导致无机 N 水平下降，造成植物生长中缺 N。然而，N 的固定作用在秋季可能是有益的，因为在晚秋和冬季，硝态氮和铵态氮被固定，因而不致淋溶损失。矿化是无机态 N 从有机形态 N 中释放的过程。在生长季节中，已固定 N 可能被矿化并为作物提供养分，但是矿化作用发生在休闲条件下，矿化的 N 可能被淋溶。硝化是微生物作用下 NH_4^+ 氧化成 NO_3^- 的过程。在所有的土壤上凡有 NH_4^+ 的存在并且有充足的水分和 O_2 的供应土壤反应为中性，温度 5℃ 以上、40℃ 以下时，硝化作用可能发生。由于硝化作用增加了 NO_3^- 的积累，这便为 NO_3^- 从土壤中的移动，如进一步的反硝化作用或者淋溶，提供了更多的机会。细菌的反硝化过程是将 NO_3^- 和 NO_2^- 还原成分子态 N 或一氧化二氮（N_2O）的过程。在富含硝态氮的土壤上，厌氧条件下，具有活性的反硝化细菌存在，而且是在易氧化的有机物供给良好的情况下发生的。Liang 和 Mackenzie 发现，温度是影响反硝化的最重要因素，其次是土壤含水量，而土壤硝态氮水平只有在黏壤土上才是最重要的。生草土上反硝化作用损失的氮在泥炭、黏壤土和沙壤土上分别为 19%～40%、16%～31% 和 11%～25%。施肥的田间土壤上，反硝化作用所致的肥料氮的损失估计通常为 10%～30%。

大量的氮可能通过氨的直接挥发作用返回大气。离子肥料或微生物形成的铵态氮约有 1/4 逸失。当含铵态氮的肥料施用于 pH 值 >7 的石灰性土壤的表面或当含氮有机废弃物在地表分解时，相当数量的氮以氨气的形式损失。氨的挥发作用可以通过铵态氮被土壤胶体吸附或溶解在土壤溶液中而减弱，挥发过程除随着温度的升高而加速外，地上部空气的流动也会影响氨的挥发，可能加速氨自土壤表面的转移。近几年来，氮肥的经济损失以及淋溶的硝态氮可能导致地下水污染的问题已受到广泛重视。一些学者认为，所有施入到土壤中的氮肥，不论其形态如何，终将转变成可移动的硝态氮，因而易于随水分移动淋溶损失是在土壤硝态氮含量较高和水分运移良好的条件下发生的。土壤硝态氮水平高低与含硝态氮的化合物的供应以及氮的转化过程如硝化作用、反硝化作用、植物的吸收及微生物的固定作用有关。植物在生长季节中对 N 的吸收减少了土壤中的硝态氮，使得硝态氮从根区的淋溶几乎不发生，除非 N 肥的施用量超过了作物需要量。由于硝化过程中增加了 NO_3^- 的累积，这便为硝态氮从土壤中的移动如通过进一步的反硝化作用或者淋溶提供了更多的机会。Onken 等观察到，在喷灌条件下，施肥带处的肥料主要随水分下移，近地表面的侧向移动极少，而且肥料下渗至 30cm 以下的速度比沟灌和地下灌溉要快。地下灌溉，肥料先是随水上行和侧向流向犁沟，然后再向下移动，所以肥料停留在 30cm 以上土层的时间较长。Campbell 等报道，在加拿大草原地区，在雨水超过平均雨量的年份，而且在一些相当干旱而有大量春雨的年份里，相当数量硝态氮淋溶到禾谷类作物的根区以下，在湿润年份，植物对 N 的吸收增加，因而心土层中硝态氮含量较干旱年份要少。氮素自根区的淋溶损失可能是在施氮后的 1 ~ 2 周内发生，土壤质地越粗，淋溶损失越大。Campbell 等发现加拿大西南部半干旱地区的土壤上，大量的硝态氮多集在 60 ~ 120cm 土层中。Chancy 观测了冬小麦收获后 0 ~ 90cm 土壤剖面中硝态氮的分布，发现了 0 ~ 30cm 土层中硝态氮含量占 50%，在 30 ~ 60cm 和 60 ~ 90cm 土层中硝态氮分布各占 30% 和 20%。保护耕作体系下土壤中 N 的转化速度与传统耕作的土壤不同，因为两种耕作体系下的土壤物理、化学和生物环境是不同的。保护性土壤比较湿润，表层 10cm 土壤较紧实，而且土壤温度也较传统耕作的土壤要低。保持耕作体系下，土壤有机质含量较高，但 7.5cm 土层以下由于通气条件较差，硝化细菌和好气性微生物数量减少。在有机质累积量增加而供氧条件变差的情况下，施 N 以后的净结果为 N 的固定和反硝化速率可能增大，而 N 的矿化和硝化速率较低。

由于在扰动较少的耕层土壤附近存在较多的裂隙和蚯蚓孔道，加之残茬覆盖的土壤表面蒸发量减少，使得大量的水分下移，从而导致硝态氮淋溶增加。尽管保护耕作土壤与传统耕作相比，淋溶损失的潜在可能性增大，当水分供应充分时，耕层土壤中往往有较多的硝态氮可能增加硝态氮的淋溶损失。与传统耕作相比，保护耕作体系下的肥料 N 对作物的有效性往往偏低。保护耕作下的植物有效 N 水平较低还与硝态氮的淋溶增大有关。另外，氮的固定以及铵态氮肥的潜在挥发作用可能随着氮肥撒施在作物残茬覆盖的表面而增加，但随着肥料翻施至土壤中而减少。

第二节 谷子免耕研究进展

目前，国内对谷子免耕栽培的研究不多，河北省农林科学院旱作农业研究所自2008年，开始对谷子的免耕栽培进行了一系列的试验，分别从不同类型谷子品种免耕栽培的留苗密度、免耕栽培对谷子植株生长发育、产量的影响，以及免耕栽培对谷子大田土壤理化性状、土壤养分、土壤水分剖面分布等方面进行了多年研究，初步探明了免耕栽培不同类型谷子的最佳留苗密度、施肥种类及最佳施入期，为免耕栽培提供了技术理论基础。

一、不同密度免耕栽培对夏谷生长发育及产量的影响

郝洪波等在2011—2012年以3个不同类型的夏谷品种衡谷10号（常规品种）、冀谷31（抗除草剂品种）和张杂谷11号（杂交谷子品种）为试材，在麦茬地进行免耕播种，以传统的旋耕条播为CK，比较两种播种方式下谷子经济性状和产量的变化。试验表明：留苗密度相同时，3个谷子品种免耕播种与旋耕播种对谷子株高、穗长、穗重、穗粒重和产量的影响表现不同；谷子品种相同时，免耕播种与旋耕播种不同留苗密度的谷子产量差异较大。免耕播种时，衡谷10号和冀谷31均在留苗密度为75万株/hm^{2}时产量最高，两年产量分别为5 380.35kg/hm^2、5 472.45kg/hm^{2}和5 308.20kg/hm^2、5 378.03kg/hm^2，较同密度的CK增产0.19%、1.52%和9.67%、10.36%；张杂谷11号在留苗密度为37.5万株/hm^{2}时产量最高，两年产量分别为4 420.20kg/hm^2、4 890.49kg/hm^2，分别较同密度的CK增产19.46%、18.08%。结果表明夏谷免耕栽培产量略>CK，常规品种与抗除草剂品种留苗75万株/hm^{2}较适宜；杂交品种留苗以37.5万株/hm^{2}较适宜。

无论常规品种、抗除草剂品种还是杂交品种，免耕播种的产量均略高于传统的旋耕播种，其中，常规品种、抗除草剂品种留苗以75万株/hm^{2}较适宜，目前生产中多留苗60万株/hm^2，因此建议免耕栽培时应适当加大留苗密度；杂交种免耕播种留苗37.5万株/hm^{2}时产量较高，生产中多为30万株/hm^2，也应适当增大留苗密度。谷子免耕栽培有一定增产作用，这与其他作物免耕研究结果具有 定的共同点，有研究表明免耕水分生产效率高于旋耕，从而提高作物产量。免耕播种省去旋耕整地的机耕费用，而且产量略有增加，在一定程度上可以增加收入，但考虑免耕栽培多结合前茬作物的秸秆覆盖进行，苗后除草可能会增加投入，因此最好选用抗除草剂品种（试验详见本章

附件 1)。

二、免耕直播对夏谷产量及土壤水、肥含量的影响

郝洪波等 2012—2013 年在河北衡水研究了免耕对夏谷生长发育和产量以及土壤养分、含水量的影响。结果表明，免耕对夏谷的生长有一定的影响，产量较传统旋耕提高 7.90%。相对于常规栽培，免耕 0~150cm 土壤含水量提高 6.71%，其中，在 0~40cm 土层土壤含水量提高 13.40%，具有明显的保水效果；免耕在拔节期、灌浆期、成熟期 0~40cm 土层的碱解氮平均含量分别比常规低 2.76%、4.72%、4.00%；速效磷平均含量分别较常规高 34.22%、31.78%、40.77%；速效钾的平均含量分别比常规低 12.90%、9.53%、6.12%；有机质含量分别较常规高 3.26%、4.98%、6.16%。免耕 0~100cm 土壤 NO_3^- 含量在拔节期和成熟期分别比常规高 55.15%、70.33%，在灌浆期则低于常规 22.82%。

免耕对夏谷的生长发育和产量有一定的影响，但不明显，主要表现为：免耕会导致夏谷株高变高，穗长增长；穗重及穗粒重虽略有降低，但出谷率增高；千粒量有增大的趋势；产量较传统旋耕略高 7.90%。免耕栽培保水保墒效果明显，免耕谷子田间 0~150cm 土壤含水量提高 6.71%。其中，在 0~40cm 土层的含水量提高 13.40%，良好的保水保墒效应是免耕夏谷增产原因之一。

N 素对谷子的增产作用远大于 P、K，在一些中、低产田 N 更成为限制谷子产量的主要因子。谷子整个生育期内免耕 0~20cm 土层碱解氮的含量均低于常规，20~40cm 土层中 NT 处理碱解氮的含量平均比常规高 9.59%。在拔节、灌浆、成熟期，免耕 0~40cm 土层碱解氮平均含量分别比常规低 2.76%、4.72%、4.00%。而免耕 0~100cm 土壤 NO_3^- 含量在拔节期和成熟期分别比常规高 55.15% 和 70.33%，在灌浆期则低于常规 22.82%，且随生育进程出现向土壤下层积累的趋势。因此在免耕生产中应适当增大 N 素施入量，尤其在拔节期追肥的用量。

在中、高产田，谷子对 P 的吸收主要在生育后期，在灌浆期吸收最多，充足的 P 素供应可以保证植株根系不早衰，对提高谷子产量和品质具有重要意义。在本试验中免耕在 0~20cm、20~40cm 土层速效磷的含量均高于常规，且在 0~20cm 土层差异显著。免耕夏谷在拔节、灌浆、成熟期 0~40cm 土层的速效磷平均含量分别较常规高 34.22%、31.78%、40.77%。由于免耕栽培中 P 的施入方式多作为基肥一次性条施，易在表层土壤富集，因此，在免耕

生产中最好采用多行条播的方式，有研究认为表施的 P 有效性要长，但产量与条施一样或稍高，但从实际操作及生产成本的角度出发，建议免耕播种的同时将磷肥（复合肥）条施入土壤中较好。

K 在谷子植株体内不参与重要有机物的组成，但它是许多酶类的活化剂，从而影响许多生理代谢，还可以促进糖类合成和转化，提高谷子植株体内木质纤维素含量进而提高抗倒伏能力，同时还可促进 N 素的吸收和转化以及提高谷子对水分的利用率，进而影响谷子产量和品质。谷子对 K 的吸收和积累主要在拔节抽穗期，这一时期正是植株根、茎、叶生长最旺盛的时期，在拔节、灌浆、成熟期免耕 0～40cm 土层速效钾的平均含量分别比常规低12.90%、9.53%、6.12%，这表明免耕栽培中 K 肥易流失，因此免耕栽培生产中在增大留苗密度，保证一定产量的同时，应适当追施 K 肥，以增强抗倒伏和抗病能力。

由于免耕中前茬作物秸秆被粉碎于地表，夏谷生长发育时期恰好雨热同期，非常有利于秸秆腐解，从而提高表层土壤有机质含量。本试验表明，免耕处理在拔节、灌浆、成熟 3 个生育时期 0～40cm 土层有机质含量分别较常规高 3.26%、4.98%、6.16%，表明免耕可以有效提高土壤有机质含量（试验详见本章附件 2）。

第三节　谷子免耕栽培关键技术

谷子免耕栽培的核心技术是贴茬直播、生长期管理以及病虫综合防治。因此提高播种质量是基础，加强苗期管理是关键，预防病虫为害是保障。

一、免耕直播栽培技术

（一）谷子品种选择与地块要求

目前市场上两种类型谷子品种：一种类型为常规品种，即非杂交种，其中又有抗除草剂与不抗除草剂品种之分；另一种类型为杂交种，杂交种通常为抗除草剂品种。用于免耕栽培生产的谷子品种建议最好选用抗除草剂品种，如衡谷 13 号、冀谷 25、冀谷 31 等，因为这些品种在生产管理中，尤其是在谷子苗期到拔节期，可利用配套除草剂进行化学间苗、除草，有效降低田间劳动强度；这对于谷子的规模化、机械化生产尤为重要；另外，夏茬谷子由于田间存有前茬作物的残茬以及还田的秸秆，人工除草、间苗均不方便。当然不抗除草剂的谷子品种也可以选择。抗除草剂品种在苗后喷施专用除草剂会导致部分幼苗死亡从而实现自动间苗，所以播量要适当加大，一般每亩在 1kg 左右。采用精选种子，要求谷粒饱满、大小均匀，无病粒、坏粒、碎瘪粒。近年来谷子线虫病呈增加趋势，对产量危害很大，必须注意种子处理，首先提倡采用包衣种子；未包衣种子一定要用 1.8% 阿维菌素乳油拌种（详见病虫害防治章节），种子发芽率和质量也会直接影响出苗情况，播前测定芽率，作为播量的参考依据。

谷子忌重茬，连续种植谷子 2～3 年后田间病虫害会明显增多，产量也会下降，因此可采取轮换地块的方式避免重茬。规模化谷子生产要求地块连片、平整，方便机械作业。

（二）前茬作物秸秆处理

在一年两熟区，前茬作物收获时间一般要求在 6 月上中旬完成，最晚不应迟于 6 月 20 日，过晚则时间紧迫，不利于后茬谷子适时播种。收获后立即进行秸秆残茬处理，研究表明，前茬作物收获时留茬高度以及秸秆粉碎的长短会影响谷子出苗情况，将残茬及秸秆粉碎至 3～5cm 后均匀抛撒于田间，可以避免秸秆对播种机的缠绕阻碍作用，有利于提高谷子机播质量和出苗质量，还有利于土壤保水保墒。

（三）及早播前造墒，适时适量播种

保证充足底墒是实现免耕出苗和保证夏季生长稳健的关键措施。一般情况下禁止趁雨抢墒播种，凡播种前没有 50mm 以上有效降雨的，应浇足底墒水。在土壤含水量达到 60% 时，田间判断方法为扒去表土，用手取一把土握成团，站直后于腹部等高处松手使其自然落下，土团多数碎散即为适播期。

夏谷免耕机械播种一般在 6 月下旬进行，最晚不迟于 7 月 10 日，播种过晚谷子难以成熟，亩用种量 1.0kg 左右，行距 40～50cm，播种深度 3cm 左右，播种机要求带有播后镇压设备，以使谷粒和土壤充分接触，保证出苗质量。

（四）肥料科学配比，适时、适式施入

免耕研究证明，谷子免耕生产容易造成氮肥随雨水向下溶淋，所以要适当增大 N 素施入量，尤其在拔节期追肥的用量；免耕栽培中 P 的施入方式多作为基肥一次性条施，易在表层土壤富集，因此，在免耕生产中最好采用多行条播的方式将氮肥与磷肥施入土中；而免耕栽培中 K 肥易流失，因此免耕栽培生产中，应适当追施 K 肥，以增强抗倒伏和抗病能力。

选用有种肥同步的谷物免耕播种机，每亩施入磷酸二铵 25kg，肥料随播种施在种子侧下方 5～7cm。田间操作时选用经验丰富的农机手，做到匀速行驶、人机一体，确保不重播、不漏播、不来回碾压。

（五）生长期管理

1. 苗期管理

播后苗前建议认真喷洒"谷友"或"谷粒多"除草剂，一般用量为 120g/亩，对水 30～40kg，做到均匀喷洒、不漏喷。墒情好的以及沙壤土的地块适当减少用量，黏重土质和含水量较少的地块适当加大药量。苗前除草剂的喷施非常重要，是谷田杂草防治的重要措施之一。

谷子播后一般 3～4d 出苗，出苗后及时查看苗情，缺苗断垄较严重的要开沟灌水补种，补种前最好用冷水浸泡种子一天，可提早出苗。当抗除草剂的谷子幼苗 2～3 叶期时，喷施专用除草剂（一般为拿捕净），每亩用量 80～100ml，对水 30kg，可有效防除 95% 单子叶杂草，同时达到间苗效果。一般抗除草剂的常规品种留苗密度为 5 万株/亩左右，杂交谷子品种留苗密度为 3 万株/亩左右。

2. 中期除草与肥水管理

谷子生长中期，尤其在拔节前期，植株封垄以前，田间草害严重，防草促苗是这一时期的主要任务，对于杂草防除传统方法为人工锄草，费时费力，劳动强度大，尤其不适合谷子规模化成产，采用"苗前封杀 + 苗后化除（化学药剂除草）"是目前谷田杂草防除的一个简洁、有效的方式。苗后除草具体方法为：在谷子 5～8 叶期均匀喷施百阔净（二甲四氯钠）40～60ml/亩，可有效杀死谷田双子叶杂草，如果田间单子叶杂草较多，也可以将百阔净与杀单子叶的专用除草剂混合喷施，实现化学除草。谷田杂草防除的关键：第一是"苗前除草剂（谷友、谷粒多）+ 苗后除草剂（拿捕净 + 二甲四氯钠）"；第二是防除时期，要在杂草苗期进行，及早喷施，千万不要大意，心存侥幸，否则杂草长大后再喷施效果会很不理想；第三是喷施质量，做到均匀喷洒，不要漏喷。抓住以上三点，谷子田间杂草即可实现轻松搞定，实现机械喷洒、化学除草。（喷药机械见规模化栽培一章中有关农机简介一节）

拔节期谷苗 9～11 片叶（出苗 25d 左右）结合中耕每亩追尿素 20kg、硫酸钾 10kg，追肥施入土壤的深度不宜过浅，一般入土 5cm 左右效果最佳，中耕施肥也可进行机械化操作，中耕机械详见规模化栽培一章中有关农机简介一节。谷子抗旱，生长期雨热同期，河北低平原区正常年份依靠降雨即可实现丰产。

（六）成熟期管理

目前，生产上大部分谷子品种成熟时青秆绿叶，植株秸秆含水量较高，成熟时机械收获过程中的损失率较高，严重制约了谷子机械化收获。造成谷子损失较大的原因有很多，其中谷子茎秆含水量较高，韧性较强，从而造成的收割机负荷增大是其中一个主要的原因。而且谷子大面积生产还要面临收获后籽粒及时晾晒的问题，因此如何在谷子收获期尤其是籽粒蜡熟期降低植株茎秆、叶片含水量，会直接影响机械收获的质量，以及晾晒时间。遵循农机与农艺相结合的指导思想，参照油菜、棉花、水稻和小麦等作物催熟剂的应用，利用适合谷子的脱水药剂可以有效降低谷子秸秆的含水量，提高谷子的机械化收割效率及缩短晾晒时间。研究表明，以衡谷 10 号为试材，在谷子蜡熟期喷施不同浓度的立收谷、草甘膦和乙烯利进行化学脱水，结果表明：立收谷脱水速度快、效果明显；乙烯利和草甘膦脱水速度较缓慢；3 种化学脱水剂虽对谷子穗重、穗粒重和千粒重产生了一定的负面影响，但对谷子产量无显著影响，可以有效减少机械收获损失，其中，立收谷 3 000mg/hm^2 和 2 250mg/hm^2 浓度处理、乙烯利 5 000mg/kg 浓度处理的机械收获产量分别较理想状态下损失率为零时的收获产量（4 018.72kg/hm^2）增加 6.68%、1.61% 和 1.38%。谷子生产上采用机械收获时，推荐使用 2 250～3 000mg/hm^2 的立收谷溶液或 5 000mg/kg 乙烯利溶液进行化学脱水，可获得理想效果，不仅产量高，而且脱水效果好（试验过程详见附件三）。

二、影响谷子免耕栽培效果的因素与对策

（1）谷子籽粒较小，单一籽粒出土困难，必须依靠群体顶土出苗，不能满足机械化精密播种要求，这也是谷子难以实现类似玉米那样单粒精播的主要原因，所以利用机械免耕播种首先要选择高质量的谷子种子，饱满、发芽率高，最好还要是抗除草剂品种。

（2）初夏干旱会影响谷子播种和出苗，播前一般要先造墒，再适播期进行播种，这里面有个关键点，就是适播期的掌握，土壤过湿无法进行机械作业，过干影响出苗，这就要求根据当地土质结合以往经验灵活掌握，在夏谷区实行"平茬秸秆覆盖 + 播种 + 种肥"等免耕栽培集成技术措施，还可以再结合增加保水剂的应用，可以达到良好精播效果。

（3）免耕必须与覆盖相结合，因此前茬作物秸秆粉碎质量直接影响谷子播种的质量，华北低平原区作物种植模式中前茬作物多为小麦、油葵、绿豆、马铃薯等，秸秆粉碎太长会缠绕堵塞播种机造成漏播（高茬播种），所以要改进秸秆还田机械化作业质量。

（4）免耕播种机械与播种机手的操作水平低等（人为因素）。目前谷子

播种已实现机械播种，但是免耕播种与常规旋耕后播种不同，应因地制宜，进行合理调整，提高播种机的作业性能。

（5）谷田苗期管理中最关键的是定苗与除草，通常在建议播种量的情况下，谷苗出土后基本会满足生产需要，但由于影响谷苗出土的因素很多，有时会出现谷苗过多或稀少的情况，对于谷苗过多，如果在可允许的范围内（≤6万株/亩）可不必干预，而且对于抗除草剂品种在苗期喷施专用除草剂会杀死一部分谷苗，方便管理；谷苗过于稀疏时（≤3.5万株/亩），可人工进行补种，此时就不要再喷施专用除草剂了。

附件一

免耕对谷子生长发育及产量的影响

郝洪波　崔海英　李明哲*　戴茂华　柳斌辉

（河北省农林科学院旱作农业研究所，河北省农作物
抗旱研究实验室，河北　衡水　053000）

【摘要】 2011—2012年以3个不同类型的夏谷品种衡谷10号（常规品种）、冀谷31（抗除草剂品种）和张杂谷11号（杂交谷子品种）为试材，在麦茬地进行免耕播种，以传统的旋耕条播为对照，比较2种播种方式下谷子经济性状和产量的变化。试验表明：留苗密度相同时，3个谷子品种免耕播种与旋耕播种对谷子株高、穗长、穗重、穗粒重和产量的影响表现不同；谷子品种相同时，免耕播种与旋耕播种不同留苗密度的谷子产量差异较大。免耕播种时，衡谷10号和冀谷31均在留苗密度为75万株/hm² 时产量最高，两年产量分别为5 380.35kg/hm²、5 472.45kg/hm² 和5 308.20kg/hm²、5 378.03kg/hm²，较同密度的CK增产0.19%、1.52%和9.67%、10.36%；张杂谷11号在留苗密度为37.5万株/hm² 时产量最高，两年产量分别为4 420.20kg/hm²、4 890.49kg/hm²，分别较同密度的CK增产19.46%、18.08%。结果表明夏谷免耕栽培产量略>CK，常规品种与抗除草剂品种留苗75万株/hm² 较适宜；杂交品种留苗以37.5万株/hm² 较适宜。

【关键词】 谷子；免耕；产量构成；种植密度

现代免耕农业作为一种保护性耕作方式，最早是由美国学者佛克纳（E. H. Fanlkiner）针对美国20世纪30—40年代因土壤严重风蚀而引发的两次大

规模的沙尘暴而提出的。相对于传统耕作而言，免耕具有保持土壤水分、保护耕层结构、减少水土流失、减少风蚀与缓解沙尘危害以及节省劳力等优势。我国的免耕农业始于 20 世纪 50 年代，近年随着农机与化学除草技术的发展，免耕研究进展较快，但多集中在小麦、玉米、水稻、油菜等作物上，且结论也不尽一致。金亚征等研究了华北平原冬小麦免耕播种，结果表明选择适宜的品种、播量、播期能够稳定冬小麦的产量，使其不减产或少减产，可获得较好的效益。李素娟等研究表明，华北平原冬小麦免耕栽培可导致减产，主要原因在于免耕处理基本苗低于旋耕和翻耕处理。李刚等研究表明，免耕栽培玉米可提高土壤肥力，保墒作用明显，产量与传统旋耕基本持平，具有明显的节支增效作用。徐洪志对油菜不同密度免耕栽培进行了研究，并指出了合理的种植密度。李昌华等研究表明，常规水稻水分利用率较免耕高。

谷子是我国的特色作物，抗旱、耐瘠、水分利用率高。目前全国生产面积约有 200 万 hm^2，多分布在北方干旱、半干旱的丘陵半丘陵地带。我国水资源匮乏、沙尘危害严重，发展节水农业刻不容缓，而谷子免耕栽培恰好适应这一形势需求，但目前谷子免耕研究鲜有报道。本研究以谷子传统的旋耕条播为对照，在麦茬地进行夏谷免耕直播，比较 2 种播种方式下谷子经济性状和产量的变化，旨在明确一种方便、高效的栽培方式，以减少劳力和机械投入，为谷子免耕栽培提供理论依据。

1　材料与方法

1.1　试验地概况

试验于 2011—2012 年连续两年在河北省农林科学院旱作农业研究所深州试验站（37°48′N，115°53′E）进行，生长季降水量见表 1。试验地前茬为小麦，收获后秸秆还田。试验地土壤 pH 值为 7.8，0~20cm 耕层土壤基础养分含量：有机质 1.722%、全氮 0.105 3%、全磷 0.076 8%、全钾 2.419 6%，其中碱解氮含量 50.42mg/kg、速效磷含量 9.96mg/kg、速效钾含量 108.11mg/kg。

表1　2011—2012 年夏谷生长季的月降水量　　（单位：mm）

生长季	月　份			
	6 月	7 月	8 月	9 月
2011 年	42.4	184.2	78.8	46.4
2012 年	60.6	263	107.6	102.8

资料来源：河北省农林科学院旱作农业研究所深州试验站

1.2 试验方法

采用三因素裂区试验设计，主区为播种方式（A1：免耕条播，A2：旋耕条播）；副区为留苗密度（B1：45万，B2：60万，B3：75万，B4：90万株/hm^2，其中张杂谷11号留苗密度为所列密度的1/2）；副副区为品种：常规品种衡谷10号、抗除草剂品种冀谷31和杂交谷子品种张杂谷11号。每个处理均3次重复，共设24个处理，小区面积60 m^2。所有处理在播前造足底墒，以后整个生育期不再浇水。旋耕处理在播前施入磷酸二铵375kg/hm^2作为基肥，免耕处理播后在行间沟施磷酸二铵375kg/hm^2，3个谷子品种均采用机械播种，播量11.25kg/hm^2，行距40cm，按设计人工定苗。各处理在抽穗前追施尿素300kg/hm^2。由于取样会造成小区产量下降，为减少影响，将每个小区又分为2个部分，其中，1/3为取样区，2/3为产量区。

谷子成熟期，在产量区剔除小区边行（0.3m）后全部收获，测定小区（面积小于实际小区）的籽粒产量；在取样区选取20株进行考种，调查株高、穗长、穗重、穗粒重、千粒重。结果用Excel、SPSS软件进行分析。

2 结果与分析

2.1 免耕播种对衡谷10号经济性状及产量的影响

在相同留苗密度下，免耕播种与旋耕播种的衡谷10号株高、穗长、穗重、穗粒重、千粒重和产量详见表2。

2.1.1 对株高和穗长的影响

两年试验结果表明，在留苗密度相同的情况下，免耕处理的株高、穗长均＞CK旋耕播种（表2），其中在免耕处理留苗密度45万株/hm^2时株高、穗长最大，分别为122.60cm、20.75cm和134.10cm、20.24cm。无论免耕处理还是旋耕处理，株高、穗长的最高值均出现在留苗密度45万株/hm^2，且随密度增大而逐渐降低。

2.1.2 对穗重和穗粒重的影响

两年试验结果表明，在留苗密度相同的情况下，免耕处理的穗重、穗粒重均＞CK旋耕播种（表2），其中穗重、穗粒重在免耕播种45万株/hm^2时最大，分别为16.99g、15.98g和16.99g、15.04g。无论免耕处理还是旋耕处理，

131

穗重、穗粒重的最高值均出现在留苗密度 45 万株/hm² , 且随密度增大而逐渐降低。方差分析表明两种处理之间在 45 万株/hm² 和 60 万株/hm² 时穗重、穗粒重无显著差异,后两种密度处理亦无显著差异;但在同一播种方式内,无论免耕条播还是旋耕条播,前两种密度水平的穗重、穗粒重均与后两种密度水平间存在显著差异。

2.1.3 对千粒重的影响

2011—2012 年免耕处理的千粒重只有在 60 万株/hm² > CK(表 2),为 3.08g、3.02g,在其他留苗密度条件下均 < CK。所有处理中,2011 年千粒重最高值在免耕 60 万株/hm² ,2012 年千粒重的最高值出现在旋耕处理 75 万株/hm² 时,但方差分析显示两种栽培方式下千粒重无显著差异。

2.1.4 对产量的影响

由表 2 可以看出,在相同留苗密度条件下,两年的免耕处理的产量均 > CK,而且无论免耕还是旋耕处理,产量随密度增加而增加其中,在免耕处理留苗密度为 75 万株/hm² 时产量最高,分别为 5 308.20kg/hm²、5 378.03kg/hm² ,分别较同密度的 CK 增产 9.67%、10.36%;在留苗密度为 90 万株/hm² 时产量次之,分别为 5 292.20kg/hm²、5 245.23kg/hm² 。方差分析表明产量在相应的密度水平时免耕与 CK 存在显著差异。

2.2 免耕播种对冀谷 31 经济性状及产量的影响

在相同留苗密度下,免耕播种与旋耕播种的冀谷 31 株高、穗长、穗重、穗粒重、千粒重和产量详见表 3。

2.2.1 对株高和穗长的影响

两年试验结果表明,在留苗密度相同的情况下,免耕处理的株高、穗长均 > CK 旋耕播种(表 3),其中在免耕处理留苗密度 45 万株/hm² 时株高、穗长最大,分别为 117.72cm、21.10cm 和 136.83cm、21.85cm。无论免耕处理还是旋耕处理,株高、穗长的最高值均出现在留苗密度 45 万株/hm² ,且随密度增大而逐渐降低。

2.2.2 对穗重和穗粒重的影响

两年试验结果表明,在留苗密度相同的情况下,免耕处理的穗重、穗粒重均 > CK 旋耕播种(表 3),其中穗重、穗粒重在免耕播种 45 万株/hm² 时最大,分别为 17.64g、15.41g 和 17.49g、15.18g。方差分析表明两种处理在 45

表2 免耕播种对衡谷10号产量及产量构成因素的影响

处理	密度（万株/hm²）	2011年						2012年					
		株高(cm)	穗长(cm)	穗重(g)	穗粒重(g)	千粒重(g)	产量(kg/hm²)	株高(cm)	穗长(cm)	穗重(g)	穗粒重(g)	千粒重(g)	产量(kg/hm²)
免耕条播	45	122.60	20.75	16.99	15.98a	2.83a	3 760.20d	134.10	20.24	16.99	15.04a	2.90a	4 419.83c
	60	119.67	18.70	16.47	15.40a	3.08a	3 860.25d	128.40	19.47	15.32	13.55a	3.02a	4 616.35b
	75	121.27	19.65	14.45	13.11b	2.50a	5 308.20a	132.30	19.32	15.33	13.10b	2.78a	5 378.03a
	90	120.98	18.80	13.92	12.85b	2.70a	5 290.20a	129.20	20.13	15.77	13.74b	3.08a	5 245.23a
旋耕条播	45	116.28	18.60	16.37	15.35a	3.01a	3 200.20e	128.30	18.66	16.51	14.69a	2.96a	3 864.37d
	60	115.67	17.90	16.21	14.96a	2.87a	4 320.15c	127.60	18.35	14.77	13.31a	2.99a	4 445.19c
	75	112.52	17.80	14.27	13.41b	3.01a	4 840.10b	121.20	18.23	14.45	12.64b	3.25a	4 873.10b
	90	111.78	16.60	13.90	12.84b	3.02a	4 470.10c	121.00	17.30	13.81	12.08b	3.19a	4 351.84c

注：同一列中标以不同小写字母的平均值差异显著（LSD法）下同

表3 免耕播种对冀谷31产量及产量构成因素的影响

处理	密度（万株/hm²）	2011年						2012年					
		株高(cm)	穗长(cm)	穗重(g)	穗粒重(g)	千粒重(g)	产量(kg/hm²)	株高(cm)	穗长(cm)	穗重(g)	穗粒重(g)	千粒重(g)	产量(kg/hm²)
免耕条播	45	117.72	21.10	17.64	15.41a	2.63a	4 290.15d	136.83	21.85	17.49	15.18a	2.79a	4 389.11d
	60	116.80	20.90	17.58	15.35a	2.56a	4 710.30b	132.90	21.40	17.30	15.04a	2.81a	4 872.64b
	75	115.35	20.70	16.83	14.38b	2.70a	5 380.35a	132.70	21.23	16.31	13.77c	2.99a	5 472.25a
	90	113.33	20.20	12.72	11.26d	2.67a	4 570.20c	131.30	21.12	14.73	12.39d	3.01a	4 615.50c
旋耕条播	45	116.75	20.40	16.85	14.96a	2.59a	4 200.20d	133.70	21.05	17.79	15.22a	2.92a	4 367.41d
	60	115.47	20.10	16.64	14.49b	2.67a	4 370.25c	131.50	21.30	17.19	14.35b	3.08a	4 627.29c
	75	115.17	19.90	14.64	12.99c	2.61a	5 370.30a	129.50	20.85	15.42	13.02c	2.94a	5 390.42a
	90	113.13	19.20	11.92	11.15c	2.65a	4 480.20c	124.20	20.45	14.23	12.12d	2.84a	4 583.83c

万株/hm^2 穗重、穗粒重无显著差异。无论免耕处理还是旋耕处理，穗重、穗粒重的最高值均出现在 45 万株/hm^2，且随密度增大而逐渐降低。

2.2.3 对千粒重的影响

2011—2012 年免耕处理的千粒重只有在 60 万株/hm^2 < CK（表3），为 2.56g、2.81g，在其他留苗密度条件下均 > CK。所有处理中，2011 年千粒重最高值在免耕 75 万株/hm^2（2.70g），2012 年千粒重的最高值出现在旋耕处理 60 万株/hm^2 时（3.08g），但方差分析显示两种栽培方式下千粒重差异不显著。

2.2.4 对产量的影响

由表 4 可以看出，在相同留苗密度条件下，两年的免耕处理的产量均 > CK，而且无论免耕还是旋耕处理，产量随密度增加而增加，在 75 万株/hm^2 时产量达到最大值，以后随密度增大而降低。其中，在免耕处理留苗密度为 75 万株/hm^2 时产量最高，分别为 5 380.35kg/hm^2、5 472.45kg/hm^2，分别较同密度的 CK 增产 0.19%、1.52%；在留苗密度为 90 万株/hm^2 时产量次之，分别为 4 570.20kg/hm^2、4 615.50kg/hm^2。方差分析表明产量只有在 60 万株/hm^2 免耕处理与 CK 有显著差异，在其他相应密度水平时则无显著差异。

2.3 免耕播种对张杂谷 11 号经济性状及产量的影响

在相同留苗密度下，免耕播种与旋耕播种的张杂谷 11 号株高、穗长、穗重、穗粒重、千粒重和产量详见表 4。

2.3.1 对株高和穗长的影响

两年试验结果表明，在留苗密度相同的情况下，免耕处理的株高、穗长均 > CK 旋耕播种（表 4），其中在免耕处理留苗密度 22.5 万株/hm^2 时株高、穗长最大，分别为 123.32cm、22.95cm 和 141.20cm、22.71cm。无论免耕处理还是旋耕处理，株高、穗长的最高值均出现在留苗密度 45 万株/hm^2，且随密度增大而逐渐降低。

2.3.2 对穗重和穗粒重的影响

两年试验结果表明，在留苗密度相同的情况下，免耕处理的穗重、穗粒重均 > CK 旋耕播种（表 4），其中穗重、穗粒重在免耕播种 22.5 万株/hm^2 时最大，分别为 18.43g、15.96g 和 20.48g、17.23g。方差分析表明两种处理在 45 万株/hm^2 时穗重、穗粒重无显著差异；无论免耕处理还是旋耕处理，穗重、穗粒重的最高值均出现在 22.5 万株/hm^2，且随密度增大而逐渐降低。

表4　免耕播种对张杂谷11号产量及产量构成因素的影响

处理	密度（万株/hm²）	2011年						2012年					
		株高(cm)	穗长(cm)	穗重(g)	穗粒重(g)	千粒重(g)	产量(kg/hm²)	株高(cm)	穗长(cm)	穗重(g)	穗粒重(g)	千粒重(g)	产量(kg/hm²)
免耕条播	22.5	123.32	22.95	18.43	15.96a	2.78a	4 010.30c	141.20	22.71	20.80	17.23a	2.90a	4 543.45b
	30	122.82	22.25	17.49	15.27a	2.64a	4 280.25b	139.10	22.19	18.65	14.95b	2.94a	4 567.33b
	37.5	120.47	22.10	16.91	13.98b	2.38a	4 420.20a	136.00	21.78	18.16	14.65b	2.69a	4 890.79a
	45	118.58	21.55	16.46	13.16b	2.65a	4 040.25c	134.00	21.66	17.29	13.70c	2.88a	4 124.40c
旋耕条播	22.5	119.23	23.00	18.99	15.55a	2.75a	3 260.10f	136.90	22.72	20.45	17.18a	2.89a	3 456.53e
	30	120.60	22.60	15.64	13.50b	2.67a	3 680.25d	135.90	22.53	17.66	14.49b	3.08a	3 913.15c
	37.5	117.05	21.50	14.14	11.85c	2.71a	3 700.20d	135.70	21.88	17.28	13.95c	2.89a	4 141.88c
	45	116.92	20.90	14.03	11.33c	2.69a	3 580.20e	134.50	21.15	16.22	13.26b	2.92a	3 988.81d

2.3.3 对千粒重的影响

免耕处理的千粒重只有在 22.5 万株/hm^2 > CK，为 2.78g、2.90，在其他留苗密度条件下均 < CK。所有处理中，2011 年试验千粒重最高值出现在免耕处理 22.5 万株/hm^2 时，为 2.78g，2012 年试验千粒重最高值出现在旋耕处理 30 万株/hm^2 时，为 3.08g，方差分析表明不同播种方式各密度间千粒重无明显差异。

2.3.4 对产量的影响

由表 4 可以看出，在相同留苗密度条件下，两年的免耕处理的产量均 > CK，而且无论免耕还是旋耕处理，产量随密度增加而增加，在 37.5 万株/hm^2 时产量达到最大值，以后随密度增大而降低。其中，在免耕处理留苗密度为 37.5 万株/hm^2 时产量最高，分别为 4 420.20kg/hm^2、4 890.49kg/hm^2，分别较同密度的 CK 增产 19.46%、18.08%；在留苗密度为 22.5 万株/hm^2 时产量次之，分别为 4 280.25kg/hm^2、4 567.33kg/hm^2。方差分析表明产量在相同密度水平时免耕处理与 CK 均存在显著差异。

3 结论与讨论

3.1 免耕播种对株高和穗长的影响

在留苗密度相同的情况下，3 个品种免耕处理的株高、穗长均 > CK 旋耕播种，其中衡谷 10 和冀谷 31 免耕处理在留苗 45 万株/hm^2 时株高、穗长最大，而杂交谷子在免耕处理留苗 22.5 万株/hm^2 时株高、穗长最大。所有处理株高、穗长均随留苗密度的增大而降低。

3.2 免耕播种对穗重和穗粒重的影响

在留苗密度相同的情况下，3 个谷子品种的免耕处理的穗重、穗粒重均 > CK 旋耕播种，其中衡谷 10 和冀谷 31 免耕处理在留苗 45 万株/hm^2 时，而杂交谷子在免耕处理留苗 22.5 万株/hm^2 时株高、穗长最大。方差分析表明相同密度下免耕与 CK 的穗重及穗粒重差异不明显。

3.3 免耕播种对千粒重的影响

衡谷 10 免耕处理的千粒重只有在 60 万株/hm^2 > CK，在其他留苗密度条件下均＜CK；而冀谷31免耕处理的千粒重只有在60万株/hm² ＜CK，在其他留苗密度条件下均＞CK；张杂谷11免耕处理的千粒重只有在22.5万株/hm² ＞CK，在其他留苗密度条件下均＜CK。方差分析3个品种免耕播种与旋耕播种的千粒重无明显差异。

3.4　免耕播种对产量的影响

在相同留苗密度条件下，3个品种免耕处理的产量均＞CK；其中衡谷10与冀谷31在留苗75万株/hm² 时产量达到最大值，张杂谷11在留苗37.5万株/hm² 时产量达到最大。方差分析表明衡谷10和张杂谷11在相应的密度水平时免耕产量与CK存在显著差异，而冀谷31只有在60万株/hm² 免耕处理与CK有显著差异，在其他相应密度水平时则无显著差异。上述3个品种随着免耕密度逐渐增加，虽然穗重及穗粒重均表现逐渐降低，而产量首先表现增加，在留苗75万株/hm² 或37.5万株/hm² 产量达到最高，以后随密度增加，产量开始下降。这说明免耕的穗重及穗粒重虽在低密度时＞高密度时，但由于有效穗数较少，产量较低，随着密度增大，有效穗数也逐渐增大，在一定密度时产量达到最大值，以后密度增加，但穗重及粒重下降到到最小值，产量开始下降。这样便不难看出谷子免耕最佳留苗密度。

3.5　讨论

综上所述，无论常规品种、抗除草剂品种还是杂交种，免耕播种的产量均略高于传统的旋耕播种，其中常规品种、抗除草剂品种留苗以75万株/hm² 较适宜，目前生产中多留苗60万株/hm² ，因此建议免耕栽培时应适当加大留苗密度；杂交种免耕播种留苗37.5万株/hm² 时产量较高，生产中多为30万株/ hm² ，也应适当增大留苗密度。谷子免耕栽培有一定增产作用，这与其他作物免耕研究结果具有一定的共同点，有研究表明免耕水分生产效率高于旋耕，从而提高作物产量。免耕播种省去旋耕整地的机耕费用，而且产量略有增加，在一定程度上可以增加收入，但考虑免耕栽培多结合前茬作物的秸秆覆盖进行，苗后除草可能会增加投入，因此最好选用抗除草剂品种，而有关免耕栽培配套栽培技术关键环节如机械播种、苗后化学间苗、除草及病虫害防治等还有待于进一步研究。

附件二

免耕直播对夏谷产量及土壤水、肥含量的影响

郝洪波　崔海英　胡珈铭　李明哲

（河北省农林科学院旱作农业研究所，河北省农作物
抗旱研究实验室，河北　衡水　053000）

【摘要】　2012—2013 年在河北衡水研究了免耕对夏谷生长发育和产量以及土壤养分、含水量的影响。结果表明：免耕对夏谷的生长有一定的影响，产量较传统旋耕提高 7.90%。相对于常规栽培，免耕 0~150cm 土壤含水量提高 6.71%，其中在 0~40cm 土层土壤含水量提高 13.40%，具有明显的保水效果；免耕在拔节期、灌浆期、成熟期 0~40cm 土层的碱解氮平均含量分别比常规低 2.76%，4.72%，4.00%；速效磷平均含量分别较常规高 34.22%，31.78%，40.77%；速效钾的平均含量分别比常规低 12.90%，9.53%，6.12%；有机质含量分别较常规高 3.26%，4.98%，6.16%，。免耕 0~100cm 土壤 NO_3^- 含量在拔节期和成熟期分别比常规高 55.15%，70.33%，在灌浆期则低于常规 22.82%。

【关键词】　谷子；免耕；产量；土壤养分

谷子在新中国成立初期种植面积一度接近 1 000 万 hm^2，由于其育种、农机及化学除草技术的滞后，以及农业结构调整的影响，栽培面积日益萎缩，目前约有 100 万~200 万 hm^2，且主要分布在我国北方干旱、半干旱的丘陵地区。近年来由于水资源日益短缺，干旱缺水已成为限制我国农业发展的主要因素。而谷子作为典型的抗旱作物，随着育种和栽培技术的发展，以及市场价格的持续走高，生产面积出现稳中有增的趋势，大面积规模化、机械化生产开始出现，但在生产中仍存在一些问题急待解决，而落后的生产方式就是其中的一个突出问题。传统谷子生产多为机械旋耕播种，这一播种方式在谷子主要生产区即北方丘陵、半丘陵地区因地势因素限制难以实施，在地势开阔的一年两熟夏谷区也会因夏季换茬、播种延迟而造成谷子生育时间不足，从而影响谷子产量，甚至难以成熟；而且传统的旋耕栽培还容易引起水土流失等环境问题。免耕栽培具有保持水土、节约水资源、节省劳力等优势，对于发展节水农业具有重要意义。目前国内关于免耕的研究多集中在小麦、玉米和水稻等作物上，而谷子的免耕研究较少。河北省农林科学院旱作农业研

究所曾对麦茬夏谷不同类型品种免耕播种的留苗密度与生长发育和产量进行了相关试验，结果表明在相同密度水平下，免耕夏谷的产量略高于传统旋耕，且在留苗 75 万株/hm² 时谷子产量最高，但未对土壤水肥含量变化做深入研究，其他有关谷子免耕的研究未见报道。本试验通过研究夏谷旋耕和免耕在同一直播密度下对产量及不同生育时期土壤养分、水分差异，旨在探明免耕对谷子在各生育时期土壤肥力和水分的影响及在土壤剖面中累积与分布，为谷子免耕栽培提供理论参考。

1　材料和方法

1.1　试验地概况

试验于 2012—2013 年在河北省农林科学院旱作农业研究所深州试验站（37°48′N，115°53′E）进行，生长季降水量见表 1。试验地前茬为小麦，收获后秸秆还田。试验地土壤 pH 值为 7.8，0～20cm 耕层土壤基础养分含量：有机质 1.286 8%、全氮 0.081 3%、全磷 0.097 4%、全钾 2.343 0%，其中碱解氮含量 80.233 3mg/kg、速效磷含量 17.846 5mg/kg、速效钾含量 171.233 3mg/kg。

表 1　2012—2013 年夏谷生长季的气象资料

月份	2012 年			2013 年		
	月气温（℃）	月降水量（mm）	月日照时数（h）	月气温（℃）	月降水量（mm）	月日照时数（h）
6	26.1	60.6	244.9	25.5	79.9	359.9
7	27.5	263.0	196.5	27.1	216.6	185.9
8	24.7	107.6	186.7	27.7	129.5	270.2
9	19.7	102.8	211.8	21.7	51.7	216.7
10	15.1	7.7	248.1	14.8	7.5	247.2

资料来源：河北省农林科学院旱作农业研究所深州试验站

1.2　试验材料与设计

供试品种为衡谷 10 号。前茬作物为小麦，秸秆粉碎后按试验要求分别处置。播前进行土壤养分和水分测定。采用大田试验设计，分别为：①CT（传统耕作模式）：小麦秸秆粉碎，造墒后撒施基肥：磷酸二铵（18-46-0）300kg/hm²，硫酸钾（K₂O 52%）120kg/hm²，机械旋耕，播种机播种。②NT（免耕覆盖模式）：小麦秸秆粉碎后，碎茬在畦内顺垄铺放，不进行耕翻。造

139

墒后，机械播种、施基肥一次完成，基肥用量同 CT。以上试验处理 3 次重复，每个小区面积 160 m²，各处理在谷子拔节期追施尿素（N 46%）300kg/hm²。为方便进行谷子和土壤的取样，小区内设取样区和产量区。各小区留苗密度为 75 万/hm²，其他管理措施各处理均一致。

1.3 取样及分析方法

1.3.1 免耕对谷子生长发育和产量的影响

谷子成熟期各处理分别取 10 株测量株高、穗长，晒干后测定穗重、穗粒重、千粒质量；同时各处理进行田间实收测产。

1.3.2 免耕对土壤水分含量变化的影响

成熟期在各小区任选 3 点，分别取 1.5 m 深土样，其中 0～50cm 土层每 10cm 进行取样，50～150cm 土层每 20cm 进行取样，用烘干法测定不同 CT、NT 处理土壤含水量变化的差异。

1.3.3 免耕对土壤养分的影响

分别在谷子播种前、拔节期、灌浆期、成熟期取处理土壤 0～20cm，20～40cm 耕层土样，用碱解扩散法测定 CT、NT 处理土壤碱解氮含量；用钼兰比色法测定 CT、NT 处理土壤速效磷含量；用火焰光度计法测定 CT、NT 处理土壤速效钾含量；重铬酸钾容量法测定 CT、NT 处理土壤有机质含量。

分别在播前、拔节期、灌浆期、成熟期取 0～100cm 深土层，每 20cm 为一个耕层，用紫外比色法测定 CT、NT 处理土壤硝态氮含量。

1.4 数据处理

2 年试验数据分别用 SAS 统计软件及 Excel 数据表进行分析，用 LSD 检验试验数据差异显著性。

2 结果与分析

2.1 免耕对谷子生长发育和产量的影响

两种处理对夏谷生长发育和产量的影响如表 2 所示，结果表明 NT 处理的株高、穗长均高于 CT，其中株高分别较 CT 高 0.31% 和 7.78%，穗长较 CT

表 2　2012—2013 年免耕对夏谷生长发育和产量的影响

处理	年份														
	2012 年							2013 年							
	株高 (cm)	穗长 (cm)	穗重 (g)	穗粒重 (g)	出谷率 (%)	千粒重 (g)	产量 (kg/hm²)	株高 (cm)	穗长 (cm)	穗重 (g)	穗粒重 (g)	出谷率 (%)	千粒重 (g)	产量 (kg/hm²)
CT	129.55a	18.55a	15.05a	13.22a	87.84a	2.75a	5 719.53a	112.52a	17.80a	14.45a	12.90a	89.27a	2.98a	4 840.10a
NT	129.95a	19.30a	14.43a	12.87a	89.19a	2.79a	6 069.70a	121.27a	19.65a	14.27a	12.89a	90.33a	3.01a	5 308.20a

注：同一列中标以不同小写字母表示平均值的差异显著（LSD 法）

高 4.04% 和 10.39%；NT 处理穗重及穗粒重均低于 CT，穗重分别比 CT 降低 4.12%、0.08%，穗粒重分别较 CT 低 2.65%、2.24%，但出谷率分别较 CT 高 1.54% 和 1.19%；千粒质量分别较 CT 处理高 1.45%、1.01%；2 年试验 NT 处理产量分别比 CT 高 6.12%、9.67%，表明免耕对夏谷的生长有一定的影响，产量较传统旋耕提高 7.90%，有一定的增产作用，方差分析表明二者对夏谷生长和产量的影响无显著差异。

2.2 免耕处理对土壤含水量的影响

图 1、图 2 为 2 年不同耕作下夏谷成熟期土壤含水量分布。2012 年试验表明 NT 处理在 0～40cm 土壤中，每 10cm 土层的含水量分别比 CT 高 24.25%、28.88%、6.64%、1.84%，且在 0～10cm、10～20cm 土层二者土壤含水量差异显著，0～40cm 土层平均含水量比 CT 高 15.40%；在 40～50cm、50～70cm 土层 NT 处理土壤含水量分别比 CT 处理低 9.63%、1.98%，但无显著差异；在 70～150cm 土壤中 NT 处理每 20cm 的土壤含水量分别较 CT 高 5.27%、14.77%、18.67%、4.85%，平均比 CT 高 7.64%，方差分析差异不显著，其中在 70～90cm 土层 NT 处理土壤含水量达到最大值 31.68%；试验结果表明，NT 处理 0～150cm 土壤含水量总体呈现先高后低的分布，且较 CT 高 7.42%。

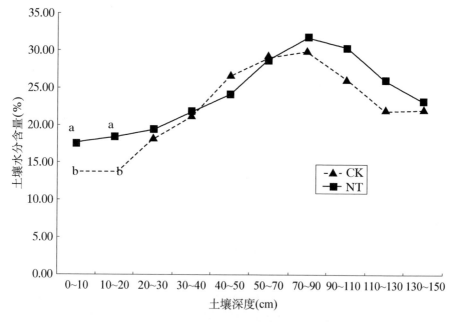

图 1　2012 年不同耕作措施下收获期土壤含水量分布

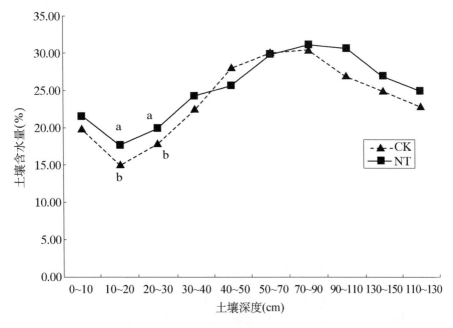

图2　2013年不同耕作措施下收获期土壤含水量分布

2013年NT处理在0～40cm中每10cm土层的含水量分别比CT高8.33%、17.46%、11.52%、8.28%，且在10～20cm、20～30cm土层两者土壤含水量差异显著，0～40cm土层平均含水量比CT高11.40%；在40～50cm、50～70cm土层NT处理土壤含水量分别比CT处理低8.12%、0.77%，但无显著差异；在70～150cm土壤中NT处理每20cm的土壤含水量分别较CT高2.22%、13.69%、8.34%、9.45%，平均含水量比CT高7.64%，但差异不显著，其中在70～90cm土层NT处理土壤含水量达到最大值31.08%；试验结果表明，NT处理0～150cm土壤含水量总体呈现先高后低的分布，且较CT高5.99%。

两年试验结果表明，NT处理0～150cm土壤含水量总体呈现先高后低的分布，平均较CT高6.71%。其中在0～40cm土层土壤含水量较CT高13.40%，差异显著，这与免耕秸秆覆盖抑制水分蒸发有关，说明免耕保水保墒效果明显。

2.3　免耕对土壤养分的影响

2.3.1　免耕对土壤碱解氮含量的影响

图3为2012年试验结果，可以看出整个生育期NT处理0～20cm碱解氮

含量呈现逐步增高的趋势，在灌浆期达到最高，为 74.776 8mg/kg，而后在成熟期又略有下降达到最小值为 58.253 7mg/kg，但均低于播前和 CT 处理，在 3 个生育时期分别较 CT 处理低 11.69%、11.00%、18.45%；在 20～40cm 土层 NT 处理碱解氮的含量均高于播前和 CT 处理，整个生育期略呈增大趋势，但变化不大，最大值在成熟期为 40.500 9mg/kg，最小值在拔节期为 41.615 3mg/kg，在 3 个生育时期分别较 CT 处理高 10.25%、10.29%、16.20%，2012 年试验表明在拔节、灌浆、成熟期免耕 0～40cm 土层碱解氮含量分别比常规低 4.33%、3.95%、6.65%。

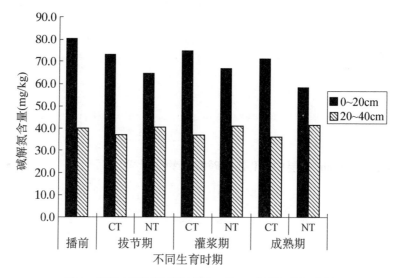

图3　2012 年不同生育时期 0～40cm 土层免耕和常规
处理土壤碱解氮含量变化的差异

图4 为 2013 年试验结果，可以看出 NT 处理在不同生育时期 0～20cm 土层的碱解氮含量均低于播前和 CT 处理，呈逐渐下降趋势，但基本变化不大，最大值出现在拔节期，为 63.877 5mg/kg，最小值在成熟期，为 60.136 4mg/kg。在 3 个生育时期内 NT 处理 0～20cm 土层碱解氮含量分别较 CT 处理降低 9.48%、9.79%、3.40%；而 NT 处理整个生育期在 20～40cm 土层碱解氮含量均高于播前和 CT 处理，最大值在拔节期，为 40.286 7mg/kg，呈现逐渐降低的趋势，最小值在成熟期，为 34.806 6mg/kg，在 3 个生育时期分别比 CT 处理高 15.55%、2.82%、2.40%，2013 年试验表明表明在拔节、灌浆、成熟期免耕 0～40cm 土层碱解氮含量分别比常规低 1.20%、5.49%、1.35%。

由以上 2 年试验结果可以得出以下结论：整个生育期 NT 处理 0～20cm 土层碱解氮的含量均低于 CT 处理，方差分析表明只在拔节期和灌浆期二者差异

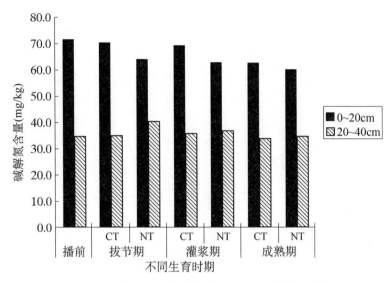

图4　2013年不同生育时期0～40cm土层免耕和常规
处理土壤碱解氮含量变化的差异

显著；在20～40cm土层中NT处理碱解氮的含量平均比常规高9.59%，差异并不显著。试验表明与常规耕作相比，在拔节、灌浆、成熟期免耕0～40cm土层碱解氮平均含量分别比常规低2.76%、4.72%、4.00%。

2.3.2　免耕对土壤速效磷含量的影响

由2012年试验结果（图5）可以看出NT处理在不同生育时期0～20cm土层的速效磷含量均高于CT处理，整个生育期呈逐渐下降趋势，最高在拔节期为20.6724mg/kg，较播前高15.83%，其他时期均低于播前，成熟期最小，为16.504mg/kg，在3个生育时期NT处理0～20cm土层速效磷含量分别较CT处理高21.03%、49.04%、34.1%。20～40cm土层NT处理整个生育期速效磷含量均高于播前和CT处理，呈现逐渐降低的趋势，最大值在拔节期，为5.482mg/kg，最小值在收获期，为4.388mg/kg；在3个生育时期分别比CT处理高81.530%、30.95%、19.95%。试验结果表明在拔节、灌浆、成熟期免耕0～40cm土层速效磷的含量分别比常规高30.12%、44.71%、30.90%。

2013年试验结果（图6）表明，NT处理在不同生育时期0～20cm土层的速效磷含量均高于CT处理而低于播前，整个生育期呈逐渐下降趋势，最高在拔节期为19.132mg/kg，较播前低24.38%，成熟期最小，为13.367mg/kg，在3个生育时期NT处理0～20cm土层速效磷含量分别较CT处理高35.11%、13.65%、51.32%。在20～40cm土层，NT处理整个生育期速效磷含量均高

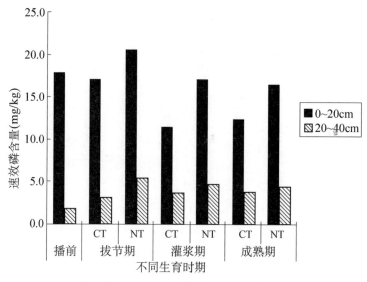

图5　2012年不同生育时期0～40cm土层免耕和常规
处理土壤速效磷含量变化的差异

于CT处理而低于播前，呈现逐渐降低的趋势，最大值在拔节期，为
3.310mg/kg，最小值在收获期，为2.300mg/kg；在3个生育时期分别比CT
处理高60.38%、59.18%、46.81%。试验结果表明在拔节、灌浆、成熟期免
耕0～40cm土层速效磷的含量分别比常规高38.32%、18.84%、50.64%。

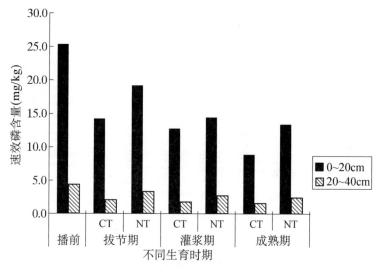

图6　2013年不同生育时期0～40cm土层免耕和常规
处理土壤速效磷含量变化的差异

两年试验结果表明整个生育期内，NT 处理在 0～20cm 土层速效磷的含量均高于 CT 处理，方差分析表明除拔节期外，灌浆期和成熟期 NT 处理与 CT 差异显著，其中在成熟期差异极显著；在 20～40cm 土层中 NT 处理速效磷含量均高于 CT 处理，但差异并不显著。结果表明，免耕夏谷在拔节、灌浆、成熟期 0～40cm 土层的速效磷平均含量分别较常规高 34.22%、31.78%、40.77%。

2.3.3　免耕对土壤速效钾含量的影响

由 2012 年试验结果（图7）可以看出 NT 处理在不同生育时期 0～20cm 土层的速效钾含量均低于 CT 处理和播前，整个生育期呈逐渐增加趋势，成熟期含量最高，为 173.233mg/kg，较播前高 1.67%，其他时期均低于播前，拔节期含量最低，为 161.525mg/kg，在 3 个生育时期 NT 处理 0～20cm 土层速效钾含量分别较 CT 处理低 25.20%、23.64%、26.20%，方差分析表明不同生育时期二者速效钾含量存在极显著差异。20～40cm 土层 NT 处理整个生育期速效钾含量均低于 CT 处理而略高于播前，但差异不显著呈现逐渐增加的趋势，最大值在成熟期，为 169.833mg/kg，最小值在拔节期，为 139.708mg/kg；在 3 个生育时期 NT 处理分别比 CT 处理降低 14.94%、5.78%、8.49%，方差分析不同生育时期二者速效钾含量差异不显著。2012 年试验表明在拔节、灌浆、成熟期免耕 0～40cm 土层速效钾的含量分别比常规低 20.77%、16.08%、18.38%。

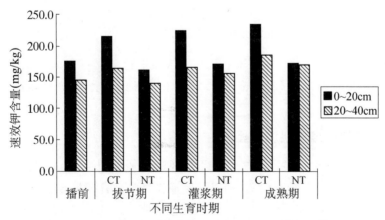

图7　2012 年不同生育时期 0～40cm 土层免耕和常规处理土壤速效钾含量变化的差异

2013 年试验结果（图8）表明，NT 处理在不同生育时期 0～20cm 土层的速效钾含量均低于 CT 处理和播前，整个生育期呈逐渐增加趋势，成熟期含量最高，为182.896mg/kg，较播前高1.67%，其他时期均低于播前，拔节期含量最低，为166.762mg/kg，在3个生育时期NT处理0～20cm土层速效钾含量分别较CT处理低7.68%、0.08%、6.08%，方差分析不同生育时期二者速效钾含量差异不显著。20～40cm土层NT处理整个生育期速效钾含量均低于CT处理而略高于播前，呈现逐渐增加的趋势，最大值在成熟期，为166.501mg/kg，最小值在拔节期，为140.728mg/kg；在3个生育时期分别比CT处理降低1.77%、5.99%、1.30%，方差分析不同生育时期二者速效钾含量差异不显著。结果表明在拔节、灌浆、成熟期免耕0～40cm土层速效磷速效钾的含量分别比常规低5.03%、2.98%、3.86%，整个生育期内免耕处理0～40cm土层速效钾的含量较常规耕作低3.95%。

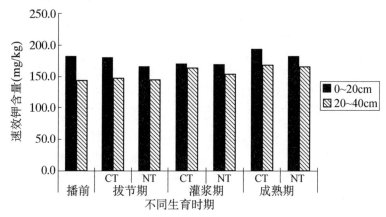

图8　2013年不同生育时期0～40cm土层免耕和常规
处理土壤速效钾含量变化的差异

两年试验结果表明，在拔节、灌浆、成熟期免耕0～40cm土层速效钾的平均含量分别比常规低12.90%、9.53%、6.12%，这表明免耕栽培中K肥易流失。

2.3.4　免耕对土壤有机质含量的影响

由2012年试验结果（图9）可以看出，NT处理0～20cm土层的有机质含量在各生育时期均高于CT处理以及播前，整个生育期呈逐渐增加的趋势，最大值在成熟期21.622 1g/kg，最小值在拔节期19.250 6g/kg，在3个生育时期分别较CT处理增加3.13%、4.99%、7.25%，分析表明二者差异不显著，说明免耕可以提高0～20cm土层的有机质含量。20～40cm土层中NT处理有机质含量除拔节期外，在其他时期均高于播前以及CT处理，整个生育期呈逐渐增加的趋势，最大值在成熟期14.654g/kg，最小值在拔节期11.266g/kg，

在拔节期比 CT 降低 1.74% ，在灌浆期和成熟期分别较 CT 处理增加 1.93% 、
4.04% ，但差异不显著，说明免耕可以在灌浆至成熟期提高 20～40cm 土层的
有机质含量。2012 年结果表明在拔节、灌浆、成熟期免耕 0～40cm 土层有机
质含量分别较常规高 1.27% 、3.77% 、5.93% 。

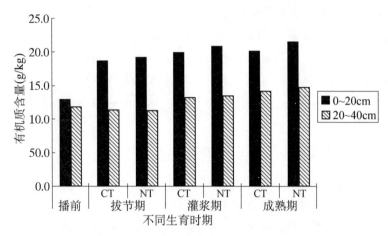

图9 2012 年不同生育时期 0～40cm 土层免耕和常规
处理土壤有机质含量变化的差异

图 10 为 2013 年试验结果，可以看出在 0～20cm 土层 NT 处理各生育时期
的有机质含量均高于 CT 处理以及播前，整个生育期呈逐渐增加的趋势，最大
值在成熟期 21.429g/kg，最小值在拔节期 19.005g/kg，在 3 个生育时期分别
较 CT 处理增加 10.18% 、9.49% 、8.84% ，方差分析差异不显著，说明免耕

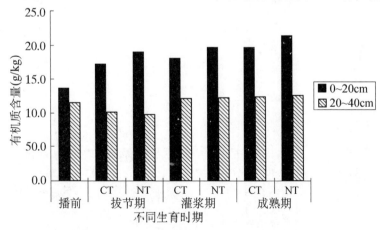

图10 2013 年不同生育时期 0～40cm 土层免耕和常规
处理土壤有机质含量变化的差异

可以提高 0～20cm 土层的有机质含量。20～40cm 土层中 NT 处理有机质含量除拔节期外，在其他时期均高于播前以及 CT 处理，整个生育期呈逐渐增加的趋势，最大值在成熟期 12.613g/kg，最小值在拔节期 9.733g/kg，在拔节期比 CT 降低 3.22%，在灌浆期和成熟期分别较 CT 处理增加 1.23%、2.51%，方差分析差异不显著，说明免耕可以在灌浆期和成熟期提高 20～40cm 土层的有机质含量。2013 年结果表明在 3 个生育时期免耕 0～40cm 土层有机质含量分别较常规高 5.25%、6.18%、6.40%。

两年试验结果表明，在拔节、灌浆、成熟期免耕 0～40cm 土层有机质含量分别较常规高 3.26%、4.98%、6.16%，表明免耕可以有效提高土壤有机质含量。

2.3.5 免耕对土壤硝态氮含量的影响

由图 11 可以看出，拔节期和收获期 NT 处理各个土层 NO_3^- 的含量均高于 CT 处理，其中在拔节期 NT 处理各土层 NO_3^- 含量分别比 CT 处理高 2.25%、151.33%、22.33%、172.03%、108.15%，方差分析表明在拔节期 NT 与 CT 处理 NO_3^- 含量在各对应土层间差异不显著，收获期仅在 60～80cm 土层二者 NO_3^- 含量存在显著差异，在其余对应土层间则差异不显著。在灌浆期的 NT 处理 NO_3^- 含量除在 80～100cm 土层较 CT 高 45.98% 外，在其余 4 个土层中 NT 处理 NO_3^- 含量分别比 CT 低 60.66%、14.96%、4.03%、6.56%。方差表明此一时期二者 NO_3^- 含量无显著差异。2012 年结果表明在拔节期和成熟期免

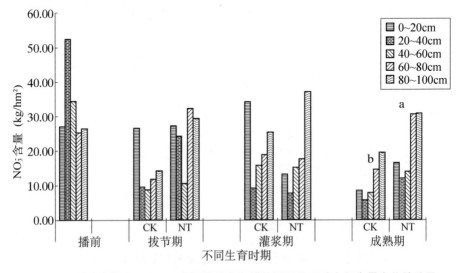

图 11　不同生育期 0～100cm 土层常规和免耕施肥区处理硝态氮含量变化的差异

耕 0~100cm 土壤 NO_3^- 含量分别比常规高 74.31%，84.55%，在灌浆期则低于常规 12.02%。

在 2013 年的试验结果（图 12）中，拔节期和收获期 NT 处理各土层 NO_3^- 含量均高于 CT 处理，其中在拔节期 NT 处理各土层 NO_3^- 含量分别比 CT 处理高 5.96%、131.76%、31.91%、14.55%、56.71%；在成熟期 NT 处理各土层 NO_3^- 含量分别较 CT 高 133.40%、149.00%、54.58%、7.94%、32.52%；而在灌浆期的 NT 处理各土层 NO_3^- 含量则分别比 CT 低 65.39%、27.26%、10.84%、12.36%、13.03%。方差分析表明在整个生育期 NT 与 CT 二者 NO_3^- 含量差异不显著。2013 年结果表明在拔节期和成熟期免耕 0~100cm 土壤 NO_3^- 含量分别比常规高 35.98%、56.11%，在灌浆期则低于常规 33.62%。

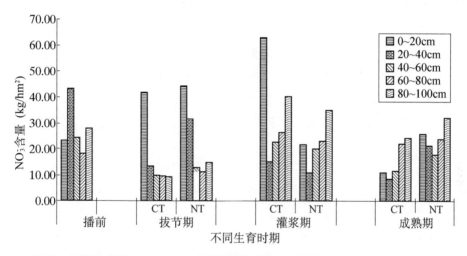

图 12　不同生育期 0~100cm 土层常规和免耕施肥区处理硝态氮含量变化的差异

两年试验结果表明，在拔节期和成熟期免耕 0~100cm 土壤 NO_3^- 含量分别比常规高 55.15%、70.33%，在灌浆期则低于常规 22.82%，且随生育进程出现向土壤下层积累的趋势。

3　结论与讨论

3.1　免耕不会造成夏谷产量降低

相对于旋耕栽培，免耕对夏谷的生长发育和产量有一定的影响，但差异均不明显，主要表现为：免耕会导致夏谷株高变高，穗长增长；穗重及穗粒重虽略有降低，但出谷率增高；千粒质量有增大的趋势；产量较传统旋耕略高 7.90%，由于夏谷播种出苗密度较大，不存在基本苗数降低等因素影响，因此，免耕增产应与出谷率、千粒质量高于旋耕有关，或与成穗率也有关。

3.2 免耕具有较好的保水、保墒效应

与旋耕栽培相比，免耕栽培 0～150cm 土壤含水量提高 6.71%。其中在 0～40cm 土层土壤含水量提高 13.40%，说明免耕保水保墒效果明显，而在 0～40cm 土层约分布有夏谷 94% 以上的根系，水分供应与产量密切相关，土壤水分过低会导致小麦成穗率降低，进而影响产量，所以良好的保水保墒效应是免耕夏谷增产原因之一。

3.3 免耕可提高表层土壤速效磷和有机质含量，但容易造成氮、钾肥流失

通常 N 素对谷子的增产作用远大于 P、K，在一些中、低产田更成为限制谷子产量的主要因子。在试验中，整个生育期内免耕 0～20cm 土层碱解氮的含量均低于常规，20～40cm 土层中 NT 处理碱解氮的含量平均比常规高 9.59%。在拔节、灌浆、成熟期免耕 0～40cm 土层碱解氮平均含量分别比常规低 2.76%、4.72%、4.00%。而免耕 0～100cm 土壤 NO_3^- 含量在拔节期和成熟期分别比常规高 55.15%、70.33%，在灌浆期则低于常规 22.82%，且随生育进程出现向土壤下层积累的趋势。因此在免耕生产中应适当增大 N 素施入量，尤其在拔节期追肥的用量。

在中、高产田，谷子对 P 的吸收主要在生育后期，在灌浆期吸收最多，充足的 P 素供应可以保证植株根系不早衰，对提高谷子产量和品质具有重要意义。在本试验中免耕在 0～20，20～40cm 土层速效磷的含量均高于常规，且在 0～20cm 土层差异显著。免耕夏谷在拔节、灌浆、成熟期 0～40cm 土层的速效磷平均含量分别较常规高 34.22%、31.78%、40.77%。由于免耕栽培中 P 的施入方式多作为基肥一次性条施，易在表层土壤富集，因此，在免耕生产中最好采用多行条播的方式，有研究认为表施的 P 有效性要长，但产量与条施一样或稍高，但从实际操作及生产成本的角度出发，建议免耕播种的同时将磷肥（复合肥）条施入土壤中较好。

虽然 K 在谷子植株体内不参与重要有机物的组成，但它是许多酶类的活化剂，从而影响许多生理代谢，还可以促进糖类合成和转化，提高谷子植株体内木质纤维素含量进而提高抗倒伏能力，同时还可促进 N 素的吸收和转化以及提高谷子对水分的利用率，进而影响谷子产量和品质。谷子对 K 的吸收

和积累主要在拔节抽穗期，这一时期正是植株根、茎、叶生长最旺盛的时期，在拔节、灌浆、成熟期免耕 0～40cm 土层速效钾的平均含量分别比常规低 12.90%、9.53%、6.12%，这表明免耕栽培中 K 肥易流失，因此免耕栽培生产中在增大留苗密度，保证一定产量的同时，应适当追施 K 肥，以增强抗倒伏和抗病能力。

由于免耕中前茬作物秸秆被粉碎于地表，夏谷生长发育时期恰好雨热同期，非常有利于秸秆腐解，从而提高表层土壤有机质含量。本试验表明免耕处理在拔节、灌浆、成熟 3 个生育时期 0～40cm 土层有机质含量分别较常规高 3.26%、4.98%、6.16%，表明免耕可以有效提高土壤有机质含量。

谷子种粒较小，播种量为 7.5～15kg/hm²，播种机械多为小麦播种机改进而来，尚无谷子播种、施肥同时进行的免耕播种机，本试验中所用播种机也是谷物播种机改进型。另外，本试验中的夏谷免耕生产采用了人工除草和化学除草，因此排除了杂草对产量的影响，实际大面积生产中的除草主要还应以化学除草为主，由于目前谷子抗除草剂品种及其化学除草技术尚不如小麦、玉米、大豆等作物完善，因此在免耕生产中首选抗除草剂谷子品种，其次专用苗后除草剂要与苗前除草剂配合使用。

附件三

不同化学脱水剂对谷子机械收获产量的影响

郝洪波 崔海英 李明哲*

（河北省农林科学院旱作农业研究所，河北省农作物
抗旱研究实验室，河北 衡水 053000）

【提要】 为谷子机械化收获筛选合适的脱水剂施用技术，以衡谷 10 号为试材，在谷子蜡熟期喷施不同浓度的立收谷、草甘膦和乙烯利进行催熟，研究不同脱水剂及施用浓度对谷子植株脱水效果和收获产量的影响。结果表明：立收谷脱水速度快、效果明显，乙烯利和草甘膦脱水速度较缓慢；3 种化学脱水剂虽对谷子穗重、穗粒重和千粒重产生了一定的负面影响，但对谷子产量无显著影响，可以有效减少机械收获损失，其中，立收谷 3 000mg/hm² 和 2 250mg/hm² 浓度处理、乙烯利 5 000mg/kg 浓度处理的机械收获产量分别

较理想状态下损失率为 0 的收获产量（4 018.72kg/hm²）增加 6.68%、1.61% 和 1.38%。谷子生产上采用机械收获时，推荐使用 2 250 ~ 3 000mg/hm² 的立收谷溶液进行化学脱水，可获得理想效果，不仅产量高，而且脱水效果好。

【关键词】 化学脱水剂；谷子；机械收获；产量

机械收获是谷子生产的重要环节，但收割过程中损失率高严重制约了谷子生产的发展。造成谷子损失较大的原因有很多，其中谷子成熟时青秆绿叶，植株含水量较高、韧性较强而造成的收割机负荷增大是 1 个非常重要的原因，因此单纯从农机方面进行研究难以解决问题。遵循农机与农艺相结合的指导思想，参照油菜、棉花、水稻和小麦等作物催熟剂的应用，筛选适合谷子机械收获作业的药剂及应用技术，旨为降低机械收割谷子造成的损失，提高谷子的机械化收割效率，并为谷子机械化收获配套技术提供参考依据。

1 材料与方法

1.1 试验地概况

试验在河北省农林科学院旱作农业研究所深州护驾迟试验站进行。耕层土壤基础养分含量分别为有机质 1.722%、全氮 0.105 3%、全磷 0.076 8%、全钾 2.419 6%，其中碱解氮含量 50.42mg/kg、速效磷含量 9.96mg/kg、速效钾含量 108.11mg/kg，pH 值为 7.8。试验地前茬作物为小麦，2012 年 6 月 12 日利用联合收割机收获，留茬高度为 15 ~ 20cm，秸秆粉碎后还田。

1.2 试验材料

谷子品种为衡谷 10 号。

化学脱水剂种类有立收谷（20% 敌草快水剂，英国先正达有限公司产品，原产国比利时）、草甘膦（41% 草甘膦异丙胺盐水剂，美国孟山都公司产品）和乙烯利（40% 水剂，上海澎蒲化工厂产品）3 种。

1.3 试验方法

2012 年 6 月 28 日播种谷子，行距 0.40 m，留苗密度为 60 万株/hm²。9 月 17 日谷子蜡熟期喷施化学脱水剂进行试验处理，药液喷施量均为 450kg/hm²。试验设立收谷（A）、草甘膦（B）和乙烯利（C）3 种药剂处理，施用浓度均设 4 个水平，外加 2 个对照，共计 14 个处理。其中，立收谷施用浓度设 1 500mg/hm²、

2 250mg/hm^2、3 000mg/hm^2 和 3 750mg/hm^2，依次用 $A_1 \sim A_4$ 表示；草甘膦施用浓度设 3 000mg/hm^2、4 000mg/hm^2、5 000mg/hm^2 和 6 000mg/hm^2，依次用 $B_1 \sim B_4$ 表示；乙烯利施用浓度设 3 000mg/hm^2、4 000mg/hm^2、5 000mg/hm^2 和 6 000mg/hm^2，依次用 $C_1 \sim C_4$ 表示；对照 1（CK_1）：喷清水，带秸秆人工收割、用脱粒机脱粒；对照 2（CK_2）：不喷施清水，采取人工剪穗，晒干脱粒机脱粒。采用大区试验设计，小区面积 66 m^2，3 次重复。为了减少由于取样而造成的小区产量下降，将每个小区又分为 2 个部分，其中，1/3 为取样区，2/3 为产量区。其他管理同大田常规。

喷药 8d 后（9 月 25 日）收获。在取样区，每小区取 10 穗，自然风干后，称量穗重、穗粒重和千粒重；在产量区，CK_2 采用人工收获谷穗，风干后用小区脱粒机脱粒，统计产量；CK_1 及其他处理采用人工带秸秆收割，然后立即用脱粒机带秸秆脱粒（模拟机械收获），籽粒风干后单独计产。

2　结果与分析

2.1　不同化学脱水剂及施用浓度对谷子植株脱水效果的影响

与对照相比，喷施化学脱水剂的处理脱水速度明显快于对照，喷施第 2 ~ 4d 先后出现叶片变黄现象，不同化学脱水剂及不同浓度处理的植株脱水效果存在明显差异。其中，立收谷处理脱水速度快、效果明显，施药后第 2d 叶片出现灼伤枯焦斑，并卷曲；第 3d 叶片全叶枯焦，茎秆也开始失水干枯；第 4d 茎秆全部干枯，而且脱水速度随着施用浓度的增大而加快。草甘膦和乙烯利处理脱水效果略差，两种处理施药后第 4d 叶片开始变黄，第 5d 叶片和秸秆全部变黄，未干枯，但与 CK 差异明显，两种药剂处理的脱水速度亦随施用浓度的增大而加快，其中草甘膦处理的脱水效果优于乙烯利。

立收谷属于触杀式催熟剂，施用后植株脱水效果最明显；乙烯利和草甘膦属于内吸传导式催熟剂，施用后植株脱水效果较缓慢。

2.2　不同化学脱水剂及施用浓度对谷子产量性状的影响

2.2.1　对穗重、穗粒重和千粒重的影响

除 C_1 处理的穗重、穗粒重和千粒重略 > CK 外，其他处理的 3 项指标值均 < CK，见下表。表明试验的 3 种化学脱水剂对谷子穗重、穗粒重和千粒重普遍

产生了负面影响。

表   不同化学脱水剂及施用浓度对谷子产量和产量构成因素的影响

处理	穗重（g）	穗粒重（g）	千粒重（g）	产量（kg/hm²）
A_1	13.79	12.16	2.77	4 000.20 a
A_2	15.30	13.37	2.85	4 074.28 a
A_3	12.91	11.26	2.76	4 287.25 a
A_4	14.00	12.41	2.77	4 018.72 a
B_1	12.93	11.47	2.81	3 879.82 a
B_2	13.11	11.96	2.81	3 953.90 a
B_3	12.78	11.17	2.89	3 703.89 a
B_4	14.21	12.81	2.86	3 740.93 a
C_1	17.59	15.83	2.99	3 685.37 a
C_2	14.03	12.42	2.90	3 815.01 a
C_3	14.06	12.06	2.81	4 083.54 a
C_4	14.82	12.29	2.83	3 666.85 a
CK_1	16.44	14.65	2.95	3 500.18 a
CK_2	15.94	14.26	2.92	4 018.72 a

2.2.2 对产量的影响

CK_2采取人工剪穗收获，风干脱粒，可视为理想状态下损失率为 0 的收获产量；CK_1为未喷任何药剂的机械收获产量。CK_1产量（3 500.18kg/hm²）较CK_2产量（4 018.72kg/hm²）低 12.90%，表明机械收获产量较理想状态下的收获产量损失 12.9%。

所有药剂处理的谷子产量均 >CK_1，增产率为 4.76% ~ 22.49%，表明试验的 3 种化学脱水剂处理均可降低机械收获损失。但与CK_2相比，不同化学脱水剂及施用浓度处理的谷子产量差异较大，其中，A 药剂中 A_2 和 A_3 处理产量略 >CK_2，A_4 处理产量与CK_2持平；B 药剂所有浓度处理的产量均 <CK_2；C 药剂中仅 C_3 处理的产量 >CK_2。从不同药剂种类的产量效果来看，施用 A 药剂效果最好，C 药剂次之，而施用 B 药剂不论浓度多大均导致减产。

方差分析结果显示，所有处理的产量均无显著性差异。其中，A_3 处理产量（4 287.25kg/hm²）最高，C_4 产量（4 083.54kg/hm²）次之，A_2 处理产量（4 074.28kg/hm²）居第 3 位，分别较CK_2增产 6.68%、1.61% 和 1.38%。

3 结论与讨论

以衡谷 10 号为试材，在谷子蜡熟期喷施不同浓度的化学脱水剂立收谷、草甘膦和乙烯利进行催熟，结果显示，喷施立收谷后植株脱水速度快、效果明显，施药后第 2d 叶片出现灼伤枯焦斑并卷曲，第 4d 茎秆全部干枯，而且脱水速度随着施用浓度的增大而加快；喷施草甘膦和乙烯利处理脱水效果略差，施药后第 4d 叶片才开始变黄，第 5d 叶片和秸秆仍未干枯，脱水速度亦随施用浓度的增大而加快。在未喷药剂情况下，机械收获（CK_1）产量较理想状态（CK_2）损失 12.90%；3 种化学脱水剂对谷子穗重、穗粒重和千粒重有不同程度的负面作用，但对最终产量影响并不显著。药剂处理的产量较 CK_1 高 4.76% ~ 22.49%，表明 3 种脱水剂处理均可减少机械收获损失。其中，A_3、A_2 和 C_3 处理产量居前 3 位，较 CK_2 略有增加；A_4 处理与 CK_2 产量持平。将脱水效果和籽粒产量进行综合分析认为，在谷子蜡熟期喷施化学脱水剂进行催熟时，首选喷施 2 250 ~ 3 000mg/hm^2 立收谷溶液 450kg/hm^2，不仅产量高，而且脱水效果也好；喷施 5 000mg/kg 乙烯利溶液 450kg/hm^2 效果次之，产量较高，但脱水速度稍慢。

立收谷是先正达公司研究开发的联吡啶类触杀灭生性除草剂，也可以用作植物生长调节剂。该药剂是一种传导性触杀灭生性除草剂，可迅速被绿色植物组织吸收，但与土壤接触后会很快失去活性，用于大田、果园、非耕地或收割前等除草。其作用机理是通过对植物的脂类合成和叶绿体的双层膜结构进行极强的破坏，使光合作用终止，导致植物迅速失水，枯萎死亡。用于作物催熟时可以直接喷施在作物上，催熟效果十分显著。应用立收谷进行油菜催熟对产量有一定的减产影响，而本研究中施用浓度为 2 250 ~ 3 000mg/hm^2 时谷子产量较理想状态下的产量略有增加但差异并不显著。按我国农药毒性分级标准，立收谷属中等毒性除草剂。在自然环境中不容易通过水解而消失，滞留时间较长，但受温度、紫外照射等环境条件影响较大，夏季在甘蔗上施用更为安全。

草甘膦是一种广谱性的除草剂，可防治多数 1 年生和多年生窄、阔叶杂草以及灌木萌条等。其对环境安全，在土壤中无残效作用，不影响下茬作物生长，但药效反应较慢，一般用药后 7 ~ 10d 才能充分发挥作用。其作用机理是通过抑制植物体内的烯醇丙酮基莽草素磷酸合成酶，从而抑制莽草素向苯丙氨酸、酪氨酸和色氨酸的转化，使蛋白质合成受到干扰，导致植物死亡。

多作为棉花催熟剂使用。大量研究表明，草甘膦对不同生物具有不同程度的影响，甚至影响到食品安全，如在人类食品：肉、奶、蛋中发现有草甘膦等除草剂残留，这可能是通过食物链传递所致，以及在澳大利亚一些食物和饲料中发现草甘膦残留比标准高出多倍。

乙烯利是一种可诱导植物自身内源乙烯释放的外源乙烯类生长调节剂，已成功地应用于多种作物催熟。其被植物吸收后，在植物细胞中 pH 值 >4 的情况下即分解出乙烯。乙烯可以增加植物的呼吸强度，促进蛋白质和核酸合成，提高酶活性，增加代谢产物的积累，如在棉花催熟中可推动棉铃中一系列的生理活动，从而达到催熟和诱发棉叶脱落的效果。目前，乙烯利在果菜催熟中使用广泛，其残留是否对人体有长期毒害作用非常值得关注。近年来，国外对果蔬中乙烯利残留量提出了严格的限量要求，欧盟最新规定的最高残留限量为 0.02mg/kg。我国国家标准规定乙烯利在番茄果实中的最大允许残留量为 2mg/kg。

最初人们认为除草剂和植物激素对生物及环境是非常安全的，进入水体和土壤后会很快失活并降解，对动物和人类健康也没有任何危害，如周可金研究表明立收谷和草甘膦对油菜籽食用安全。但是随着人们对食品安全研究的不断深入，应该对这些农药的安全性进行重新认识与评估。因此，这 3 种脱水剂在大田生产中残留的安全性还有待于进一步研究。

第七章 一年两熟制谷子高效栽培模式

第一节 油葵、谷子一年两作高效栽培技术

严重缺水是制约河北省农业可持续发展的瓶颈，其中，低平原区是河北平原缺水最严重的地区，该区耕地面积 3 600 万亩，占全省耕地面积的近 40%，水资源量仅为全省的 20%，长期地下水严重超采，该区形成了华北最大最深的地下水下降"漏斗"。目前，该区主要农作物种植模式多为一年两熟的的小麦 + 玉米，及一年一熟的棉花，前者小麦生长期需水量大，经济效益甚小，后者一年一作收入亦较少，因此非常需要一种适应该区地理气候的种植模式。

油葵具有耐旱、耐瘠、耐盐碱、适应性广等特点，适宜在生产条件较差的盐碱地和旱薄地种植，并且可以改良土壤结构、减少水土流失，对于发展盐碱地区和干旱地区农业具有重要意义；谷子抗旱、耐瘠，足水丰产，缺水保产，并且谷子生育期较短，可以在收获油葵后种植并有一定产量，两者的共同特点是抗旱、耐瘠，符合黑龙港地区的特点；但谷子耐盐碱能力差，而油葵植株叶片宽大浓密，田间郁闭封垄早，从而减少盐分向地面上升和凝结，恰好为下茬创造了一个盐碱程度相对较轻的环境，有利于谷子生长，因此二者可构成相得益彰的栽培模式。

近年来，随着市场经济的发展和油葵价格的持续上涨，种植效益显著提高，面积呈逐年上升趋势，河北省向日葵有以下几个主要产区：一是承德的坝上地区，为一年一熟制；二是燕山、太行山山脉的浅山丘陵区的部分地区，为一年两熟制；三是黑龙港地区，包括沧州、邯郸及衡水部分县（市），该区是典型的盐碱地区，油葵以其较强的耐盐碱特性曾经成为该区的主要经济作物，播种面积曾一度占全省油葵总面积的 80%。而且，河北省一直是谷子的优势产区，随着人们生活水平的不断提高和膳食结构的不断变化，作为杂粮之一的小米越来越受人们欢迎，具有广阔市场前景。

一、品种选择与茬口安排

油葵宜选用春播生育期 110d 以内的杂交种，如矮大头 567DW、超级矮大

头 667DW、高油 6 号等中早熟品种。夏茬谷子要选用国家鉴定的夏播中早熟品种，生育期一般在 80~90d，要求抗倒、抗病、抗旱，规模化种植应选择适合机械化收获的品种，大面积种植最好选用抗除草剂品种如衡谷 13 号等。

油葵播种通常在在 3 月上中旬进行，6 月中下旬收获；夏谷播种不应迟于 7 月上旬，否则会影响产量，9 月底至 10 月上旬收获。

二、前茬油葵栽培技术

1. 选地与整地

油葵耐贫瘠，耐盐碱，但忌在低洼、易涝地块种植。另外还应避免重茬，注意轮作倒茬。播种前根据地力情况，亩施农家肥 2~3m³ 加三元复合肥 30~40kg。深翻 20~25cm，适时耙耱保墒。

2. 适时早播

播种前要晒种 1~2d，可以打破种子的休眠，提高种子的发芽率，促进苗齐苗壮。播前用冷水浸种 4~12h，可提前 1~2d 出苗。同时用高效内吸杀菌剂拌种，可有效防止霜霉病、菌核病等的发生。

油葵耐低温性很强，在 3 月上中旬（惊蛰前后）即可覆膜播种。一般采用等行距种植，行距 60cm，株距 30~33cm。根据土壤情况，地力好的适宜密度为 3 300~3 500 株/亩，地力差的适宜密度为 3 500~3 800 株/亩。播种方法以点播为好，点播用种量为每亩 400~500g。为节约用种，可采用单双粒隔穴播种。播种宜浅不宜深，一般掌握在 3~5cm。

3. 田间管理

（1）定苗。油葵是双子叶作物，子叶大，出苗比较困难，尤其在整地质量不好、天气干旱少雨时，易造成缺苗，因此在出苗后要及时查苗补苗，确保全苗，并根据留苗数进行间苗。间苗在 2 片真叶时进行，定苗在 4 片真叶时进行。

（2）中耕除草。油葵生育期内要进行 2~3 次中耕除草。第 1 次中耕结合定苗进行，有利于疏松土壤，提高地温，促进小苗早发快长；第 2 次中耕在封垄前进行，并结合中耕进行培土，培土高度 10cm，以促进油葵根深叶。

（3）追肥。现蕾前后结合中耕，追施尿素，每亩施尿素 10kg。施肥深度 8~10cm，培土到植株基部，以满足植株吸氮高峰时氮素的供应。

（4）灌水。油葵苗期生长缓慢，宜"蹲苗"不宜浇水，以促进根系下扎，增强抗旱能力。现蕾、开花和灌浆期，如有旱情应适当灌水，具体掌握应该是叶片中午萎蔫而晚上仍不能恢复正常时应及时浇水。实践证明，在花盘形成期灌一次水可增产 17.2% 。

（5）辅助授粉。油葵授粉不良易出现空壳现象，大面积种植可每 5 亩地放蜂箱一个，也可采取人工辅助授粉。常用做法：用 10cm 直径的圆纸壳或木板，上面垫上一层棉花，再蒙上纱布，授粉时用粉扑子逐一轻轻接触花盘，就完成了授粉过程。授粉时间：在向日葵进入开花期（整个田间有 70% 植株开花）后 2~3d 进行第一次授粉，以后每隔 3~4d 进行 1 次，共授粉 2~3 次。每天授粉的时间，应在上午露水下去之后到 11 点前，下午 3 点以后进行。

4. 收获

油葵采收一般在 6 月中下旬，此时葵盘背面变黄，包叶黄褐，茎秆变老，叶片枯黄下垂，种皮形成该品种特有色泽，籽粒变硬，掐开或咬开看到种仁没有过多水分时收获。手工收获可用镰刀或剪枝剪将葵盘剪下，立即摊开晾晒，2~3d 后即可脱粒；脱粒后种子湿度较大，收获后立即在晒场上摊开晒干、扬净，防止霉变。

5. 病害防治

油葵主要病虫害：向日葵菌核病、锈病、褐斑病、霜霉病以及黏虫。

（1）避免重茬连作，清洁田园。

（2）选用抗病品种。

（3）及时拔除病株并消毒。

（4）药物防治。

①菌核病。种子消毒处理。用 50% 速克灵可湿性粉剂，或 50% 菌核净可湿性粉剂，按种子重量的 0.3%~0.5% 药量拌种。在开花期用 50% 菌核净可湿性粉剂 500~1 000 倍液，或 50% 速克灵可湿性粉剂 1 000~1 500 倍液，或 50% 多菌灵 1 000 倍液等喷洒植株下部及花盘背面 1~2 次，每次间隔 7d。

②锈病。发病初期用 70% 代森锰锌可湿性粉剂 600 倍液喷雾，或用 25% 萎锈灵可湿性粉剂或 20% 萎锈灵乳油 400~600 倍液喷雾。

③褐斑病。发病初期摘除病叶，必要时喷洒 30% 碱式硫酸铜（绿得保）胶悬剂 400~500 倍液或 1:1:160 倍式波尔多液、50% 苯菌灵可湿性粉剂 1 500 倍液，10~15d1 次，防治 1 次或 2 次。

④霜霉病。用 35% 甲霜灵拌种，用药量为种子重量的 0.3%。

6. 虫害防治

主要虫害为黏虫。防治方法为：主要采取药剂防治，一般用 2.9% 的敌百虫粉，每亩 2 ~ 2.5kg，或用 50% 敌马乳油，每亩 50 克对水 10kg 喷雾。加强对麦田黏虫的防治，使之不会转株危害。秸秆覆盖播种的要在玉米出苗前加多喷药量防治。田间渠道上的杂草也是黏虫繁殖的场所，故即使是耕翻后播种的玉米，也切勿忽略对渠道上黏虫的防治。

三、夏季谷子栽培

1. 整地

油葵在 6 月下旬收获后，立即开始粉碎秸秆，墒情较差地块及时造墒。亩施复合肥 25kg，旋耕两遍后镇压。无灌溉条件地块应趁雨抢种。

2. 播种

谷子播种不应迟于 7 月 10 日。亩用种量 0.3 ~ 0.5kg，行距 40cm ~ 50cm，常规品种、简化栽培谷子品种留苗密度 4 万 ~ 5 万株/亩，杂交谷子留苗密度为 2 万 ~ 2.5 万株/亩，播种深度 3cm 左右，播后随即镇压，使谷粒和土壤充分接触。对于墒情较好的地块，也可采用免耕播种，每亩施用磷酸二铵 15kg，肥料随播种施在种子侧下方 5 ~ 7cm。播后苗前均匀喷洒"谷友"或"谷粒多"除草剂，不漏喷、不重喷。一般用量为 100 ~ 120g/亩，沙壤土适当减少用量。

3. 田间管理

常规谷子品种在 3 ~ 4 叶期进行间苗。简化栽培谷子品种、杂交谷子可采用配套的除草剂进行间苗、除草，可有效杀死部分多余谷苗和杂草，过密的地方可人工辅助定苗，定苗后中耕除草。拔节期亩追尿素 20kg。谷子抗旱，通常无需浇水。谷苗 9 ~ 11 片叶（出苗 25d 左右）趁雨或结合浇水追施尿素 15 ~ 20kg/亩，随后中耕培土。杂草较多时于谷子拔节前后中耕一次。

4. 收获

谷粒蜡熟期即可收获，一般在 9 月底到 10 月上旬，小面积人工收割，大面积的可机械收割，并及时晾晒、入库。

5. 病虫害防治

谷子病害较少，苗期主要有谷瘟病、谷锈病等。一般无需防治。虫害一般在灌浆期多见黏虫，可喷施一般杀虫剂防治。

第二节　河北省一年两熟区马铃薯 + 谷子模式生产技术

马铃薯具有生长周期短，耐旱、耐贫瘠，高产稳产，区域适应性广。谷子抗旱耐瘠、水分利用效率高、化肥农药用量少，是典型的环境友好型作物，每生产1g干物质，仅需水257g，相当于玉米的1/2左右。河北省一年两熟区马铃薯多为春播，谷子多为夏播。3月上中旬起垄覆膜播种马铃薯，收获以后在6月中下旬复种一茬谷子，其中马铃薯每亩产量约2 000～3 000kg，谷子每亩产量300～400kg，每亩纯收益可达到3 000元左右，而且马铃薯早春地膜覆盖能够有效减少早春扬尘，取得较好的生态效益。

一、前茬马铃薯栽培技术

1. 选地、整地、施肥

马铃薯对连作敏感，连续种植马铃薯不但病害严重，还会引起土壤养分失调，因此最好选择近两年内没有种植过马铃薯和其他茄科作物的地块。

最好在前一年土壤封冻前耕翻，以便于在第二年春季3月份提早整地，整地时，每亩施入氮磷钾的复合肥80kg作底肥，再进行机械旋耕。马铃薯是浅根作物，须根穿透力差，必须深耕，使土壤疏松、耕层深厚。种植时耙碎整平土地，开深沟做高畦，以防止积水，畦带沟宽1m左右，沟宽0.25～0.3m，畦高0.2m左右，沟中留少许的泥土用于压膜。

2. 品种选择与种薯处理

为保证下茬谷子有足够的生长时间，马铃薯应在6月上中旬进行收获，因此必须选择早熟的品种，如荷兰15、中薯5号、费乌瑞它等。种薯要选择脱毒的，一般用量为150～200kg/亩。栽植前30～40d通常将种薯放在15～18℃室内进行催芽，并经常翻动，使其受光均匀。幼芽冒出时，将种薯放在室内平摊堆放，2～3层为宜。待芽长到1cm左右时可及时切块，预先准备好75%的酒精或1%的高锰酸钾溶液，每切一个整薯将刀在消毒液中消毒一次，每个芽块保证有2～3个健康芽眼。每150kg种薯用滑石粉2.5kg+甲基托布津100g+农用链霉素14g拌种，薯块拌好后即可播种，切记不可长时间堆放切好的种薯，以免引起烂种。

3. 播种

马铃薯在早春土壤化冻后适时早播，一般在惊蛰前后，采用地膜覆盖，地膜可以起到保墒提温、促早齐苗、增产和提早成熟的作用。使用专用播种机，一次完成施肥、播种、覆膜，大垄双行种植，垄高10～15cm，垄距85～100cm，株距30cm。种薯覆土6～8cm，用90%乙草胺1 950ml/hm^2+70%嗪草酮450g/hm^{2}喷洒后覆盖地膜，每亩种植5 000株左右。

4. 田间管理

（1）破膜培土。马铃薯出苗期及时破膜引苗，在苗上方开膜、放风，并在破膜处用细土压严、培土，有利于保墒、增温，保苗全、苗壮。封垄前培土 20～25cm 左右以达到结薯所需的土层，还能避免马铃薯露头变绿。

（2）水肥管理。马铃薯是比较耐旱的作物，但是要获得高产必须保证土壤中水分的充足。苗期保持土壤湿润；现蕾开花期需水量大，若遇干旱要及时进行喷灌或浇灌，严禁采用漫灌，收获前 7～10d 停止浇水，但要能够保持湿润，以便下茬播种。施肥以基肥为主，基肥不足的可在现蕾期每亩追施复合肥 10kg，在马铃薯始花期到盛花期喷适量烯效唑，增强植株抗性，防徒长，可提高产量。马铃薯生长期间不要揭地膜，覆膜可大大提高水分利用率和有效提高土壤温度，促进植株早生快发和块茎膨大，抑制杂草生长。

（3）病虫害防治。马铃薯较易发生晚疫病和黑胫病。其中晚疫病对马铃薯危害较重，流行时可减产 20%～50%，叶茎和薯块均可染病。当马铃薯出苗达到 95% 后，可用甲霜灵锰锌、代森锰锌等进行预防。若田间发现晚疫病病株要立即清除，并喷施 25% 瑞毒霉可湿性粉剂 800 倍液，连喷 1～2 次。也可选用甲霜铜 500 倍液进行喷雾防治。当幼苗株高 15～18cm 时，易发生细菌性病害黑胫病，发现病株应及时挖除并带出田外掩埋，用农用链霉素等细菌性杀菌剂全田喷洒。

马铃薯虫害主要有蚜虫、二十八星瓢虫等地上害虫，以及地下害虫如地老虎、蛴螬、蝼蛄等。地上害虫可用氧化乐果加吡虫啉 1 000 倍液喷雾；防治地下害虫可在沟内撒毒土 15kg/亩，毒土为 30% 毒死蜱 500g 拌细土 15kg 左右。苗期发现金针虫等，播种时每亩沟撒 3% 辛硫磷颗粒剂 3kg 或出苗后用 50% 辛硫磷 800 倍液田间傍晚灌杀。

5. 及时收获

当马铃薯植株中下部叶片开始发黄时标志进入成熟期，即可安排收获。一般到 6 月 15 日前全部完成收获。

二、后茬复种谷子技术

1. 整地

马铃薯收获后根据墒情及时整地，墒情较好的可直接进行免耕播种，也可采用旋耕后播种，一般不再施入底肥。

2. 品种选择与播种

选择适宜本地区，品种生育期在 90d 左右，最好选择国家鉴定的抗除草剂品种，如衡谷 13 号、冀谷 31 等，以便在生产过程中便于化学除草间苗。播种一般在 6 月底完成，最晚不迟于 7 月上旬，即 7 月 10 日以前完成。采用单垄宽幅直播，行距 40 ~ 50cm，播种量每亩 0.75 ~ 1kg，播种深度 2 ~ 3cm，亩留苗 4 万 ~ 5 万株。播后苗前均匀喷洒"谷友"或"谷粒多"除草剂，能够有效防除多种杂草，减轻人工除草的劳动强度。

3. 田间管理

（1）苗期管理。谷子籽粒较小，加之干旱等原因，易造成谷田缺苗断垄，因此，一定要在地块有较好墒情下进行播种，另外如果采用抗除草剂谷子品种，建议播种量不宜太少，最低播量不应小于 1kg/亩，因为通过稍后喷施专用除草剂可杀死一部分谷苗，从而达到间苗之目的。谷苗出土后及时查看苗情，及时进行补种，5 ~ 6 片叶时进行定苗；抗除草剂品种应在 3 ~ 4 叶期喷施与谷种配套的除草剂（购买谷种时要注意询问），实现化学间苗除草。

（2）中、后期管理。谷子的中后期管理关键在于中耕追肥和防除杂草。中耕大多在拔节期进行，结合中耕除草追施尿素每亩 20kg。一般通过中耕机进行，在中耕追肥的同时还可以达到培土的目的，以促进根系发育，防止倒伏。生长期杂草可通过喷洒配套专用除草剂，结合行间喷施阔叶杂草除草剂进行，主要防除马齿苋等阔叶杂草，注意要在行间，操作时将喷头压低，尽量不要喷在叶片上。谷子生育时期正值高温多雨期，一般不用浇水，过度干旱年份可在抽穗开花期浇一次水。

4. 防治病虫害

谷子病害主要有白粉病、黑穗病、谷锈病、谷瘟病等。白粉病、黑穗病药剂拌种进行防治；谷锈病，发病初期用 25% 粉锈宁可湿性粉剂 1 000 倍液或 70% 代森锰锌可湿性粉剂 400 ~ 600 倍液进行防治，每隔 7d 防 1 次，连防 2 ~ 3 次；谷瘟病可用春雷霉素、稻瘟灵等进行防治。

虫害主要有粟灰螟（钻心虫）、玉米螟、黏虫等。防治粟灰螟、玉米螟：每亩用 2.5% 辛硫磷颗粒剂拌细土顺垄撒在谷苗根际，形成药带，也可使用 4.5% 高效氯氰菊酯乳油 1 500 倍液或 40% 毒死蜱乳油 1 000 倍液对谷子茎基部喷雾，并及时拔掉枯心苗，以防转株危害；防治黏虫用 40% 毒死蜱乳油 1 000 倍液喷雾。

5. 收获

谷子适宜收获期一般在蜡熟末期最好。收获过早，籽粒不饱满，谷粒含水量高，出谷率低，产量和品质下降；收获过迟，纤维素分解，茎秆干枯，穗码干脆，落粒严重。如遇雨则生芽，使品质下降。谷子脱粒后应及时晾晒，一般籽粒含水量在 13% 以下可入库贮存。

6. 效益分析

马铃薯每亩成本 1 300 元左右，产量约 2 000 ~ 3 000kg，按近年来市场价格 1.40 元/kg 计算，产值 2 800 ~ 4 200 元，可获纯效益 1 500 ~ 2 900 元。谷子每亩成本 400 元，产量 300 ~ 400kg，按 4.00 元/kg 计算，产值 1 200 ~ 1 600 元，可获纯效益 800 ~ 1 200 元。这样每亩一年两作可获纯效益 2 400 ~ 4 100 元。因此，上茬马铃薯下茬复种谷子的栽培模式具有较高的经济效益，是一种比较适合河北省干旱缺水一年两熟区发展的种植模式。

第三节　河北省一年两熟区小麦 + 谷子种植模式节水栽培技术

河北省为我国小麦的主产区，种植面积一般在 3500 万亩左右。在低平原一年两熟区，小麦的主要种植模式为小麦 + 玉米。近年来由于劳动力及生产资料等生产成本的不断升高，这一种植模式的种植效益已越来越低，选择高效的种植模式是目前该区农民增收增效的探求热点。在当前河北省地下水压采的大环境下，小麦的种植面积会有所减小，但在未来相当长一段时间内，小麦作为北方人们的主粮这一习惯仍会长时间存在，种植面积仍会占绝对大的比例，因此探索以小麦为前茬作物的高效栽培模式仍具有十分重要的意义。河北省冬小麦成熟多在 6 月上中旬，此时正是夏谷的最佳播种期，更重要的是谷子耐旱，除播前墒情不足时需要浇一水造墒外，通常整个生育期依靠夏季降水即可满足生长发育的需要。较之玉米至少节省一次灌水，而且谷子的市场价格为玉米的 2 ~ 3 倍，经济效益可观。近年来谷子育种及栽培技术的发展迅猛，谷子主产区也已摆脱传统的人工耧种、人工间苗、除草的原始栽培模式，目前正发展成为简化、高效的机械化生产模式。生产实践表明，以亩产谷子 300kg 计，按目前市场价格折算，"小麦 + 谷子"种植模式较"小麦 + 玉米"或一年一熟棉花种植模式，每亩多收入 300 ~ 500 元，因此，"小麦 + 谷子"模式结合节水种植技术在河北省低平原区还是具有较高种植效益和发展前景的。

一、前茬小麦节水管理栽培技术

1. 提高整地质量，科学施肥造墒

地块旋耕前要将前茬作物的秸秆粉碎两遍，要求茎段长 3 ~ 5cm，且在田间分散均匀，然后施入底肥。目前，氮、磷肥施用较普遍，而钾肥重视不够，因此采取稳氮、增磷、补钾、配微的施肥策略。根据当地的土壤肥力情况，一般每亩施用碳铵 40~50kg、过磷酸钙 75~100kg、硫酸钾 5~10kg、硫酸锌 1~2kg，或磷酸二铵 25kg、尿素 10~20kg、氯化钾 5~10kg、硫酸锌 1~2kg 作底肥。秸秆还田地块底肥中要保证一定量的速效氮肥，这样可以防止土壤微生物分解秸秆与小麦争肥引起黄苗现象。

保证充足底墒是实现节水高产和保证春季生长稳健的关键措施。一般情况下不建议抢墒播种，因为抢墒播种出苗后，若冬前降雨较少，不得已还要浇过冬水，会导致土壤板结，龟裂，蒸发快，越冬死苗多。因此凡播种前没有 50mm 以上有效降雨的，应浇足底墒水，浇水量争取达到每亩 50m³。即使播种期偏晚，也更要保证播种质量，先浇底墒水，再整地播种，避免浇过冬水。

造墒后，在适耕期（土壤含水量达到 60% 左右时，田间判断方法为扒去表土，用手取一把土握成团，站直后于腹部等高处松手使其自然落下，土团多数碎散即为适耕期）用旋耕机旋耕两遍，深度不小于 15cm，要求耕翻土壤翻埋根茬、秸秆，耕后严格耙地糖压，做到耕层上虚下实，土面细平，无大块坷垃。建议每 2~3 年进行一次深耕，耕作深度不小于 20cm。

2. 适期晚播、播量配合，确保播种质量

适期晚播可以减少水分蒸发损失，除了给夏茬作物谷子留出充分的成熟时间以外，还有利于冬前生长稳健，安全越冬，有利于小麦节水技术的运筹。根据近 10 年冬前积温计算适宜播种期为 10 月 5—15 日。

适宜播期内还要有适宜播量，如在 10 月 5—10 日播种，则一般亩播量在 12.5kg 左右，如在 10 月 10—15 日播种则亩播量要在 15kg 左右。一般应在上述适宜播期完成播种，不得已需要晚播的则在 10 月 15 日后，在上述播量基础上，每推迟一天，增加 0.5kg 播量。

播种质量是确保小麦节水高产栽培的关键。要严格把握和确保播种质量。必须做到播深一致，落粒均匀。要求：①采用精选种子。籽粒大小均匀，不含碎瘪粒。②种子处理。近年来小麦病虫害呈增加趋势，必须注意种子处理，首先提倡采用包衣种子，未包衣种子一定要进行药剂拌种。拌种可采用戊唑醇或敌畏丹＋适乐时麦种，晾干播种。③进行播量试播和计量，做到播量准确。④精匀播种。严把播种关，采用 14.5cm 左右等行距播种，务求播深一致（播深 4~5cm），落籽均匀。⑤播后镇压。小麦播种后注意适时镇压，使种子和土壤密切接触，同时密实上部土壤缝隙，避免冬季跑风失墒为免浇冻水打基础。镇压时要待土面有薄层风干土（俗称"白皮"）后进行，畦面过湿严禁镇压。⑥播后打埂造畦：小畦灌溉可以降低灌水量实现节水，一般在播种后及时打埂造畦，每亩作畦 12 个左右为宜。

3. 及时查苗补苗，提高种植质量，简化冬季管理

播种 10 ~ 15d 后应进行查苗补苗，缺苗断垄较严重的要开沟灌水补种，补种前最好用冷水浸泡种子 1d，可提早出苗。出苗前遇雨要及时锄划松土破除板结。在采取足墒播种，秸秆粉碎还田和整地质量好，播种期和播量适宜，播后镇压等系列提高播种技术条件下，冬季管理变得很简单，一般不浇冻水。

特殊情况需要浇冻水的，要在气温稳定下降到 3℃ 左右再浇冻水，一般在 11 月底到 12 月初。因各种原因未浇底墒水的，越冬前无大的有效降雨情况下要保证浇冻水。

4. 浇水、施肥和除草，春季管理为关键

小麦返青到抽穗期间为小麦的春季管理，主要是浇水、施肥和除草。

浇水注意适当推迟春季第一次灌水时间，在采取上述提高种植质量的技术措施后，一般要推迟到拔节期即第二年的 4 月初到 4 月 10 日进行灌溉，最迟不晚于 4 月 15 日，每次灌水量 45 ~ 50m³；同时随第一次灌水追施氮肥。一般亩施尿素 20kg 左右。

小麦返青后注意及时除草，建议采用苯磺隆类除草剂，尽量不用 2，4 - D 类，以确保对小麦安全。此外注意用药时间要适当，用药过晚则用药量大，成本高，防治效果差，还容易造成小麦药害，苯磺隆类麦田除草剂一般在气温高于 10℃ 除草效果为好。推迟春一水到 4 月初灌水的地块一般在 3 月 20—25 日喷施除草剂较好，一般可用 10% 苯磺隆 10g/亩均匀喷洒。

5. 加强后期管理，注重病虫防治、预防干热风

从小麦抽穗到成熟为后期管理时期，此期注意浇水和病虫害防治以及预防干热风。

在小麦第一次灌溉推迟之后，一般年份在小麦扬花—灌浆初期再进行一次灌水即可。此期为小麦田间透光最差时期，注意密切检查和防治小麦白粉病和叶锈病。在小麦病害防治中注意用药及时和连续性。在病害点片发生时用三唑酮等杀菌剂进行两次防治，两次用药时间间隔 1 周。小麦蚜虫防治指标为每百株 800 头，为方便查看可在小麦旗叶上发现麦蚜时及早防治，宜早不宜迟，注意采用高效低毒农药。一般可用抗蚜威或吡虫啉，进行 1 ~ 2 次防治，一般第一次采用内吸性药剂，第二次采用触杀性药剂。

除上述常规病虫外，在本地区小麦吸浆虫和小麦赤霉病发生逐年加重，注意防治。

（1）小麦吸浆虫。首先搞好监测，每个取样点（10cm长，10cm宽，20cm深的土壤中）虫量在5头以上的地块就要进行药剂防治，采取蛹期防治为主，成虫期防治为辅的防治策略。蛹期防治在小麦抽穗前3~5d进行，使用药剂：毒死蜱或甲基异柳磷颗粒剂拌20~25kg细土，顺垄撒于麦田，撒后锄划、浇水可提高防效；成虫期可在小麦抽穗扬花期，用菊酯类与敌敌畏混配进行全田喷雾。

（2）小麦赤霉病。小麦抽穗扬花期遇雨时，赤霉病发生一般较重，可用烯唑醇或多菌灵等广谱杀菌剂喷雾，连续喷2次，间隔5~10d。

另外在灌浆期（开花后15d）开始喷施磷酸二氢钾2~3次，喷药间隔一周，可有效提高粒重，减轻干热风危害。

6. 及时收获

小麦收获一般在6月中旬进行，收获后及时粉碎秸秆两遍，打畦造墒。

二、夏茬谷子节水栽培技术

1. 提早整地

小麦在6月中旬收获后，立即开始粉碎秸秆，墒情较差地块及时造墒。亩施磷酸二铵复合肥25kg，旋耕两遍后镇压。也可以选择免耕直播。

2. 适量播种

谷子播种一般在6月底7月初进行，最晚不迟于7月10日。一般选用经药剂包衣的谷种，亩用种量0.5~0.75kg，行距40~50cm，常规品种、抗除草剂品种留苗密度4.0万~5.0万株/亩，杂交谷子留苗密度为2.5万~3.0万株/亩，播种深度3cm左右，播后随即镇压，使谷粒和土壤充分接触。对于墒情较好的地块。也可采用免耕播种，但要适当加大播量，采用多功能谷物播种施肥一体机进行播种，每亩施入磷酸二铵15kg，肥料随播种施在种子侧下方5~7cm。播后苗前均匀喷洒"谷友"或"谷粒多"除草剂，不漏喷、不重喷。一般用量为120g/亩，墒情好的以及沙壤土的地块适当减少用量，黏重土质和含水量较少的地块适当加大药量。

3. 简化田间管理

大面积栽培按上述播量一般无需间苗。常规谷子品种由于不抗除草剂，谷苗过密的地方可在3~4叶期进行人工间苗，一般平均4~5cm一棵谷苗即可。抗除草剂谷子品种和杂交谷子可采用配套的专用除草剂进行间苗、除草，可有效杀死部分多余谷苗和禾本科杂草，同时结合喷施百阔净（二甲四氯钠）40~60ml/亩，可有效杀死谷田双子叶杂草，实现化学除草。拔节期谷苗9~

11 片叶（出苗后 25d 左右）结合中耕亩追尿素 20kg。谷子抗旱力强，一般年份依靠降雨即可正常生长，通常无需浇水。

4. 收获

谷粒蜡熟期即可收获，一般在 9 月底到 10 月上旬，小面积人工收割，大面积的可机械收割，并及时晾晒、入库。

5. 病虫鸟害防治

谷子病害较少，苗期主要有谷瘟病、谷锈病等。一般无需防治。另外可参照所种谷子品种的种植说明进行药剂喷施。虫害一般在灌浆期多见黏虫，危害严重，可选择菊酯类杀虫剂进行防治。

由于近年来谷子种植较为分散，鸟类危害严重，可通过在田间挂设反光条，以及搭设防鸟网等进行预防。大面积谷子生产则无需防鸟。

第四节　林谷间作高效栽培技术

一、林粮间作模式介绍

林粮间作是在人工造林的前几年，利用幼林行间的裸露地间作农作物，以耕代扶，疏松土壤，消除杂草。这样可以合理利用土地，以短养长，保证林粮双丰收。

林粮间作一般在植树的前 3 年进行，4 年后树木郁闭就不能进行间作了。林粮间作不仅能够充分利用空间与光热等自然资源，同时因为根系分布在不同的土层，又能充分利用不同的土壤养分，具有良好的生态和经济效益。

二、间作作物选择

间作物种的合理选择是林粮间作成功的首要条件。它的原则是以林为主，在不妨碍幼林生长的前提下，同时照顾到农作物的生长需要，保证农作物在幼林内有适合生长的条件，最终达到林粮双丰收的目的。选择间作物种还要考虑林地的立地条件，要因地制宜地选用不同作物进行间作。

河北省水资源先天不足，是一个严重缺水的省份，因此应选择耐旱作物进行间作。谷子属于抗旱耐瘠作物，特别是杂交谷子诞生后，旱地单产效益得到很大提高，而且在北方旱作区，农民为提高种植效益，有用谷子作为间作作物的习惯。谷子属于矮秆作物，与高秆作物相比，不会与幼林争光，不影响幼林的生长发育。同时，谷子是光饱和点较低的耐阴作物，在林中间作能够满足其对光照的要求。近年来，随着农业机械的发展，谷子的播种与收获基本都可以依靠机械完成，大大降低了人工劳动强度。所以，谷子是一个不错的间作物种选择。

三、林谷间作注意事项

（1）林谷间作必须在以林为主，林谷双丰收的原则下进行，要防止一切妨碍幼林生长的现象发生。

（2）行向对谷子产量有一定的影响。南北行向栽植树木，树下谷子的受光时间比较均匀，采光量也要大于东西行向，有利于谷子的生长发育。

（3）在间作过程中，应保证幼树不会在谷子的生产管理中受到损害。尤其是采用机械进行谷子播种与收获的地区，行距应在5m以上，方便播种与收获机械进行工作。同时，为了不对幼树的根系造成影响，谷子与幼树之间应该保持一定距离，其原则是，树小近些，树大远些，一般至少要离幼树根际50cm以上。

（4）谷子在两行幼树间进行单垄宽幅直播，行距40cm，播种量1kg/亩，播种深度2~3cm，亩留苗4万株左右。

（5）秋施基肥能改善土壤结构和培肥地力，应加以重视。施肥种类主要以有机肥为主，有机肥中含有植物所需的多种营养元素，施用有机肥的林树不易发生缺素症。施肥量要根据单位面积、树龄、产量来确定。一般幼树株施有机肥15kg、化肥1kg。

四、谷子田间管理

（1）保全苗。2~3片叶时可以进行查苗补种，5~6片叶时进行间苗、定苗。

（2）中耕除草。谷子的中耕管理大多在幼苗期、拔节期和孕穗期进行，一般2~3次。第一次中耕结合间定苗进行，中耕掌握浅锄、细碎土块、清除杂草。第二次中耕在拔节期进行，中耕要深，同时经行培土。第三次中耕在封行前进行，中耕深度一般以4~5cm为宜，中耕除松土、除草外，同时要进行高培土，以促进根系发育，防止倒伏。

五、谷子效益分析

谷子每亩成本300元，产量200~300kg，每1kg按6.00元计算，产值1 200~1 800元，可获纯效益900~1 500元。

由此可见，林谷间作能够有效提高土地的使用效率，增加农民收入，是个高效的栽培技术。

附件一

衡水地区马铃薯、谷子一年两作种植模式研究

李明哲[1]　熊兴耀[2]　王万兴[2]　孔德男[2]　庞昭进[1]

郭安强[1]　郝洪波[1*]　崔海英[1*]　师志刚[3*]

(1. 河北省农林科学院旱作农业研究所/河北省农作物抗旱研究实验室，河北　衡水　053000；2. 中国农业科学院蔬菜花卉研究所，北京　100081；3. 河北省农林科学院谷子研究所/国家谷子改良中心，石家庄　050031)

【提要】　以马铃薯和衡谷系列夏谷品种为对象研究种植模式，对配套简化高效栽培技术进行了探索。结果表明：马铃薯以早熟品种为宜，播种时间在3月中旬至4月上旬之间；夏谷要选择80～90d的中早熟常规夏谷品种，播种时间一般在7月上旬以前进行。通过2013—2014年的试验：3月上旬起垄覆膜播种马铃薯，收获以后复种一茬谷子，每亩纯收益可达3 000元左右，其中，马铃薯产量在2 000～3 000kg/亩，谷子在300～400kg/亩，而且马铃薯早春地膜覆盖能够节水和有效减少早春扬尘，有较好的生态效益。

【关键词】　马铃薯；谷子；一年两作；种植模式

河北省是全国最大的地下水超采区，深层地下水位降落漏斗区有7个，其中衡水—德州漏斗区面积达到7 933.5km^2。衡水市位于河北省东南部，缺水率高达27.61%，是河北省最大的地下水漏斗区。该地区种植面积最大的农作物为冬小麦、夏玉米和棉花，其中，冬小麦—夏玉米为主要农业种植模式，而冬小麦的灌溉用水占到农业灌溉用水总量的70%，有研究证明，人类开采地下水是该区域地下水位下降的主导因子，而冬小麦为该区农业灌溉用水的主要消耗作物，是造成农业水分供需失衡的主要原因。从我国食物安全的角度来看，完全放弃冬小麦种植不太可行。在地下水严重超采区适度压缩小麦种植，能够在一定程度上缓解或恢复地下水漏斗带来的生态和地质负面影响，但同时造成大量土地春季闲置，也造成大量的光热资

源的浪费。小麦压缩后种什么，是需要迫切解决的问题。为此，立足河北省低平原区地下水资源研究节水种植新模式，改变传统的耕作制度，改善种植结构，有计划有步骤地发展节水农业，探讨农业持续发展的新途径，对指导该类型区的农业生产具有现实意义，而且也将对全国农业的持续发展产生重大影响。

马铃薯具有生长周期短，耐旱、耐贫瘠，高产稳产，区域适应性广等特点，按照河北省种植马铃薯的生态区域划分，河北低平原区为以中早熟马铃薯种植为主的二季作区，从种植历史和马铃薯本身的广适性来看，在该区域大力发展马铃薯种植并逐步替代耗水作物冬小麦种植是可行的。2013 年全市种植面积 667hm^2 左右，与小麦相比每亩可节水 60m^3 以上，平均产量水平在 2 500kg/亩左右，即使按 5:1 折粮后，也可达到 500kg/亩。就马铃薯的增产潜力来看，对保障粮食安全总量水平是可行的，在一定的技术支持下，将会提高该区域粮食产量。谷子抗旱耐瘠、水分利用效率高、化肥农药用量少，是典型的环境友好型作物，每生产 1g 干物质，仅需水 257g，相当于玉米的 1/2 左右。衡水地区传统的种植方式多为夏播，一般在 6 月中下旬播种，9 月下旬收获，正常年份自然降水即可满足生长需要。因此通过筛选合适的品种并配套科学的栽培技术，马铃薯 + 谷子一年两作在理论上是可行的。为此，我们以当地衡谷系列夏谷新品种为核心，结合配套免耕简化高效栽培技术，与不同品种的马铃薯进行了种植模式的栽培研究。

1　材料与方法

1.1　试验地概况

试验于 2014 年在河北省桃城区赵家圈镇进行，生长季降水量见表 1。试验地土壤 pH 值为 7.8，0~20cm 耕层土壤基础养分含量：有机质 1.286%、全氮 0.081%、全磷 0.097%、全钾 2.343%，其中，碱解氮含量 80.233mg/kg、速效磷含量 17.847mg/kg、速效钾含量 171.233mg/kg。

1.2　试验材料与设计

马铃薯品种分别为陇薯 3 号、中薯 5 号和费乌瑞它，所用种薯均脱毒；夏谷品种选用衡谷 10、衡谷 13 号及张杂谷 11 号。试验采用大田试验设计，马铃薯设 3 个播种时期：3 月 15 日（播期 1）、4 月 1 日（播期 2）、4 月 15 日

表 1　2013—2014 年夏谷生长季的气象资料

月份	2013 年		2014 年	
	月气温（℃）	月降水量（mm）	月气温（℃）	月降水量（mm）
3 月	7.8	2.9	10.8	8.2
4 月	12.8	21.1	16.1	57.3
5 月	21.4	29.1	22.5	39.0
6 月	25.3	63.9	25.4	45.5
7 月	27.2	254.9	27.6	46.8
8 月	27.5	132.4	25.8	70.4
9 月	21.4	52.1	21.7	51.7
10 月	14.3	8.8	14.8	7.5

（播期 3），播前撒施三元复合肥（N∶P∶K = 15∶15∶15）1 500kg/hm²，播后灌水，为保证下茬作物谷子正常的生育期，以期获得该模式最佳的整体收益，参试马铃薯品种均在出苗 70d 后进行收获。收获前 7～10d 灌水一次，马铃薯收获后及时进行夏谷免耕播种，夏谷播种时间分别为 6 月 10 日（播期 1）、6 月 15 日（播期 2）、7 月 1 日（播期 3），播前不造墒、不施肥。结合谷子拔节期中耕追施尿素（N 46%）450kg/hm²。每个播期设 3 次重复，马铃薯采用单行单垄播种，行距 60cm，株距 15cm，播种深度 13cm；夏谷为条状播种，行距 40cm，播种量为 15kg/hm²，留苗密度在 75 万苗/hm² 左右。

1.3　分析方法

马铃薯每个播期均于出苗后 70d 后收获。调查马铃薯不同品种、不同播种时期的商品薯率和小区产量，以及夏谷不同播期的小区产量。采用 LSD 法对产量进行方差分析，同时结合衡水当地经济状况进行不同种植模式的生产效益分析。

2　试验结果与分析

2.1　马铃薯产量性状

马铃薯不同品种、不同播期的产量表现及商品薯率详见表 2。

表2　马铃薯参试品种产量的差异性比较

播期	品种	商品薯率（%）	产量（kg/hm²）	显著性差异 5%	显著性差异 1%
播期1	费乌瑞它	93.15	37 868.70	a	A
	中薯5号	88.32	37 413.00	a	AB
	陇薯3号	73.42	35 954.70	bc	C
播期2	费乌瑞它	91.44	37 686.45	a	A
	中薯5号	85.65	37 139.55	a	ABC
	陇薯3号	65.23	32 536.95	d	D
播期3	费乌瑞它	88.45	36 182.55	b	BC
	中薯5号	54.88	23 250.00	e	E
	陇薯3号	51.25	14 880.00	f	F

由表2可以看出，马铃薯3个不同品种的商品薯率均随播种时间的推迟而逐渐降低，其中商品薯率最高的为播期1，最低的为播期3，说明为取得较好的商品薯率应提早播种。在同一播期内3个品种的商品薯率由高到低依次为费乌瑞它、中薯5号、陇薯3号，即费乌瑞它商品薯最多，其次为中薯5号，陇薯3号最少，表明在该种植模式下早熟品种的商品率较高。

马铃薯3个品种的产量均表现为播期越早产量越高，即在播期1的产量最高，在播期3的产量最低，表明马铃薯要想在有限的生育时间内取得较高的产量应提早进行播种。在同一播期内3个品种的产量由高到低依次为费乌瑞它、中薯5号、陇薯3号，方差分析表明在播期1、播期2中费乌瑞它和中薯5号的产量无显著性差异，但二者与陇薯3号有极显著差异，说明费乌瑞它、中薯5号在70d的生育时期内有着较好的产量。在播期3中，3个品种间具有极显著性差异，表明3个品种随着播种时间的推迟，产量会明显降低且差异极显著。费乌瑞它和中薯5号生育期60d（从出苗算起），均为早熟品种，而陇薯3号生育时间为110d，属中晚熟品种，从上述试验数据来看，不适合该种植模式，因此在马铃薯＋谷子种植模式中马铃薯品种应选用早熟品种。

2.2　夏谷产量性状

夏谷不同品种、不同播期的产量比较见表3。

表 3　谷子参试品种产量的差异性比较

播期	品种	产量（kg/hm²）	显著性差异 5%	显著性差异 1%
播期 1	衡谷 10 号	5 765.81	a	A
	衡谷 13 号	5 738.06	a	A
	张杂谷 11 号	5 154.24	d	AB
播期 2	衡谷 10 号	5 696.43	ab	AB
	衡谷 13 号	5 689.49	ab	ABC
	张杂谷 11 号	5 118.84	e	BC
播期 3	衡谷 10 号	5 579.04	bcd	C
	衡谷 13 号	5 472.84	cd	D
	张杂谷 11 号	4 956.00	f	E

由表 3 试验结果可以看出，同一播期内，衡谷 10 号产量最高，3 个播期的产量分别为 5 765.81kg/hm²、5 696.43kg/hm²、5 579.04kg/hm²；其次为衡谷 13 号、张杂谷 11 号，3 个播期的产量分别为 5 472.84kg/hm²、5 689.49kg/hm²、5 738.06kg/hm² 和 4 956.00kg/hm²、5 118.84kg/hm²、5 154.24kg/hm²。方差分析表明在同一播期内衡谷 10 号与衡谷 13 号的产量差异不显著，但二者与张杂谷 11 号的产量有显著差异。

在 3 个不同播种时期，3 个夏谷品种的产量均随播期的推迟而逐渐降低，因此在马铃薯种植模式中，夏谷的播种时间应尽早提前。衡谷 10 号、衡谷 13 号播期 1 中的产量与播期 2 中的差异不显著，在播期 2 与播期 3 差异中二者产量也不显著，但在播期 1 与播期 3 时差异极显著，表明衡谷 10 号和衡谷 13 号的产量虽然随播期的推迟而逐渐降低，但对播种时期不是太敏感；而张杂谷 11 号在 3 个不同播种时期的产量差异均达到极显著差异，说明张杂谷 11 号产量对播种时间极为敏感，产量会随时间的推迟有明显降低。

3　效益分析

目前，衡水地区主要农作物种植模式多为一年两熟的小麦 + 玉米及一年一熟的棉花，前者小麦生长期需水量大，经济效益仅体现在后茬作物玉米上，收益不明显，后者棉花一年一作，费工、费时，人工投入较多，收入亦较少。马铃薯耐旱、耐贫瘠，谷子也是公认的耐旱作物，二者即使在雨养条件下也可获得较好的经济效益。表 4 为衡水地区 2013—2014 年当地不同种植模式下经济效益的分析比较。

表4 不同栽培模式的经济效益分析

项目	小麦+玉米（元/hm²）	棉花（元/hm²）	马铃薯+谷子（元/hm²）
浇水	3 750	750	2 250
整地	1 200	1 050	1 050
化肥	4 200	3 000	3 900
播种	1 200	750	1 500
药剂	300	750	2 250
人工	450	5 550	6 000
收获	2 100	3 750	4 500
种子	1 650	375	6 750
其他	450	1 500	3 450
支出合计	15 300	17 475	31 650
收入	33 000	28 500	78 750
纯收益	17 700	11 025	47 100

注：小麦以 2.2 元/kg 计，玉米以 1 元/kg 计，棉花以 6 元/kg 计，马铃薯以 1.5 元/kg 计，谷子以 5 元/kg 计

由表4可以看出，马铃薯—谷子种植模式纯收益为47 100元/hm²，分别较当地小麦—玉米种植模式以及一年一熟的棉花种植模式高4 857元/hm²、11 532元/hm²。更重要的是在此种植模式中，两个作物都为节水型作物，符合当地生态环境要求，节约了水资源，生态效益更为可观。

4 讨论

4.1 马铃薯品种的选择及播种时期

在马铃薯—谷子一年两作种植模式中，马铃薯要选择中早熟品种，从出苗算起，生长时间一般在70~90d；播种时间应尽早进行，一般在3月中旬至4月上旬之间播种即可，中熟品种应适当推迟收获，即适时早种，适时晚收。

4.2 谷子品种选择与播种时间

在马铃薯—谷子一年两作种植模式中，夏谷一般要求为80~90d的中熟品种，其中常规夏谷品种通常对播种时间不太敏感，播种时间一般在7月上旬完成即可。

附件二

马铃薯对谷子萌发的化感作用研究

马铃薯是茄科茄属双子叶植物。其块茎营养丰富，被誉为人类的"第二面包"和"地下苹果"。马铃薯既能做蔬菜和粮食，又能做饲料，被誉为21世纪的十大热门营养健康食品之一和最有发展前景的经济作物之一。马铃薯在我国的栽培面积和总产均居世界第一位。谷子具有抗旱耐瘠、水分利用效率高、适应性广、营养丰富、各种成分平衡、饲草蛋白含量高等突出特点，被认为是应对未来水资源短缺的战略贮备作物，是建设可持续农业的生态作物以及人们膳食结构调整、平衡营养的特色作物。衡水属北方马铃薯二作区，马铃薯可在春季土壤解冻后种植并于6月收获，后茬可考虑种植谷子，谷子能于10月收获，这种种植模式可能获得较高的经济效益。但是前茬马铃薯收获后留在田里的枝、叶以及根系可能对后茬谷子萌发产生化感作用。化感作用就是指一个活体植物通过地上部分茎叶挥发、茎叶淋溶、根系分泌等途径向环境中释放一些化学物质，从而影响周围植物的生长和发育。近年来，植物化感作用的研究已经引起世界各国生态学家的普遍重视，并成为农业生态学和化学生态学研究的最活跃领域之一。因此本实验拟以常见谷子品种为受体，研究7个马铃薯品种地上部分和地下部分分别对谷子发芽的影响，旨在了解马铃薯对谷子萌发期的化感作用，寻找谷子抗性最好的马铃薯品种，对衡水地区马铃薯—谷子这种种植模式提供指导。

1 材料与方法

1.1 供试材料

马铃薯品种费乌瑞它、大西洋、中薯5号、兴佳2号、丽薯6号、红美、黑玫瑰2号。谷子品种为衡谷13。

1.2 处理方法

在6月马铃薯收获期选取无病虫害的马铃薯植株，将地上部分和地下部分分开，蒸馏水洗净后自然晾干，剪成1cm小段，置于蒸馏水中浸泡48h，期间不断摇晃，过滤后获得地上部分和地下部分的浸提液。地上部分浸提液的质量百分比浓度为1%、2.5%、5%、7.5%、10%；地下部分浸提液的质量百分比浓度为1%、5%、10%。

将谷子种子用 $HgCl_2$ 消毒 10min，蒸馏水洗净后置于有滤纸的培养皿中，每皿 50 粒，分别加入上述浸提液，以蒸馏水为对照，3 次重复，在 25℃ 温箱中培养。每天定时观察并记录种子发芽状况，7d 后从各处理中挑选 10 株幼苗，分别测量根长、苗高、称量鲜重。

1.3　数据处理

统计发芽率、发芽势、发芽指数、活力指数、化感作用抑制率（RI）等数据，并进行隶属函数分析。发芽率 =（种子萌发数/供试种子总数）× 100%，发芽势 =（前 3d 种子萌发数/供试种子总数）× 100%，发芽指数 = $\sum (G_t/D_t)$，G_t 表示在第 t 天种子的发芽数，D_t 表示相应的发芽天数。活力指数 = 发芽指数 × 幼苗鲜重，化感作用抑制率 RI =（1 − 处理/对照）× 100%，RI > 0 表示处理具有抑制作用，RI < 0 表示具有促进作用。

采用模糊数学中隶属法进行抗化感性综合评价。抗化感系数 = 胁迫处理值/对照值，抗化感指数 =（抗化感系数 × 胁迫处理值）/所有品种胁迫处理平均值。按照公式 $F_{ij} = (X_{ij} - X_{jmin}) / (X_{jmax} - X_{jmin})$ 计算各品种的每个指标在各种处理时的隶属值，其中，F_{ij} 为 i 品种 j 性状指标测定的具体隶属值，X_{ij} 为 i 品种 j 性状的抗化感指数值，X_{jmin} 和 X_{jmax} 分别为所有品种的 j 性状中抗化感指数值的最小值和最大值。求出各品种的每个性状指标在所有处理下的平均值，计算各品种在 7 个性状指标的平均值，该平均值就是该品种的具体隶属度。隶属度按四级制划分标准：隶属度大于 0.7 为强抗，定为 Ⅰ 级；隶属度在 0.7~0.4 之间为较抗，定为 Ⅱ 级；隶属度在 0.3~0.4 为弱抗，定为 Ⅲ 级；隶属度 < 0.3 为不抗或易感，定为 Ⅳ 级。

2　结果及分析

2.1　马铃薯浸提液对谷子发芽的影响

2.1.1　地上部分浸提液对谷子发芽的影响（表1）

6 种马铃薯地上部分浸提液处理均降低谷子发芽率。品种大西洋、中薯 5

表1　马铃薯地上部分浸提液对谷子发芽的影响

处理		发芽率（%）	发芽率抑制率（%）	发芽势（%）	发芽势抑制率（%）	发芽指数	发芽指数抑制率（%）
蒸馏水处理		89.3	-	86.7	-	24.0	-
费乌瑞它	1%	74.7	16.3	68.7	20.8	17.4	27.5
	2.5%	68.7	23.1	63.3	27.0	15.2	36.7
	5%	62.9	29.6	57.1	34.1	13.7	42.9
	7.5%	35.3	60.5	30.7	64.6	7.0	70.8
	10%	33.3	62.7	26.0	70.0	7.0	70.8
大西洋	1%	88.7	0.7	74.0	14.6	19.7	17.9
	2.5%	55.3	38.1	42.7	50.7	11.5	52.1
	5%	43.3	51.5	31.3	63.9	9.2	61.7
	7.5%	34.0	61.9	24.7	71.5	6.0	75.0
	10%	13.3	85.1	7.3	91.6	2.03	91.5
中薯5号	1%	89.33	0.00	78.00	0.10	23.67	0.01
	2.5%	80.67	0.10	70.00	0.19	16.17	0.33
	5%	75.82	0.15	59.33	0.32	15.06	0.37
	7.5%	54.33	0.39	40.33	0.53	9.17	0.62
	10%	23.67	0.74	14.33	0.83	5.11	0.79
兴佳2号	1%	85.3	4.5	79.3	8.5	19.4	19.2
	2.5%	85.3	4.5	69.3	20.1	16.1	32.9
	5%	80.0	10.4	70.0	19.3	15.9	33.8
	7.5%	78.0	12.7	70.7	18.5	14.9	37.9
	10%	56.3	37.0	47.3	45.4	9.1	62.1
丽薯6号	1%	75.3	15.7	62.0	28.5	14.2	40.8
	2.5%	76.7	14.1	63.3	27.0	14.2	40.8
	5%	56.0	37.3	41.0	52.7	10.0	58.3
	7.5%	30.7	65.6	11.3	87.0	5.0	79.2
	10%	28.7	67.9	10.3	88.1	2.2	90.8
红美	1%	77.3	13.4	68.0	21.6	17.6	26.7
	2.5%	74.7	16.3	54.7	36.9	16.5	31.3
	5%	48.0	46.2	18.7	78.4	7.4	69.2
	7.5%	24.7	72.3	7.3	91.6	3.1	87.1
	10%	15.7	82.4	2.3	97.3	1.9	92.1
黑玫瑰2号	1%	80.0	10.4	61.3	29.3	16.3	32.1
	2.5%	43.3	51.5	36.7	57.7	8.3	65.4
	5%	21.7	75.7	12.3	85.8	5.1	78.8
	7.5%	13.3	85.1	5.3	93.9	2.3	90.4
	10%	3.7	95.9	0	100.0	1.1	95.4

号、兴佳2号的1%低浓度处理使谷子发芽率略下降，其余品种明显降低发芽率。当浸提液浓度升高为2.5%时，马铃薯品种大西洋、黑玫瑰2号降低谷子发芽率幅度最大，抑制率为38.1%~51.5%，而中薯5号、兴佳2号抑制作用最小，抑制率<10%，其余品种介于中间。随着各种浸提液浓度的升高，谷子发芽率继续降低，当浸提液浓度5%时，发芽率抑制率为10.4%~75.7%，平均为38%，马铃薯品种之间也存在如上的差异。10%高浓度的浸提液抑制效果最大，抑制率为37.0%~95.9%，平均值为72%。

浸提液对谷子发芽势和发芽指数的影响趋势同发芽率一样，即浸提液有抑制作用，且随着浸提液浓度的升高，抑制作用越大，品种之间也存在差异。对比同种浸提液相同浓度处理的抑制率数值，发芽势和发芽指数抑制率高，发芽率抑制率低，说明马铃薯浸提液主要影响是降低了谷子发芽的速度，导致发芽慢，发芽不整齐，影响播种之后大田苗的整齐程度。

2.1.2　地下部分浸提液对谷子发芽的影响（表2）

表2　马铃薯地下部分浸提液对谷子发芽的影响

处理		发芽率（%）	发芽抑制率（%）	发芽势（%）	发芽势抑制率（%）	发芽指数	发芽指数抑制率（%）
蒸馏水处理		89.3	–	86.7	–	24.0	–
费乌瑞它	1%	55.1	38.3	47.3	45.4	23.5	2.1
	5%	48.3	45.9	26.7	69.2	17.6	26.7
	10%	0.0	100.0	4.0	95.4	1.8	92.5
大西洋	1%	34.9	60.9	23.3	73.1	14.5	39.6
	5%	12.3	86.2	3.0	96.5	3.6	85.0
	10%	6.3	92.8	2.8	96.8	1.8	92.5
中薯5号	1%	57.3	35.8	33.0	61.9	19.8	17.5
	5%	48	46.2	35.7	58.8	17.6	25.8
	10%	31.3	64.9	22.3	74.3	12.1	49.6
兴佳2号	1%	77.3	13.4	49.0	43.5	29.5	-22.9
	5%	54.8	38.6	36.3	58.1	19.8	17.5
	10%	15	83.2	11.1	87.2	5.5	77.1
丽薯6号	1%	52.0	41.8	33.4	61.5	20.4	15.0
	5%	18.3	79.5	14.2	83.6	6.2	74.2
	10%	10.1	88.7	7.0	91.9	3.1	87.1

（续表）

处理		发芽率（%）	发芽抑制率（%）	发芽势（%）	发芽势抑制率（%）	发芽指数	发芽指数抑制率（%）
红美	1%	57.0	36.2	43.0	50.4	20.0	16.7
	5%	7.4	91.7	6.3	92.7	3.3	86.3
	10%	6.1	93.2	4.7	94.6	2.4	90.0
黑玫瑰2号	1%	44.9	49.7	28.3	67.4	18.8	21.7
	5%	15.0	83.2	7.4	91.5	5.2	78.3
	10%	4.3	95.2	3.0	96.5	1.4	94.2

和马铃薯地上部分浸提液一样，地下部分浸提液抑制了谷子的发芽率，发芽势和发芽指数。1%低浓度处理显著降低了发芽率，抑制率为13.4%~60.9%，平均值为39%，马铃薯品种之间存在差异，兴佳2号的抑制作用最小。5%处理时发芽率继续明显下降，平均为67.3%，10%处理的抑制率平均则为88.3%，因此，地下部分对谷子发芽率的影响高于地上部分。

除兴佳2号的1%浸提液促进发芽指数以外，地下部分浸提液对发芽势和发芽指数的抑制作用趋势同发芽率相同，也具有浓度效应。对比抑制率数值，地下部分浸提液对发芽势的影响最大，对发芽指数影响最小，说明地下部分主要降低谷子种子前3d的发芽数，使整体发芽速度减缓。

2.2　浸提液对谷子幼苗生长的影响

2.2.1　地上部分浸提液对谷子幼苗生长的影响（表3）

表3　马铃薯地上部分浸提液对谷子幼苗生长的影响

处理		根长（cm）	根长抑制率（%）	苗高（cm）	苗高抑制率（%）	100株重（g）	株重抑制率（%）	活力指数	活力指数抑制率（%）
蒸馏水处理		5.98	–	3.68	–	1.443	–	34.623	–
费乌瑞它	1%	6.03	-0.8	3.91	-6.2	1.707	-18.3	29.729	14.14
	2.50%	4.98	16.7	4.56	-23.9	1.549	-7.4	23.537	32.02
	5%	4.99	16.6	4.38	-19.1	1.882	-30.5	25.686	25.81
	7.50%	3.66	38.8	3.59	2.5	1.34	7.1	9.418	72.80
	10%	3.04	49.2	3.15	14.4	1.31	9.2	9.133	73.62

（续表）

处理		根长（cm）	根长抑制率（%）	苗高（cm）	苗高抑制率（%）	100株重（g）	株重抑制率（%）	活力指数	活力指数抑制率（%）
大西洋	1%	4.41	26.3	3.57	2.9	1.611	-11.7	31.687	8.48
	2.50%	4.31	28.0	4.10	-11.4	1.708	-18.4	19.597	43.40
	5%	3.75	37.3	3.95	-7.2	1.764	-22.3	16.171	53.29
	7.50%	2.71	54.7	2.03	44.9	1.138	21.1	6.825	80.29
	10%	0.97	83.7	0.94	74.5	1.16	19.6	2.352	93.21
中薯5号	1%	5.24	12.4	3.93	-6.8	1.508	-4.5	35.694	-3.09
	2.50%	4.64	22.4	3.20	13.0	1.7	-17.8	27.477	20.64
	5%	2.71	54.7	3.41	7.3	1.763	-22.2	26.539	23.35
	7.50%	1.83	69.4	3.02	17.9	1.734	-20.2	15.893	54.10
	10%	0.28	95.3	1.43	61.1	1.254	13.1	6.408	81.49
兴佳2号	1%	5.41	9.5	3.06	16.8	1.6	-10.9	30.97	10.55
	2.50%	4.53	24.2	4.45	-21.0	1.654	-14.7	26.646	23.04
	5%	4.17	30.3	4.19	-13.8	1.749	-21.2	27.88	19.48
	7.50%	1.88	68.6	3.98	-8.0	1.677	-16.2	24.973	27.87
	10%	1.65	72.4	3.63	1.4	1.327	8.0	12.091	65.08
丽薯6号	1%	4.08	31.8	3.42	7.1	1.658	-14.9	23.533	32.03
	2.50%	3.93	34.3	4.07	-10.5	1.728	-19.8	24.567	29.04
	5%	3.01	49.7	3.81	-3.5	1.356	6.0	13.614	60.68
	7.50%	2.58	56.8	2.01	45.4	1.258	12.8	6.256	81.93
	10%	1.83	69.3	1.76	52.1	0.852	40.9	1.892	94.54
红美	1%	5.40	9.7	4.40	-19.7	1.518	-5.2	26.726	22.81
	2.50%	5.32	11.1	4.64	-26.0	1.611	-11.7	26.567	23.27
	5%	3.95	34.0	3.88	-5.4	1.64	-13.7	12.112	65.02
	7.50%	1.29	78.4	2.33	36.6	0.973	32.6	2.999	91.34
	10%	0.70	88.3	1.05	71.5	0	100.0	0	100.00
黑玫瑰2号	1%	4.78	20.1	3.77	-2.4	1.512	-4.8	24.609	28.92
	2.50%	4.17	30.2	3.63	1.3	1.15	20.3	9.583	72.32
	5%	3.24	45.8	2.46	33.3	0.427	70.4	2.182	93.70
	7.50%	1.59	73.4	1.88	49.0	0	100.0	0	100.00
	10%	0.63	89.4	1.13	69.4	0	100.0	0	100.00

　　6种浸提液中除品种费乌瑞它的1%低浓度轻微促进谷子根长以外，其余品种的各种浓度浸提液均抑制根长，且1%的低浓度就与蒸馏水处理达到显著差异，随着浸提液浓度的增加，抑制效果越明显。5种浓度浸提液的平均根长抑制率为15.6%、23.8%、38.3%、62.9%、78.2%。

　　地上部分浸提液对苗高的影响和根长不同。对中薯5号、黑玫瑰2号而言，1%低浓度处理轻微促进苗高，与蒸馏水处理差异不显著，其余浓度的浸提液起抑制作用，抑制效果也具有浓度效应。其余5个马铃薯品种均表现为在1%~5%低中浓度时促进苗高，从抑制率数值来看，促进作用呈现先大后小的趋势，浓度>5%时抑制苗高，抑制作用具有浓度效应。这说明马铃薯地上部分浸提液中存在某些化感物质，在一定范围内含量越高越有利于苗的生长，当超过这一极限，含量太高则开始起相反的抑制作用。

对株重而言，黑玫瑰2号的1%浓度处理不显著促进株重，随着浸提液浓度升高，株重下降，均低于蒸馏水处理。其余6个品种的浸提液浓度在低于5%，促进株重，5%以上抑制株重，促进或抑制效果均随着浓度的升高而增加。

品种中薯5号的1%低浓度处理不显著促进活力指数，其余浓度处理均是抑制作用。其余6个品种的浸提液均抑制活力指数，抑制效果也是随着处理浓度的升高而增大。

对根长、活力指数的影响大于对苗高、株重的影响。因此，马铃薯浸提液主要是抑制地下根系的伸展，限制根系的发育，从而影响水分、营养吸收，最终会导致地上部分发育速度减慢，造成弱苗、减产。

2.2.2 地下部分浸提液对谷子幼苗生长的影响（表4）

马铃薯品种中薯5号、兴佳2号、红美的1%低浓度处理促进谷子根长，

表4 马铃薯地下部分浸提液对谷子幼苗生长的影响

处理		根长（cm）	根长抑制率（%）	苗高（cm）	苗高抑制率（%）	100株重（g）	株重抑制率（%）	活力指数	活力指数抑制率（%）
蒸馏水处理		5.98	–	3.68	–	1.443	–	34.623	–
费乌瑞它	1%	5.69	4.8	4.01	-9.0	1.652	-14.5	38.827	-12.1
	5%	4.58	23.4	4.07	-10.6	1.905	-32.0	33.528	3.2
	10%	2.36	60.5	2.6	29.3	1.343	6.9	2.458	92.9
大西洋	1%	5.58	6.7	3.66	0.5	1.724	-19.5	25.004	27.8
	5%	4.53	24.2	3.73	-1.4	1.761	-22.0	6.305	81.8
	10%	2.2	63.2	1	72.8	0	100.0	0	100.0
中薯5号	1%	6.53	-9.2	3.82	-3.8	1.699	-17.7	33.672	2.7
	5%	5.28	11.7	3.71	-0.8	1.537	-6.5	27.398	20.9
	10%	5.09	14.9	2.84	22.8	1.076	25.4	12.991	62.5
兴佳2号	1%	6.15	-2.8	3.55	3.5	1.508	-4.5	44.492	-28.5
	5%	5.11	14.5	4.23	-14.9	1.179	18.3	23.279	32.8
	10%	3.8	36.5	2.58	29.9	1.072	25.7	5.896	83.0

（续表）

处理		根长 （cm）	根长 抑制率 （%）	苗高 （cm）	苗高 抑制率 （%）	100 株重 （g）	株重 抑制率 （%）	活力 指数	活力指数 抑制率 （%）
丽薯 6号	1%	4.85	18.9	3.71	-0.8	1.694	-17.4	34.591	0.1
	5%	3.35	44.0	3.61	1.9	1.209	16.2	7.459	78.5
	10%	1.36	77.3	1.68	54.3	0.803	44.4	2.473	92.9
红美	1%	6.65	-11.2	4.25	-15.5	1.858	-28.8	37.163	-7.3
	5%	4.2	29.8	3.51	4.6	1.046	27.5	3.4	90.2
	10%	2.78	53.5	2.48	32.6	0.753	47.8	1.822	94.7
黑玫 瑰2 号	1%	5.59	6.5	3.75	-1.9	1.53	-6.0	28.692	17.1
	5%	5.238	12.4	3.1	15.8	1.23	14.8	6.361	81.6
	10%	2.85	52.3	2.25	38.9	0	100.0	0	100.0

其中，中薯5号、红美的处理达到了显著水平，其余浓度处理起抑制作用。另外4个品种的所有浸提液均起抑制作用。

马铃薯品种之间对苗高的影响差异较大。大西洋、中薯5号、丽薯6号、黑玫瑰2号的浸提液浓度在5%以下时促进苗高，但与蒸馏水处理差异不显著，品种费乌瑞它、兴佳2号、红美的5%以下低浓度能显著促进苗高。5%以上高浓度均起抑制作用。这也说明地上部分生长所需的营养物质与地下根系不同，一定含量的化感物质可以促进苗的生长，超过某一极限则起相反作用。

浸提液对株重的影响表现为低浓度促进高浓度抑制。其中，马铃薯品种兴佳2号、黑玫瑰2号的1%低浓度处理略微促进株重，丽薯6号、红美的1%处理则显着促进株重。费乌瑞它、大西洋、中薯5号的1%～5%处理起促进作用，其中费乌瑞它、大西洋的促进效果随浓度升高而增加，中薯5号的促进效果随浓度的增加而减小。

费乌瑞它、兴佳2号、红美的1%处理促进活力指数，其中费乌瑞它、兴佳2号处理达到了显著水平，其余处理起抑制作用，其他品种浸提液完全抑制活力指数。

2.3　马铃薯浸提液对谷子萌发期影响的综合评价

对7个指标进行隶属函数分析，对地上部分的化感作用而言，谷子对品种兴佳2号抗性最高，属于Ⅰ级，对品种费乌瑞它、中薯5号的抗性其次，属于Ⅱ级，对品种大西洋、丽薯6号、红美的抗性更低，属于Ⅲ级，对黑玫瑰2号敏感，属于Ⅳ级（表5）。对地下部分的化感作用来说，谷子对中薯5

表5 地上部分浸提液对谷子萌发期影响的综合评价

品种	发芽率	发芽势	发芽指数	根长	苗高	株重	活力指数	平均值
兴佳2号	0.939 9	0.995 4	0.811 1	0.410 7	0.750 4	0.823 3	0.897 1	0.80
费乌瑞它	0.326 4	0.455 4	0.542 6	0.945 5	0.814 0	0.889 9	0.541 6	0.65
中薯5号	0.675 4	0.609 0	0.692 8	0.233 2	0.357 7	0.719 7	0.716 4	0.57
大西洋	0.322 8	0.227 1	0.347 4	0.267 9	0.223 9	0.702 2	0.301 0	0.34
丽薯6号	0.320 4	0.233 5	0.223 7	0.175 4	0.422 0	0.635 2	0.217 7	0.32
红美	0.258 4	0.171 3	0.269 2	0.429 4	0.504 4	0.374 0	0.268 4	0.33
黑玫瑰2号	0.065 8	−0.000 2	0.044 2	0.151 0	0.165 2	0.075 6	0.013 9	0.07

抗性最高,属于Ⅰ级,对费乌瑞它、兴佳2号的抗性其次,属于Ⅱ级,对红美的抗性更低,属于Ⅲ级,对大西洋、丽薯6号、黑玫瑰2号敏感,属于Ⅳ级(表6)。因此,马铃薯地上部分和地下部分的化感作用趋势基本一致,综合来说谷子对费乌瑞它、中薯5、兴佳2号的化感作用抗性较好,对黑玫瑰2号最敏感,对红美、大西洋、丽薯6号的抗性介于中间。

表6 地下部分浸提液对谷子萌发期影响的综合评价

品种	发芽率	发芽势	发芽指数	根长	苗高	株重	活力指数	平均值
中薯5号	0.728 2	0.767 0	0.696 4	0.977 2	0.589 2	0.666 6	0.680 8	0.73
兴佳2号	0.738 3	0.745 9	0.733 1	0.704 1	0.545 6	0.245 8	0.561 4	0.61
费乌瑞它	0.386 1	0.490 0	0.439 2	0.389 2	0.747 1	0.880 2	0.562 7	0.56
红美	0.149 5	0.251 5	0.105 3	0.543 1	0.691 2	0.662 7	0.193 2	0.37
丽薯6号	0.164 4	0.174 7	0.146 5	−0.001 9	0.255 1	0.446 8	0.166 6	0.19
大西洋	0.017 4	−0.005 5	0.005 4	0.350 0	0.178 7	0.594 7	0.009 1	0.16
黑玫瑰2号	0.075 8	0.053 9	0.086 0	0.537 2	0.244 4	0.082 6	0.058 1	0.16

3 讨论

本研究表明,马铃薯地上和地下部分均存在化感物质,这些化感物质通过淋溶、挥发、分解等途径进入土壤中,并在土壤中积累从而影响谷子种子萌发。但是对各萌发指标的影响不同,地上部分和地下部分的影响也有区别。

综合来说,所有马铃薯品种的浸提液均抑制了谷子的发芽率、发芽势和发芽指数,大部分品种低浓度处理就起到显著作用,其中地下部分的抑制效果大于地上部分,可能是不同部分分泌的化感物质种类和含量不同的原因,这种抑制作用最终造成谷子发芽速度减小,发芽不整齐,发芽数量减少,影响大田立苗。

马铃薯的化感作用对谷子幼苗生长的影响和发芽不同。部分马铃薯品种

1%低浓度浸提液促进根长、活力指数，其中有些品种地下部分的促进作用达到显著水平，再高的浓度则完全抑制根长，其余品种完全抑制。低中浓度处理促进苗高、株重，高浓度则抑制。对根长和苗高的影响不同可能是它们发育所需不同的营养物质的原因。因此，马铃薯的化感物质首先阻碍了根系的生长，最终造成整株发育不良，影响壮苗。因此，在大田生产中，当前茬马铃薯收获后，应尽可能除去残留的茎、叶、根，以减少土壤中的化感物质含量，减少对后茬谷子萌发的影响。

附件三

黑龙港地区谷、草一年两作种植
模式的可行性研究

【摘要】 对 3 个优良的谷子品种及 12 个饲用小黑麦品种进行比较试验，结果表明：懒谷 3 号具有较高的产量，且管理简单，便于推广应用，是本模式的首选谷子品种；饲用小黑麦 NTH1048 鲜、干草产量较高，适合作为饲用型小黑麦种植。把两者进行组装，可获得很好的效益，而且节水效果明显。

【关键词】 黑龙港；谷子；饲用小黑麦；筛选；种植模式

黑龙港流域是我国最为缺水的地区之一，本区种植面积最大的农作物为冬小麦、夏玉米和棉花，其中冬小麦的灌溉用水占农业灌溉用水总量的70%。以沧州、衡水为例，据统计，在保证粮食安全标准的前提下，2005 年小麦和玉米分别多播种 16 万 hm^2 和 30 万 hm^2，若改种其他节水农作物或发展旱作农业，按河北省农业灌溉定额计算，每年可节水 5.4 亿 m^3，节水效果很明显。

谷子是公认的抗旱作物，是中国几千年的主栽作物和中华民族的哺育作物，但新中国成立以来，谷子种植面积大幅下滑，据中国农业信息网统计数据显示，1999—2003 年河北省年均谷子种植面积 27.5 万 hm^2，仅相当于 1949—1953 年均值的 16.5%，造成这一现状的根本原因是比较效益低，急需探讨一种新的种植模式，提高种植效益。

谷子在黑龙港地区为晚春播或夏播，生长期较短，可与越冬性作物进行一年两作。黑龙港地区为河北省草食畜牧业发展的核心区域，优质饲草的缺乏已成为制约该区畜牧业尤其是奶业实现快速高效发展的瓶颈问题。饲用小黑麦是越冬性饲草作物，具有生物产量高、营养价值高、抗逆性强、适应性广、抗旱节水等特点，并能有效缓解冬春枯草季饲草紧张的矛盾。因此，探讨谷子+饲草小黑麦进行一年两作，对于黑龙港地区农业畜牧业可持续发展具有重要的现实意义。

1 材料与方法

1.1 试验材料

饲用小黑麦品种 12 个，分别为：NTH2179、NTH2591、NTH2146、NTH2685、NTH2351、NTH2337、NTH2597、NTH1933、NTH1877、中饲 237、NTH1048 和 NTH1887。谷子品种选择在本地栽培试验中均表现较好的 3 个品种：沧 344、懒谷 3 号、张杂谷 8 号。

1.2 试验方法

1.2.1 试验地点

河北省农林科学院旱作农业研究所试验站（河北省深州市护驾迟镇）进行。试验地位于 115°42′E，37°4′N，海拔高度 20m，年平均降水量 510mm，其中 70% 的降水集中在 7—8 月。年平均气温 12.6℃，无霜期 206d。

2007 年、2008 年、2009 年进行饲用小黑麦的筛选试验，2009 年、2010 年进行谷子播期效益试验。

1.2.2 试验设计

随机区组设计，3 次重复，小区面积 8.8m^2。小黑麦筛选试验每区 9 行，行距 20cm，播量 150kg/hm^2，试验共计 36 个小区。播前底施尿素 375kg/hm^2，复合肥（N：P：K，15：15：15）750kg/hm^2；返青后结合灌水追施尿素 150kg/hm^2；谷子播期试验，行距 40cm，株距 3cm，共计 9 个小区，播期分别为播期 1（5 月 20 日）、播期 2（6 月 5 日）、播期 3（6 月 20 日），播前底施二铵 375kg/hm^2，拔节期结合降雨追施尿素 300kg/hm^2。

1.2.3 调查项目及方法

产草量：小黑麦每品种均在扬花后期收获，收获时选取小区的一半面积，去掉边行和少量行头，刈割进行测产，之后折算成公顷产量；谷草的产量在谷子成熟后晾干称重。

籽粒产量：去掉边行和行头，成熟收获后称各小区籽粒产量，计算每公顷籽粒产量。

2 结果与分析

2.1 饲用小黑麦的生育期调查

从各品种两年生育期调查可以看出（表1），不同小黑麦品种出苗期基本一致。随着生育进程的推进，各品种在生育期上表现出显著差异，两年的结果都以 NTH1877、NTH1048 两个品种抽穗期最晚。王增远等对小黑麦的特性研究中指出，饲用小黑麦从分蘖到抽穗前，植株的蛋白质含量高达 16% ~ 24%，该期收割可加工成优质草粉。饲用小黑麦最佳刈割期约在盛花后 1 周，所有品种生育期观察结果表明：最佳刈割期为 5 月中旬左右。整个生育期 10 月中旬至第 2 年 5 月中旬。收获后适宜谷子晚春播。

表 1　饲用小黑麦不同品种生育期调查　　　　　　（月 – 日）

品种	播期	出苗期	抽穗期	扬花期	刈割期	成熟期
NTH2179	10 – 21	10 – 31	04 – 29	05 – 05	05 – 19	06 – 05
	10 – 13	10 – 20	04 – 27	05 – 06	05 – 13	06 – 03
NTH2591	10 – 21	10 – 31	05 – 01	05 – 07	05 – 19	06 – 08
	10 – 13	10 – 20	04 – 28	05 – 07	05 – 13	06 – 02
NTH2146	10 – 21	10 – 31	05 – 01	05 – 08	05 – 19	06 – 09
	10 – 13	10 – 20	04 – 28	05 – 07	05 – 13	06 – 01
NTH2685	10 – 21	10 – 31	04 – 28	05 – 05	05 – 19	06 – 05
	10 – 13	10 – 20	04 – 25	05 – 04	05 – 13	06 – 01
NTH2351	10 – 21	10 – 31	04 – 29	05 – 05	05 – 19	06 – 05
	10 – 13	10 – 20	04 – 24	05 – 04	05 – 13	06 – 04
NTH2337	10 – 21	10 – 31	05 – 01	05 – 07	05 – 19	06 – 08
	10 – 13	10 – 20	04 – 29	05 – 09	05 – 13	06 – 03
NTH2597	10 – 21	10 – 31	04 – 25	05 – 03	05 – 19	06 – 03
	10 – 13	10 – 20	04 – 23	05 – 03	05 – 13	06 – 02
NTH1933	10 – 21	10 – 31	04 – 30	05 – 06	05　19	06 – 07
	10 – 13	10 – 20	04 – 27	05 – 06	05 – 13	06 – 09
NTH1877	10 – 21	10 – 31	05 – 05	05 – 13	05 – 19	06 – 11
	10 – 13	10 – 20	05 – 03	05 – 11	05 – 13	06 – 08

（续表）

品种	播期	出苗期	抽穗期	扬花期	刈割期	成熟期
中饲237	10 – 21	10 – 31	05 – 03	05 – 10	05 – 19	06 – 10
	10 – 13	10 – 20	04 – 30	05 – 10	05 – 13	06 – 07
NTH1048	10 – 21	10 – 31	05 – 03	05 – 13	05 – 19	06 – 12
	10 – 13	10 – 20	05 – 03	05 – 11	05 – 13	06 – 09
NTH1887	10 – 21	10 – 31	05 – 01	05 – 07	05 – 19	06 – 08
	10 – 13	10 – 20	04 – 27	05 – 06	05 – 13	06 – 07

注：表中每品种第一行为2007—2008年生育期调查；第二行为2008—2009年生育期调查

2.2 产草量和籽粒产量

2.2.1 饲用小黑麦的产草量

从各品种的产草量来看，鲜草产量之间存在显著差异（$P < 0.01$），而干草产量之间差异不显著（$P > 0.05$）。NTH1048品种的鲜、干草产量最高，其次为NTH1877品种，鲜草和干草产量分别达到了43 095.0kg/hm² 和10 925.4kg/hm²，且两者鲜草产量在0.05水平无显著差异；NTH2685和NTH2351品种的鲜草产量相对较低，且两者无显著差异（$P > 0.05$），NTH2685（9 962.6kg/hm²）和中饲237（9 715.1kg/hm²）品种的干草产量较低（表2）。

表2 饲用小黑麦不同品种鲜、干草产量、籽粒产量差异性比较

（单位：kg/hm²）

品种	鲜草产量	干草产量
NTH2179	33 445.5 efF	10 791.2
NTH2591	34 705.5 efEF	10 415.4
NTH2146	38 094.0 bcdCDE	10 440.6
NTH2685	32 668.5 fF	9 962.6
NTH2351	32 113.5 fF	10 451.7
NTH2337	39 798.0 bABC	10 624.5
NTH2597	33 372.0 efF	10 866.3
NTH1933	39 039.0 bcBCD	10 843.2
NTH1877	43 095.0 aAB	10 925.4
中饲237	35 038.5 defDEF	9 715.1
NTH1048	43 335.0 aA	10 933.1
NTH1887	36 076.5 cdeCDEF	10 612.5

注：不同小写英文字母表示$P < 0.05$水平差异显着；不同大写字母表示$P < 0.01$水平差异极显著；下表同

本试验在返青后只浇一水并结合少量施肥（150kg/hm²）的情况下，各品种刈割期鲜草产量均能为32 000.0kg/hm² 以上，抗旱节水性较好，其中尤以

NTH1048 和 NTH1877 品种表现突出（表2）。

2.2.2　谷草产量和籽粒产量

从不同播种期品种的产草量来看，除播期2（6月5日）张杂8号产量较低外，其他各品种差异不显著（$P>0.05$）。沧344播期3（6月20日）干草产量最高，其次为播期1（5月20日），干草产量分别达 6 792.28kg/hm^2、6 058.58kg/hm^2；懒谷3号在各个播种期中差异不显著，且与沧344产量差异也不显著（表3）。

从不同播种期不同品种的籽粒产量来看，沧344播期2（6月5日）产量最高，其次为播期3（6月20日），籽粒产量分别达 4 318.83kg/hm^2、3 929.74kg/hm^2，在播期2中，沧344、懒谷3号两者差异不显著。

由于懒谷3号是一个新型的简化栽培品种，相对于常规品种沧344而言，有着更广阔的应用前景，综合以上结果，把饲用小黑麦不同品种 NTH1048 和谷子品种懒谷3号进行组装，可以获得最好的综合产量。

表3　谷子不同品种谷草、籽粒产量差异性比较

（单位：kg/hm^2）

播期	品种	谷草	籽粒
播期1	沧344	6 058.58abAB	3 073.76cC
	懒谷3号	5 636.15abcAB	3 045.97cC
	张杂8号	5 208.16abcAB	2 729.14cC
播期2	沧344	5 324.88abcAB	4 318.83aA
	懒谷3号	5 319.33abcAB	3 918.63abAB
	张杂8号	4 307.71cB	3 346.12bcBC
播期3	沧344	6 792.28aA	3 929.74abAB
	懒谷3号	5 586.13abcAB	3 201.60cBC
	张杂8号	4 807.96bcAB	2 929.24cC

2.3　效益分析

2.3.1　经济效益分析

采用懒谷3号+NTH1048的种植模式，结合当地实际情况，进行效益分析（鲜草、谷草0.3元/kg、谷子4元/kg进行计算）见表4，每公顷的产值可达30270.82元，对总产值贡献最大的是谷子籽粒，其次是牧草产量，因此选择籽粒产量高的谷子至关重要，在实际种植中应以谷子的最大产量来调整牧草。

表 4 懒谷 3 号 + NTH1048 经济效益分析

品种	鲜（谷）草（kg/hm²）	籽粒（kg/hm²）	产值（元）
NTH1048	43 335.00		13 000.50
懒谷 3 号	5 319.33	3 918.63	17 270.32
合计	14 596.30	15 674.52	30 270.82

在 2009 年—2010 年试验地内，玉米 + 小麦这一传统的种植模式（表 5），每公顷产值达 30 652.92 元，比懒谷 3 号 + NTH1048 这一模式高 382.10 元。

表 5 玉米 + 小麦经济效益分析

品种	籽粒（kg/hm²）	单价（元/kg）	产值（元）
小麦	6 750.00	2.04	13 770.00
玉米	9 175.50	1.84	16 882.92
合计			30 652.92

2.3.2 节水

本种植模式中，NTH1048 共灌水 2 次，包括一次造墒水，谷子只浇一次造墒水，每次浇水 600m³/hm²，相对于小麦 + 玉米的种植模式，可节水 1 200 ~ 1 800m³/hm²，节水效果非常显著。

3 结论

简化栽培品种懒谷 3 号具有较高的产量，且管理简单，便于推广应用，是本模式的首选谷子品种；NTH1048 和 NTH1877 两品种鲜、干草产量及茎秆相对较多，地上生物量丰富，鲜草含水量大，适合作为饲用型小黑麦种植。把两者进行组装，可获得很好的效益。而且节水效果明显。

该模式的关键问题是选择合适的谷子品种，张杂 8 号虽然产量与懒谷 3 号在同一播期差异不显著，但年际间产量差异大，在不利的天气条件下，谷瘟病发生严重，对产量影响很大；沧 344 虽然产量表现最高，但管理较费工，不适合务农人员日益紧张的现状。因此，懒谷 3 号为本模式的最佳选择。

懒谷 3 号 + NTH1048 的种植模式主要特点是节水、省肥，与传统的玉米 + 小麦这一种植模式相比节水 50% 左右，省肥 20% ~ 30%，具有一定的推广应用价值。

4 讨论

本试验主要对饲用小黑麦 + 夏谷这一全新种植模式的可行性进行探讨，主要体现在节水、节肥上，而相对于其他种植模式如小麦 + 玉米或小麦 + 夏谷的净效益比较未做深入研究，这也是本试验下一步研究的重点。

本试验数据虽在两年试验基础上所得，但是对于各品种在不同水肥管理条件下其产量及品质研究还未开展，有待于多角度、多方位进行试验研究，特别是对节水效果的研究，以便使试验数据更加全面。

适宜的品种是该模式的品种保障，简化高效的栽培技术是该模式的技术保障，因此还有许多工作需要完善。

附件四

油葵谷子一年两作栽培技术研究

1 区域的确定

河北省是我国向日葵的主产区之一，我省油葵主要有 3 个产区：一是承德的坝上地区，包括围场、丰宁、隆化等县，为一年一熟制；二是燕山、太行山山脉的浅山丘陵区，包括邯郸、邢台、石家庄和保定的部分地区为一年两熟制；三是黑龙港地区，包括沧州、邯郸及衡水部分县（市），播种面积一度占全省油葵总面积的 80%。该规程的适用范围确定为河北省低平原一年两作区。

2 适宜品种、播期、播量的确定

2.1 油葵品种、播期、播量的确定

目前油葵的主要栽培品种是引进的杂交种，如 GW567、GW667、美国超

级矮大头等，多分布在张家口、承德和沧州、衡水等地，对播种期进行研究，旨在明确播期的最佳范围。国内多家单位进行了油葵播期的研究，但是，针对河北省中南部两作区的研究较少。齐宏伟利用15个油葵品种在赤峰市翁牛特旗乌敦套海镇中心村进行比较试验，研究表明新品种 YH2（生育期91d），比较适合内蒙古地区种植。梁梅指出在邢台地区栽培的主要是美国矮大头系列品种，地膜覆盖栽培，适宜播种期为3月上旬。李军虎等在石家庄地区开展研究，品种采用新葵6号，播期设3月25日、4月5日、4月15日、4月25日4个处理，结果表明：春播种植油葵应选择生育期较长的品种，播期以3月25日至4月5日为宜，适播期内播种越早越好。

向日葵种子在2~4℃开始萌动，4℃即能发芽，5℃可以出苗，幼苗耐寒力较强，可经受几小时的 -4℃低温，低温过后仍可正常生长，植株生长最适温度为25~30℃。据此，河北省农林科学院旱作农业研究所以生长期不同的杂交品种为主进行研究，结果表明：在3月上旬播种，7月上旬收获，有较好的经济产量（表1）。

表1　油葵春播生育期统计（2012、2014 年）

品种	播种期 （月－日）	出苗期 （月－日）	开花期 （月－日）	成熟期 （月－日）	生育期 （d）	亩产 （kg）
S998	3－06	3－22	6－10	7－18	124	204.81
矮大头767	3－06	3－22	6－03	7－06	111	341.29
绿油1号	3－06	3－22	6－01	7－03	109	301.66
超级矮大头677DW	3－06	3－22	6－01	7－03	109	317.48

播量的确定对于高产栽培至关重要，王冀川等在新疆塔里木农垦大学试验基地研究认为：杂交油葵 G101 创高产的最佳种植密度为7.2万 ~7.8 万株/hm^2。王德兴等在辽宁省农业科学院试验地，对4个不同熟期的夏播油葵杂交种在5种密度条件下进行研究，明确了种植密度是影响夏播油葵杂交种籽粒产量的重要因素之一，早熟品种密度宜高，晚熟品种密度宜低。早熟杂交种籽粒产量最高密度为6.67 万株/hm^2，中早熟杂交种密度为5.56 万株/hm^2，中熟杂交种密度4.76 万株/hm^2 时小区籽粒产量最高。杨国航等研究认为北京地区杂交油葵夏播的种植密度应控制在5.25 万株/hm^2 左右。秦爱红等研究认为，在宁南山区油葵杂交种 S31 种植密度为6.115万 ~6.160 万株/hm^2 时，植株个体生长健壮，产量较高，籽粒大而饱满，经济效益较高。

综合各类研究及生产实际，分析得出：河北省低平原区油葵适宜在3月上旬覆膜播种，应选择春播生育期110d 左右的中早熟杂交品种，一般中等肥力地块留苗数6 万株/hm^2 左右，播种量为4.5 ~7.5kg/hm^2。

2.2　谷子品种、播期、播量的确定

油葵一般6月底至7月上旬收获，谷子是油葵的下茬，通过试验，选择合适品种，确定适宜的播期，为获得较好的经济效益提供保障。有关谷子播期的研究，国内外引种筛选及栽培试验都有相关报道，但针对本区域的研究较少。刘环等在河北省邯郸武安市夏谷播期试验表明，冀谷19与冀谷31的适播期均为6月12—24日。陈淑艳等在辽宁朝阳龙城利用中早熟谷子新品种"龙丰谷"进行不同播种时期对产量结构的影响试验，结果表明，在朝阳地区播期可延续到6月15日，适期播种，可形成穗数、穗粒数、粒重最佳的产量结构，这是实现谷子高产的基础。2010年李书田等报道了谷子新品种播期、密度与施肥的复因子试验，研究了影响产量的主要因素，明确了内蒙古赤峰地区谷子品种、播期、密度与产量的关系。2012年赵海超等报道了不同播期对旱作谷子生长及产量的影响，明确了张家口地区谷子的最佳播期。河北省农林科学院旱作农业研究所李明哲等在衡水市研究表明，常规品种沧344、懒谷3号在6月5日播种产量最高，张杂8号在6月5日和6月20播种产量差异不显著。河北省农林科学院旱作农业研究所2014年利用6个华北夏谷新品种衡谷10号、衡谷11号、衡谷13号、冀谷19、安10-4172、保769进行试验（表2）。表明在7月27日之后播种不能正常成熟，产量大幅降低，7月17日以前播种可以有较好产量，最好6月底以前播种，这与他人的研究结果相似。

表2　不同播期的产量试验结果比较　　　　（单位：kg/亩）

品种	播种日期			
	6月27日	7月7日	7月17日	7月27日
衡谷10号	391.68	304.80	326.18	61.10
衡谷11号	344.69	273.36	285.82	131.47
衡谷13号	348.41	305.16	301.01	79.78
冀谷19	381.77	293.42	307.44	71.98
安10-4172	315.62	243.74	279.17	74.23
保769	342.02	281.18	298.06	87.72
平均	354.03	283.61	299.61	84.38

留苗密度是影响产量的重要因素。夏雪岩等研究指出，冀中南夏播最利于发挥张杂谷8号产量潜力的留苗密度为30.0万~37.5万株/hm²。秦岭等研究认为在山东谷子夏播区有利于发挥济谷14产量潜力的留苗密度为67.5万株/hm²。刘恩魁等研究认为，春播冀谷19与冀谷31理论最适密度分别为61.97万株/hm²与64.18万株/hm²。刘海萍等在安阳市柏庄镇研究表明，豫谷15的最佳种

植密度为 67.5 万株/hm²。杨艳君等研究认为，张杂谷 5 号产量最大的农艺方案为：行距 23cm，株距 13cm，预期产量为 6 683kg/hm²，约 33 万株/hm²。

河北省农林科学院旱作农业研究所郝洪波等利用 3 个不同类型的夏谷品种衡谷 10 号（常规品种）、冀谷 31（抗除草剂品种）和张杂谷 11 号（杂交谷子品种）为试材，进行不同密度试验。结果表明，留苗密度相同时，3 个谷子品种免耕播种与旋耕播种对谷子株高、穗长、穗重、穗粒重和产量的影响表现不同；同一谷子免耕播种与旋耕播种不同留苗密度的产量差异较大。免耕播种时，衡谷 10 号和冀谷 31 均在留苗密度为 75 万株/hm² 时产量最高，两年产量分别为 5 380.35kg/hm²、5 472.45kg/hm² 和 5 308.20kg/hm²、5 378.03kg/hm²，较同密度的 CK 增产 0.19%、1.52% 和 9.67%、10.36%；张杂谷 11 号在留苗密度为 37.5 万株/hm² 时产量最高，两年产量分别为 4 420.20kg/hm²、4 890.49kg/hm²，分别较同密度的 CK 增产 19.46%、18.08%。结果表明夏谷免耕栽培产量优于传统的旋耕条播（CK），常规品种留苗 75 万株/hm² 较适宜；杂交种留苗 37.5 万株/hm² 较适宜，所得结论与同类研究基本一致。

结合生产实际，综合以上分析得出选择夏谷区品种，在 7 月 17 日前尽早播种，亩用种量 0.5～1.0kg，行距 40～50cm，常规品种留苗 60 万～75 万株/hm²，杂交谷子为 30 万～37.5 万株/hm²，播种深度 3cm，播后随即镇压，免耕播种时应适当加大播量增加苗数。

2.3　适宜机械化收获谷子品种筛选

近年来，随着新型农业经营主体的发展壮大，对于机械化提出了新的要求，目前我区实际生产中油葵均为人工收割、机械脱粒，谷子的联合收获机械日益成熟，因此这里只对谷子的机械收获进行阐述。

尽管谷子的联合收获机械在生产中迅速推广并得到广泛认可，但目前并没有专用的谷子联合收获机，所使用的收获机械主要是把特定机型的谷物联合收割机进行改造，经多年试验，损失率稍高但基本可以满足需要，实践中发现不同品种间收获效果差别较大，亟须筛选、培育一批适合机械收获的优质品种，以满足当地产业发展需要。

河北省农林科学院旱作农业研究所（国家谷子糜子产业技术体系衡水综合试验站）2014 年对 37 个品种（系）进行了适合机械化收获的鉴定，其中 2009 年以来通过国家和省级审鉴定的夏谷品种 23 个，正在参加区试的新品种 14 个（表 3～表 5）。用覆膜遮阴、人工泡穗结合后期喷水模拟阴雨，处理 10d，

表 3 免耕播种对衡谷 10 号产量及产量构成因素的影响

处理	密度（万株/hm²）	2011 年						2012 年					
		株高（cm）	穗长（cm）	穗重（g）	穗粒重（g）	千粒重（g）	产量（kg/hm²）	株高（cm）	穗长（cm）	穗重（g）	穗粒重（g）	千粒重（g）	产量（kg/hm²）
免耕条播	45	122.60	20.75	16.99	15.98a	2.83a	3 760.20d	134.10	20.24	16.99	15.04a	2.90a	4 419.83c
	60	119.67	18.70	16.47	15.40a	3.08a	3 860.25d	128.40	19.47	15.32	13.55a	3.02a	4 616.35b
	75	121.27	19.65	14.45	13.11b	2.50a	5 308.20a	132.30	19.32	15.33	13.10b	2.78a	5 378.03a
	90	120.98	18.80	13.92	12.85b	2.70a	5 290.20a	129.20	20.13	15.77	13.74b	3.08a	5 245.23a
旋耕条播	45	116.28	18.60	16.37	15.35a	3.01a	3 200.20e	128.30	18.66	16.51	14.69a	2.96a	3 864.37d
	60	115.67	17.90	16.21	14.96a	2.87a	4320.15c	127.60	18.35	14.77	13.31a	2.99a	4 445.19c
	75	112.52	17.80	14.27	13.41b	3.01a	4 840.10b	121.20	18.23	14.45	12.64b	3.25a	4 873.10b
	90	111.78	16.60	13.90	12.84b	3.02a	4 470.10c	121.00	17.30	13.81	12.08b	3.19a	4 351.84c

表 4 免耕播种对冀谷 31 产量及产量构成因素的影响

处理	密度（万株/hm²）	2011 年						2012 年					
		株高（cm）	穗长（cm）	穗重（g）	穗粒重（g）	千粒重（g）	产量（kg/hm²）	株高（cm）	穗长（cm）	穗重（g）	穗粒重（g）	千粒重（g）	产量（kg/hm²）
免耕条播	45	117.72	21.10	17.64	15.41a	2.63a	4 290.15d	136.83	21.85	17.49	15.18a	2.79a	4 389.11d
	60	116.80	20.90	17.58	15.35a	2.56a	4710.30b	132.90	21.40	17.30	15.04a	2.81a	4 872.64b
	75	115.35	20.70	16.83	14.38b	2.70a	5 380.35a	132.70	21.23	16.31	13.77c	2.99a	5 472.25a
	90	113.33	20.20	12.72	11.26d	2.67a	4 570.20c	131.30	21.12	14.73	12.39d	3.01a	4 615.50c
旋耕条播	45	116.75	20.40	16.85	14.96a	2.59a	4 200.20d	133.70	21.05	17.79	15.22a	2.92a	4 367.41d
	60	115.47	20.10	16.64	14.49b	2.67a	4 370.25c	131.50	21.30	17.19	14.35b	3.08a	4 627.29c
	75	115.17	19.90	14.64	12.99c	2.61a	5 370.30a	129.50	20.85	15.42	13.02c	2.94a	5 390.42a
	90	113.13	19.20	11.92	11.15c	2.65a	4 480.20c	124.20	20.45	14.23	12.12d	2.84a	4 583.83c

表5 免耕播种对张杂谷11号产量及产量构成因素的影响

处理	密度(万株/hm²)	2011年						2012年					
		株高(cm)	穗长(cm)	穗重(g)	穗粒重(g)	千粒重(g)	产量(kg/hm²)	株高(cm)	穗长(cm)	穗重(g)	穗粒重(g)	千粒重(g)	产量(kg/hm²)
免耕条播	22.5	123.32	22.95	18.43	15.96a	2.78a	4 010.30c	141.20	22.71	20.80	17.23a	2.90a	4 543.45b
	30	122.82	22.25	17.49	15.27a	2.64a	4 280.25b	139.10	22.19	18.65	14.95b	2.94a	4 567.33b
	37.5	120.47	22.10	16.91	13.98b	2.38a	4 420.20a	136.00	21.78	18.16	14.65b	2.69a	4 890.79a
	45	118.58	21.55	16.46	13.16b	2.65a	4 040.25c	134.00	21.66	17.29	13.70c	2.88a	4124.40c
旋耕条播	22.5	119.23	23.00	18.99	15.55a	2.75a	3 260.10f	136.90	22.72	20.45	17.18a	2.89a	3 456.53e
	30	120.60	22.60	15.64	13.50b	2.67a	3 680.25d	135.90	22.53	17.66	14.49b	3.08a	3 913.15c
	37.5	117.05	21.50	14.14	11.85c	2.71a	3 700.20d	135.70	21.88	17.28	13.95c	2.89a	4 141.88c
	45	116.92	20.90	14.03	11.33c	2.69a	3 580.20e	134.50	21.15	16.22	13.26b	2.92a	3 988.81d

结合使用模拟的试验脱粒机（2013年专利：谷子单穗脱粒机）对脱粒性状进行了鉴定，根据体系专家确定的适合机械化生产的谷子品种性状指标进行了鉴定：①抗倒性≥2级；②株高适宜，夏谷<130cm，春谷<150cm；③穗紧实或穗松紧中等；④茎叶含水量适中（指标待定），夏谷具有3片以上绿叶；⑤穗下颈节长度中短（指标待定）；⑥多点自然鉴定对2种影响抗倒性的病害（谷锈、谷瘟、纹枯）抗性不低于3级，白发株率<15%；⑦抗除草剂，能采用除草剂间苗和除草，或者可采取其他简化间苗除草技术；⑧秋雨多的地区要求熟相好，耐穗发芽，成熟后7d内连阴雨不穗发芽。前6个为必要条件，第7为重要条件，第8为区域性选择条件，结果表明：冀谷31、冀谷33、衡谷10号等品种为适合机械化收获的品种。

2.4 谷子抗旱品种筛选

春播油葵均为适墒播种，一般无需灌水便可正常成熟，谷子抗旱耐瘠，但品种间差别很大。针对水资源紧张的严峻现状，加之河北省夏、秋两季的干旱日数存在明显的增加趋势，特别是中南部尤为明显，夏、秋两季正是本规程中谷子的主要生长季节，因此，培育筛选抗旱性强的谷子品种可为今后的生产应用提供可靠保障。

河北省是全国最大的地下水漏斗区，干旱缺水是影响农业生产的重要因素。2014年河北省经历了数十年一遇的大旱，衡水地区也不例外（表6），许多谷田严重减产，不同品种的耐旱性差异表现明显。选育抗旱性强的谷子品种一直是我们的目标，也将是相当长一段时间内的主要目标。

表6　2014年衡水市谷子生长季降水情况

时段	降水情况
7月	全市平均47mm，较常年偏少70%
8月	全市平均70mm，较常年偏少40%
9月	全市平均42mm，接近常年
10月上旬	全市平均3.9mm，较常年偏少60%
10月中旬	全市平均1.0mm，较常年偏少90%

2014年，河北省农林科学院旱作农业研究所（国家谷子糜子产业技术体系衡水综合试验站）选用冀谷19、保谷20、衡谷10号、衡谷11号、衡谷13号等抗旱性不同的9个谷子品种，按照"谷子抗旱鉴定评价技术规程"（DB13/T 1753—2013），在单位试验站进行了全生育期的抗旱鉴定（表7）。试验结果表明，干旱胁迫下所有品种产量降低，但降低的幅度随品种抗旱性的降低而加大，见下图。衡谷10号、衡谷11号、衡谷13号等品种的抗旱指数

均 > 1.20，为抗旱性"极强（HR）"的品种，在干旱地区应注意选用。

表7 谷子品种节水抗旱性鉴定结果

品种	产量 （kg/hm²）		WUE [kg/（mm·hm²）]		DRI
	旱	水	旱	水	
冀谷 19	4 780.95	6 028.05	39.90	24.00	1.11
保谷 20	4 482.15	6 051.60	41.40	23.40	0.97
豫谷 21	4 198.65	5 055.45	36.00	19.50	1.02
衡谷 10	4 677.75	5 523.90	39.75	24.90	1.16
衡谷 11	4 961.25	6 709.50	39.00	29.55	1.07
衡谷 13	4 738.65	5 442.45	41.70	22.65	1.21

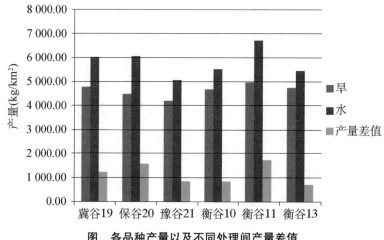

图　各品种产量以及不同处理间产量差值

3　肥水管理

油葵是喜肥作物，每生产 50kg 籽粒需要从土壤吸收纯 N 3.0kg、P_2O_5 1.3kg、K_2O 9.3kg。一般施有机肥 15.0 ~ 22.5t/hm²、磷酸二铵 300kg/hm²。因需钾量大，应施硫酸钾 105 ~ 150kg/hm² 作底肥。现蕾前后中耕，并开沟追施尿素 225 ~ 300kg/hm²。油葵相对比较耐旱，一般不需灌水，但在严重干旱且有浇水条件的情况下浇水 1 ~ 2 次。

张树花引进杂交油葵美国 G101、新葵 4、6 号等品种，研究指出，油葵对磷、钾肥需求较多，耕地前应施足磷、钾肥，一般每公顷施过磷酸钙 600kg 或磷酸二铵 150kg，氯化钾 375kg，优质农家肥 5m³，现蕾前结合浇水每公顷追施尿素 150kg。赵继磊利用美国迪卡 G101、康地 5 号、新葵 6 号等品种研究后认为，施肥上要重施基肥、施好种肥、适时追肥和叶面喷肥。一般每亩施农家肥 2 000 ~ 3 000kg，施氮 8kg、P_2O_5 5kg、K_2O 7kg、硼砂 0.5 ~ 0.75kg、硫酸锌 1kg。油葵生育期短，前期生长量和需肥量大，基肥应占总需肥量的 60%。蕾期是杂交油葵生育周期中吸收氮元素的高峰期，也是追施氮肥的最佳时期，一般每亩追施尿素 7 ~ 10kg，氯化钾 10kg 左右。油葵极抗旱，生育期降雨量 250mm，且分布均匀时，基本上不需要灌溉。花盘形成期、开花期、灌浆期是油葵需水关键时刻，叶片中午萎蔫而晚上仍不能恢复正常时，应及时浇水。黄晨等研究认为，黑龙港流域春播油葵适合的施肥参考指标为：纯 N 13.6kg/亩、P_2O_5 9.2kg/亩和 K_2O 13.4kg/亩。

借鉴前人的研究，同时结合我们多年的生产实践，油葵的肥料管理分为基肥和追肥，其中基肥以有机肥为主，配合施用化肥，一般用有机肥 2.25 万 ~ 3.75 万 kg/hm²，磷酸二铵 150kg/hm²，现蕾至开花期如干旱应注意灌溉并结合浇水追施尿素 10kg、氯化钾 10kg，并保证灌浆期水分正常供应，这样在保证油葵正常生长的同时，也为谷子提供了良好的墒情，是较好的一水两用方式。

关于谷子的施肥技术国内多人做了相关研究。代小冬等以 12 个谷子品种为试材，设置施肥与不施肥 2 种处理，研究施肥对谷子农艺性状、产量以及抗倒伏能力的影响。结果表明，12 个谷子品种在施肥处理下的株高、穗长、穗粗、单穗质量和产量均高于不施肥处理。施肥处理谷子顶 3 叶叶面积、叶绿素含量高于不施肥处理，但过量施肥谷子抗倒伏能力差。

油葵收获后土壤中某些营养元素会相对缺乏，郝洪波等在河北省农林科学院旱作农业研究所深州护驾迟试验站进行试验，收获油葵后的土壤：碱解氮 50.42mg/kg，有效磷 9.96mg/kg，速效钾 108.11mg/kg。通过配方施肥试验表明，处理 13 产量最高，这一处理中 N、P、K 施入量的比值为 1:2:1，过多施入氮肥会降低产量，见表 8、表 9。

表 8　肥料施用量

处理名称	肥料用量（kg/hm²）		
	N	P_2O_5	K_2O
1（CK）	0	0	0
2	0	80	80
3	60	80	80
4	120	0	80
5	120	40	80
6	120	80	80

（续表）

处理名称	肥料用量（kg/hm²）		
	N	P₂O₅	K₂O
7	120	120	80
8	120	80	0
9	120	80	40
10	180	80	120
11	180	80	80
12	60	40	80
13	60	80	40
14	120	40	40

表9　不同处理的产量

处理	主穗重（g）	穗粒重（g）	出谷率（%）	千粒重（g）	产量（kg/hm²）	显著性差异 0.05	显著性差异 0.01
13	9.33	8.00	85.71	2.75	5 778.07	a	A
9	8.67	7.33	84.62	2.77	5 250.26	ab	AB
2	10.00	8.67	86.67	2.71	5 170.40	ab	AB
1	7.67	6.00	78.26	2.85	5 135.67	ab	AB
12	8.00	6.00	75.00	2.66	5 118.31	ab	AB
4	9.67	8.00	82.76	2.68	5 048.86	abc	AB
6	8.67	6.67	76.92	2.70	4 955.11	abc	AB
3	8.00	6.33	79.17	2.63	4 837.05	bc	AB
14	10.00	8.33	83.33	2.49	4 812.74	bc	AB
8	8.00	6.67	83.33	2.78	4 795.38	bc	AB
11	9.67	8.00	82.76	2.74	4 784.96	bc	AB
7	10.00	8.00	80.00	2.70	4 670.37	bc	AB
10	7.33	6.33	86.36	2.67	4 576.62	bc	AB
5	8.33	7.00	84.00	2.78	4 184.24	c	C

　　关于谷子的水分管理，前人做了许多研究。谷子具有较强的耐旱性，主要种植在干旱地区。张艾英等在山西长治利用长农35号、晋谷21号、晋谷20号为供试材料，不同生育阶段进行干旱胁迫，结果表明，拔节期为谷子抗旱的敏感期，也是谷子需水高峰期，是谷子抗旱获得高产的关键供水时期；抽穗期灌水，有利于增产；灌浆期保水，有助于饱粒的形成，提高千粒重。李兴等研究也表明谷子苗期需水量最小，从拔节到灌浆的需水量占全生育期总需水量的一半以上，抽穗前后需水量达到高峰。古世禄研究认为，谷子前期耐旱，需水最少，中期喜水，需水最多，后期怕涝，需水较少。

　　对于如何提高水分利用效率的途径，前人也做了一些研究。利用垄沟和覆膜技术等搜集利用微域集水提高水分利用效率。刘为红等研究证明增施磷肥，覆盖地膜，适期晚播可促进谷子根系的生长发育，提高水分利用效率。樊修武等认为采用高产高水效品种，来提高产量和水分利用效率。

借鉴前人的研究，同时结合我们多年的生产实践，谷子的肥水管理应注重前期基肥，辅以后期追肥。前期结合耕翻，底施腐熟有机肥 22 500 ~ 37 500kg/hm²，磷酸二铵 225kg/hm²。在谷苗 9 ~ 11 片叶（或出苗 25d 左右）追施尿素 300kg/hm² 左右，随后耘地培土。需水关键时期干旱要灌水，雨水充足时一般无需灌溉。

4 病虫草害管理技术

4.1 病虫害防治技术

生产中病虫害防治技术较成熟，也较容易应用。一般药剂防治效果较好，建议虫害防治最好采用植物源农药，如印楝素等，避免对环境产生污染，因此该规程中采用的防治方法是参照"无公害油葵生产技术规程"（DB13/T 957—2008）、"无公害谷子（粟）主要病虫害防治技术规程"（DB13/T 840—2007）中的规定执行。

4.2 谷子除草剂应用技术

品种：衡谷 13 号。

药剂："谷粒多"和"二甲四氯钠"。

"谷粒多"主要用于播后苗前土壤封闭，是继"谷友"之后一种谷子专用苗前除草剂，"二甲四氯钠"用于苗后防除阔叶杂草，可以和"拿捕净"配合使用，"谷粒多"播后苗前使用，"二甲四氯钠"（有效成分56%）谷子5 叶期使用。

从表10 可以看出，按推荐浓度喷洒"谷粒多"时，穗长缩短，达显著水平，其他指标差异不显著，加倍后，株高变矮、穗长缩短、产量降低且均达差异显著；按推荐浓度喷洒"二甲四氯钠"时，所有指标差异不显著，加倍后，株高变矮、穗长缩短、产量降低且差异显著。千粒重在所有处理中均差异不显著，是一个较为稳定的指标。两种药剂的合理使用剂量应为："谷粒多"为120g/亩，"二甲四氯钠"为150g/亩。

表 10   "谷粒多"和"二甲四氯钠"对谷子农艺性状的影响

药量	株高		穗长		千粒重（g）		产量	
	谷粒多	二甲四氯钠	谷粒多	二甲四氯钠	谷粒多	二甲四氯钠	谷粒多	二甲四氯钠
1X	122.3a	120.9a	16.7b	18.2a	2.99a	2.99a	355.8a	394.5a
2X	115.2b	111.0b	16.0c	17.4b	3.01a	2.97a	311.1b	348.8b
CK	117.1ab	122.3a	17.8a	18.4a	2.95a	3.01a	363.2a	397.5a

注：1X"谷粒多"为120g/亩（推荐浓度），2X"谷粒多"为240g/亩；1X"二甲四氯钠"为150g/亩（推荐浓度），2X"二甲四氯钠"为300g/亩

5   收获适期的确定

油葵植株茎秆变黄，中上部叶片变淡黄，花盘背面成黄褐色、舌状花干枯或脱落，籽粒坚硬并呈现品种固有色泽即可收获。收获后的籽粒要及时摊开晾干或进行烘干（含水量不超过7%才能长期安全贮存），并尽快粉碎秸秆、捡拾残膜、清除杂草，要求秸秆抛洒均匀。

谷子当粒色变为本品种固有色泽，子粒变硬时及时收获，大面积地块宜采用联合机械收获，籽粒应及时晾晒或烘干，使含水量≤13%后入库贮存。

6   栽培技术规范的建立

采用大田小区的栽培试验，并结合优良品种的示范推广研究，从2009年至今，一直致力于该栽培技术的研究。以栽培中的关键技术为出发点，在播期、播量、灌溉、施肥等方面进行了系统研究，在此基础上制定了《油葵谷子一年两作栽培技术规格》，该规程的制定为相关品种的应用推广、丰产栽培提供理论依据和技术指导，具有重要现实意义。

附件五

油葵谷子一年两作栽培技术规程

1   范围

本规程规定了简化栽培谷子品种的术语和定义、产地环境、油葵栽培技

术、谷子栽培技术。

本规程适用于河北省低平原一年两作区。

2　规范性引用文件

下列文件对于本文件的应用是必不可少的。凡是注日期的引用文件，仅所注日期的版本适用于本文件。凡是不注日期的引用文件，其最新版本（包括所有的修改单）适用于本文件。

GB 4404.1 粮食作物种子禾谷类

GB 4407.2 经济作物种子油料类

NY/T 496 肥料合理使用准则通则

DB13/T 846 无公害粮食、油料作物产地环境条件

DT13/T 957—2008 无公害油葵生产技术规程

DB13/T 840—2007 无公害谷子（粟）主要病虫害防治技术规程

DB13/T 1134—2009 谷子简化栽培技术规程

3　术语和定义

下列术语和定义适用于本文件。

简化栽培谷子品种：由抗除草剂谷子品种与不抗除草剂的同型姊妹系按一定比例混配形成的多系谷子品种。应用该类型品种能够实现化学间苗、化学除草的简化栽培目的。

4　产地环境

产地环境应符合 DB13/T 846 中的规定。

5　油葵栽培技术

5.1　种子准备

5.2　品种选择

油葵宜选用早春播生育期110d以内的杂交种，种子进行包衣处理。

5.3　种子质量

油葵种子质量应符合 GB 4407.2 中的规定。

5.4　施底肥

每亩施腐熟有机肥 1 500 ~ 2 500kg、磷酸二铵 10kg 作底肥，整地前将底肥在地表撒匀。肥料使用应符合 DT13/T 957—2008、NY/T 496 中的相关规定。

5.5　整地

应实行两年以上轮作，避免重茬。冬前深翻或深松，播前清除地面杂物，造墒或趁墒整地，采用"旋耕—镇压—耙平"的顺序作业，旋耕深度 15cm 左右，达到地平、土碎。

5.6　播种

每亩用种量 300 ~ 500g，播期为 3 月上旬土壤解冻后，采用播种机条播或穴播，宽窄行种植，一膜双行，小行距 40cm，大行距 80cm，播种深度为 3cm 左右，覆膜、播种作业同时完成。

5.7　田间管理

5.7.1　查苗补苗

出苗后及时查补苗，缺苗时采用带土移栽法补苗，随栽苗随浇水。

5.7.2　间苗、定苗、除草

第 1 对真叶展开时进行间苗，2 ~ 3 对真叶展开时进行定苗，株距 30cm 左右，中等肥力地块亩留苗数 4 000 株左右。

定苗后适时中耕除草。

5.7.3　追肥浇水

现蕾至开花期干旱应灌溉，结合浇水或趁雨每亩追施尿素 10kg、氯化钾 10kg。灌浆中期遇旱适当补水，保证籽粒饱满，并为下茬谷子提供良好墒情，一水两用。

5.7.4　辅助授粉

在蜂源不足的情况下，应进行人工辅助授粉，将相邻的两个花盘相互轻按即可，一般隔 3d 一次，时间为上午 9 ~ 12 时或下午 3 ~ 6 时。

5.7.5　病虫害防治

按照 DT13/T 957—2008 中的相关规定执行。

5.8　采收及后续管理

当植株茎秆变黄，中上部叶片变淡黄，花盘背面成黄褐色、舌状花干枯或脱落，籽粒坚硬并呈现品种固有色泽即可收获，收获时间最迟不晚于 7 月 15 日。籽粒要及时晾干或烘干，含水量不超过 7%。收获后及时粉碎秸秆并抛洒均匀、捡拾残膜、清除杂草。

6　谷子栽培技术

6.1　种子准备

6.1.1　品种选择

选用经鉴定的夏播中早熟品种，要求抗倒、抗病、抗旱，规模化种植应选择适合机械化收获的品种，种子进行包衣处理。

6.1.2　种子质量

应符合 GB 4404.1 中的规定。

6.2　播种

免耕播种，每亩施用磷酸二铵 15kg，肥料随播种施在种子侧下方 5 ~ 7cm。

用精量播种机在 7 月 15 日前尽早播种，亩用种量 0.3 ~ 0.5kg，行距 40 ~ 50cm，常规品种、简化栽培谷子品种留苗密度 4 万 ~ 5 万株/亩，杂交谷子留苗密度为 2 万 ~ 2.5 万株/亩，播种深度 3cm 左右，播后随即镇压、使谷粒和土壤充分接触。

6.3　田间管理

6.3.1　除草、间苗

播后苗前均匀喷洒"谷友"或"谷粒多"除草剂，不漏喷，不重喷。

"谷友"的使用按照 DB13/T 1134—2009 执行；"谷粒多"一般用量为 100 ~ 120g/亩，沙壤土适当减少用量。

常规谷子品种在 3 ~ 4 叶期进行间苗。简化栽培谷子品种、杂交谷子可采用配套的除草剂进行间苗、除草。

6.3.2　中耕、追肥

谷苗 9 ~ 11 片叶（出苗 25d 左右）趁雨或结合浇水追施尿素 15 ~ 20kg/亩，随后中耕培土。杂草较多时于谷子拔节前后中耕一次。

6.3.3　病虫害防治

按照 DB13/T 840—2007 中的相关规定执行。

6.4　收获及后续管理

粒色变为本品种固有色泽，子粒变硬时及时收获，大面积地块宜采用联合收获机收获，籽粒应及时晾晒或烘干，含水量≤13% 后入库贮存。

第八章 谷子病虫草害发生规律与综合防治技术

第一节 谷子病虫草害发生概况

一、谷子主要病虫害发生种类及为害

近几年全国谷子病虫害普查，初步明确了为害我国谷子的主要病害有 25 种、主要害虫有 54 种。不同谷子种植区域病虫害发生情况差异较大。

目前，在河北低平原地区，常年发生并造成一定危害甚至严重损失的主要病虫有：谷子锈病、谷瘟病、谷子白发病、谷子纹枯病、谷子褐条病、谷子红叶病、谷子丛矮病、谷子线虫病、谷子黑穗病、谷子胡麻斑病等病害。蝼蛄、蛴螬、金针虫、粟鳞斑叶甲、粟负泥虫（粟叶甲）、粟凹胫跳甲、亚洲玉米螟、粟灰螟、粟芒蝇、黏虫、玉米蚜等害虫。其中，玉米蚜在个别年份造成严重危害，常年危害轻微，但其作为中间寄主传毒造成谷子红叶病，在红叶病严重地区应重点防治。

二、谷田杂草种类及为害

河北低平原地区谷田杂草有 30 多种，主要有谷莠子、狗尾草、马唐、牛筋草、稗草、马齿苋、苍耳、荠菜、葎草、地锦、刺儿菜、龙葵、酸模叶蓼、苦苣菜、山苦荬、苣荬菜、田旋花、圆叶牵牛、打碗花、猪毛菜、问荆、反枝苋、白苋、铁苋菜、藜、小藜等。杂草争水、争肥、争光，造成谷子减产，形成草荒可导致几乎绝收。同时，杂草还是有些病虫害的寄主和栖息场所，是谷子病虫害的侵染源。

谷子病虫草在谷田形成地下至地上、播种到成熟全生育期的有害生物结构。为确保谷子安全生产（残留量低于国家标准）、大面积（规模化种植）、高效率（机械化作业）、低成本（节水、节工、节约种子化肥），必须在充分掌握有害生物发生为害规律的基础上，制定标准化的综合防治规程。

第二节 谷子主要病害发生与防治

一、种子、土壤传播为主的病害

（一）谷子白发病

【分布、为害】谷子白发病是一种分布十分广泛的病害，在我国华北、西北、东北等地发生严重。近年在河北低平原地区为害程度逐渐加重。田间病株率为5%～10%，严重地块达到50%，成为影响谷子生产的主要病害。

【病原物】禾生指梗霜霉［*Sclerospora graminicola*（Sacc.）Schrot］。属鞭毛菌亚门指梗霉属真菌。孢囊梗粗短，下窄上宽，由气孔伸出，单生或数根丛生，无色，无隔膜，顶端分枝数个，每个分枝上有2～5个小梗，每小梗顶端着生一孢子囊。孢子囊无色，具乳突，椭圆形。孢子囊萌发放出游动孢子。游动孢子肾脏形，在中部凹处有鞭毛2根。卵孢子圆形至长圆形，单生于藏卵器内，浅黄色，外壁红褐色，光滑。

【症状识别】种子萌发期被侵染，从发芽到抽穗均可发病，表现为死芽、灰背、白尖、枪杆、刺猬头、白发状。未出土的幼芽发病，出土后的幼茎及子叶变色、扭曲或腐烂。灰背：出苗至拔节期发病，病叶正面出现白色或黄色条纹，湿度大时，叶背长出灰白色霉层，此后叶片变黄、枯死。白尖：当叶片出现灰背后，叶片干枯，心叶抽出后不能正常展开，而是呈卷筒状直立，呈黄白色，以后逐渐变褐色，呈枪杆状。白发：心叶被害成枪杆后，叶肉部分形成黄褐色卵孢子，黄褐色粉末散落后，仅留维管束组织呈丝状，植株死亡。刺猬头：部分病株发展迟缓，能抽穗，或抽半穗，但穗变形，小穗受刺激呈小叶状，不结籽粒，内有大量黄褐色粉末。病穗上的小花内外颖受病菌刺激而伸长呈小叶状，全穗像个鸡毛帚。

【发生规律】种子表面、土壤或粪肥带有的卵孢子越冬，第二年播种后，种子萌发时卵孢子同时萌发，经芽鞘侵入，引起死芽或蔓延至生长点，随着生长点组织的分化和发育，到达叶片和花序，引起灰背、白尖、白发等症状。后期病菌在病株中产生藏卵器和雄器，受精后形成卵孢子，成熟的卵孢子在病部组织破裂时散落。土壤地温、湿度严重影响幼苗出土和卵孢子萌发，进一步影响病害的发生及其危害程度。低温、潮湿、播种深时，种子萌发和幼苗出土速度慢，发病机会较大。酸性土壤比碱性土壤发病重。连作与早播的地块发病较重。

灰背时期孢子囊和游动孢子借助气流和雨水传播，形成再侵染。可造成灰背，侵染顶叶的也可造成白发。大气温度、湿度影响再侵染，叶片有水珠和温度 20~25℃时有利于孢子囊和游动孢子再侵染。

【防治关键】谷子白发病主要由种子、土壤、粪肥中越冬的卵孢子在种子萌发期侵染进入生长点引起的系统病害，再侵染病株较少。不同谷子品种发病轻重有明显差异。所以，在防治上应重点抓住选用抗病良种、实行轮作、种子处理、及时拔除病株等减少初侵染源的措施，可以有效防治病害发生。

【防治方法】

（1）农业防治。选用抗病良种，建立无病留种田。有条件的地方与玉米、高粱、小麦或豆类 2~3 年轮作倒茬。施用无菌粪肥。适期晚播，适当浅播，争取早出苗。结合中耕除草，及早拔除病株，带出田外烧毁。

（2）药剂处理种子。用 70%甲基托布津或 50%多菌灵拌种（药量：种子重量的 0.5%）；35%甲霜灵拌种剂（药量：种子重量的 0.2%~0.3%）。

（二）谷子线虫病

【分布、为害】谷子线虫病又称紫穗病或倒青，在河北中南部、山东、河南等夏谷区发生普遍，严重地块可减产 50%~80%。

【病原物】贝西滑刃线虫（*Aphelenchoides bessyi*），异名水稻滑刃线虫（*Aphelenchoides oryzae*）。

【症状识别】线虫病可侵染谷子的根、茎、叶、叶鞘、花、穗和籽粒，但主要为害花器、子房，只在穗部表现症状。感病植株花初期呈暗绿色，后渐变为暗褐色。感病早的植株抽穗即表现症状，大量线虫破坏子房，因而不能开花，即使开花也不能结实，颖片多张开，籽粒秕瘦，尖削，表面光滑有光泽，病穗瘦小，直立不下垂。发病晚或发病轻的植株症状多不明显，能开花结实，但只有靠近穗主轴的小花形成浅褐色的病粒。不同品种症状差异明显。红秆或紫秆品种的病穗向阳面的护颖在灌浆至乳熟期变红色或紫色，以后褪成黄褐色。而青秆品种直到成熟时护颖仍为苍绿色。此外，线虫病病株一般较健株稍矮，上部节间和穗颈稍短，叶片苍绿色，较脆。

【发生规律】谷子线虫病主要随种子传播，带病种子是主要初侵染源，秕谷和落入土壤及混入肥料的线虫也可传播。此外，用病秕粒饲喂牲畜，未腐熟的粪肥中也会有少量线虫存活诱发病害。混在土壤中或保持在室内的线虫至少能存活 2 年。谷子线虫为外寄生，播种后，处于谷粒、秕粒的壳皮内侧卷曲休眠的越冬成虫和幼虫，遇湿复苏，侵入幼芽，在生长点外活动为害，同时少量繁殖。随着植株的生长，侵入叶原始体。拔节后线虫逐渐向叶鞘转移，在叶鞘内侧繁殖，高温多雨有利于其转移和繁殖。幼穗形成后，线虫又转移到穗部为害并大量繁殖，开花末期达到高峰，造成子房受损、柱头萎缩，不能结实，但不形成虫瘿。谷子成熟时，线虫以幼虫或成虫在谷粒、秕粒的颖片内侧休眠越冬。在谷子生长期间，特别是在穗期，线虫能随雨水、流水或植株间接触而近距离传播，引起再侵染，但被侵染植株一般当年不表现症状。

线虫病的轻重，主要取决于种子携带线虫数量和穗期雨量大小，二者同时具备，则可造成毁灭性危害。高温高湿，特别是开花灌浆期多雨，有利于线虫在穗部繁殖传播，造成病害严重发生。谷子品种间抗病性有明显差异，凡生育期长，特别是孕穗期到灌浆期长，而且穗粒较紧、穗毛较长的品种发病重，反之则发病轻。

【防治关键】在选用抗、耐病品种和无病种子的基础上，进行种子处理，保护无病和轻病田。重病田实施 3 年以上的轮作。可基本控制线虫为害。

【防治方法】

（1）农业防治。①选用抗、耐病品种。②建立无病留种田。③施用腐熟的粪肥和堆肥。④重病田实行 3 年以上轮作倒茬，禁止秸秆还田。

（2）温汤浸种。在播种前可采用温汤浸种的方法杀灭种子表面线虫，具体做法为：用 56～57℃温水浸种 10min，然后用清水漂洗，去除秕粒，晾干后播种。

（3）药剂拌种。播种前可用 30%乙酰甲胺磷乳油或 50%辛硫磷乳油按种子量的 0.3%拌种，避光闷种 4h，晾干后播种。

（4）土壤处理。用 0.5%阿维菌素颗粒剂沟施，轻发生地块每亩用 3～5kg、严重地块用 5～7kg。

（三）谷子黑穗病

【分布、为害】我国各谷子产区均有发生，东北、华北地区发生较重。被害株全穗或部分籽粒变成黑粉。

【病原物】（*Ustilago crameri*）称谷子黑粉菌，属担子菌亚门真菌。孢子堆球形至卵圆形。冬孢子红褐色至榄褐色，球形或近球形至多角形，表面平滑。

【症状识别】谷子黑穗病主要为害穗部，通常一穗上只有少数籽粒受害，抽穗后表现症状。病穗刚抽出时，因孢子堆外有子房壁及颖片掩盖不易发现。病穗短，直立，大部分或全部子房被冬孢子取代。当孢子堆成熟后全部变黑才显病症，初为灰绿色，后变为灰色。病粒较健粒略大，颖片破裂、子房壁膜破裂散出黑粉，即病原菌冬孢子。

【发生规律】该病属芽期侵染的系统性病害。以冬孢子附着在种子表面越冬，成为翌年初侵染源。带菌种子萌发时，病菌从幼苗的胚芽鞘侵入，并扩展到生长点区域的细胞内和细胞间隙中，随植株生长而系统侵染，直至进入子房，破坏子房，最后侵入穗部，致病穗上籽粒变成黑粉粒，即冬孢子。冬孢子能长期存活，没有休眠现象，只要条件适宜就可萌发。在温暖湿润地区，散落于土壤的冬孢子，多于当年萌发而失效，不能成为翌年的初侵染菌源。在低温干燥地区，可能有部分散落田间的冬孢子，当年不萌发，成为翌年谷子发病的初侵染菌源。谷子播种后的土壤温湿度对侵染发病影响很大。病原菌侵染幼苗的适宜土壤温度为 12～25℃，超过 25℃ 则侵染受到抑制。在较低的温度下，谷子萌发与出苗缓慢，病原菌适宜的侵染时间变长，发病就较重。土壤含水量在 30%～50% 适于病菌侵染，土壤干旱或水分饱和都不利于病原菌侵染。种子带菌率高，土壤温度低，墒情差，覆土厚，幼芽滞留土壤中的时间延长，则发病加重。谷子品种间抗病性有明显差异。

【防治关键】大量的冬孢子不能在田间越冬，侵染源主要是种子携带的病菌。建立无病繁种田、选健穗留种，是简便易行的有效防治方法。不明种子可进行种子处理。

【防治方法】

（1）农业防治。①选用抗病品种。②搞好无病种子繁育田。由无病地留种，不使用来源于发病地区和发病田块的种子。严格选种，抽穗后随时剔除病穗并销毁。这是简便易行的有效防治方法。

（2）种子处理。40% 拌种双粉剂按种子量 0.2%～0.3% 拌种；50% 多菌灵可湿性粉剂或 50% 甲基硫菌灵可湿性粉剂按种子量 0.2% 拌种；50% 克菌丹可湿性粉剂按种子重量 0.3% 拌种；25% 三唑酮可湿性粉剂、15% 三唑醇干拌种剂、50% 福美双可湿性粉剂等，皆以种子重量 0.2%～0.3% 的药量拌种。

（四）谷子褐条病

【分布、为害】谷子细菌性褐条病，近年来在全国各谷子产区普遍发生，河北低平原地区随着杂交谷子的大面积推广，发生比较严重，部分地块病株率可达 30% 以上。

【病原物】假单胞杆菌属粟假单胞菌（*Pseudomonas setariae*），曾异名燕麦假单胞菌（*Pseudomonas avenae*）。菌体单细胞短杆状，两端钝圆，大小（1.5～2.5）μm×（0.5～0.8）μm，极生鞭毛 1～5 根，多为 1～2 根，无芽孢，无荚膜，革兰氏染色阴性，在肉汁胨琼脂平板培养基上菌落圆形，污白色隆起，不产生褐色素和荧光素。

【症状识别】该病侵染叶片、茎秆和穗部，主要为害中上部叶片。苗期染病在叶片或叶鞘上出现褐色小斑，后扩展呈紫褐色长条斑，有时与叶片等长，边缘清楚。病苗枯萎或病叶脱落，植株矮小。成株期染病先在叶片基部中脉发病，初水浸状黄白色，后沿脉扩展上达叶尖，下至叶鞘基部形成黄褐至深褐色的长条斑，病组织质脆易折，后全叶卷曲枯死。叶鞘染病呈不规则斑块，后变黄褐，最后全部腐烂。心叶发病，穗不能抽出，死于心苞内，拔出有腐臭味，用手挤压有乳白至淡黄色菌液溢出。孕穗期染病穗苞受害，穗早枯，或有的穗颈伸长，小穗梗淡褐色，弯曲畸形，谷粒变褐不实。

【发生规律】病源菌在病残体或有病种子上越冬，成为翌年的初侵染源，从谷苗伤口或自然孔口侵入，发病后借水流、风雨或枝叶间的摩擦完成再侵染。连续阴雨寡照高温有利于病菌传播。偏施氮肥、植株过密、重茬地、低洼地发病重。虫害严重地块发病重。品种间抗病性差异明显。

【防治关键】选种抗病或耐旱品种，加强田间管理，合理密植，通风透光降湿。拔节后中上部叶片基部有与叶脉平行的褐色条状斑，及时药剂防治。

【防治方法】

（1）农业防治。①选种抗病或耐旱品种。②合理密植，排除田间积水，保持田间通风透光。

（2）药剂防治。初发病期，风雨过后特别是水淹地块防治 1 次，隔 7 ~ 10d 防治 2 ~ 3 次。70% 叶枯净（又称杀枯净）胶悬剂 100 ~ 150g/亩，或 25% 叶枯宁可湿性粉剂 100g/亩，或 10% 氯霉素可湿性粉剂 100g/亩，或 46.1% 氢氧化铜水分散粒剂 1 500 倍液，72% 农用链霉素 4 000 倍液喷雾防治。

二、中间寄主昆虫传播病害

（一）谷子红叶病

【分布、为害】谷子红叶病又称紫叶病、红瘿病，在我国北部粟、黍分布区普遍发生。河北低平原地区，常年发病株率达 0.2% ~ 10%。苗期染病重的枯死，轻的生长异常。

【病原物】Barley yellow dwarf virus 简称 BYDV，为大麦黄矮病毒的一个株系。

【症状识别】谷子红叶病是全株性病害，表现为红叶型和黄叶型。紫秆品种染病后叶片、叶鞘和穗均会变红，称其为红叶病。青秆品种染病不变红却发生黄化。在灌浆至乳熟期十分明显。病株一般先从叶尖开始变红或变黄，后逐渐向下扩展，致全叶红化干枯。有的仅叶片中央或边缘变红或变黄。病株根系稀疏，抽穗前后呈现紫红色或不正常黄色，病穗短小，重量轻，种子发芽率不高，严重的不能抽穗或抽穗不能结实，病株矮化，叶面皱缩，叶缘呈波状。

【发生规律】谷子红叶病病毒在野生杂草上越冬。翌年主要靠玉米蚜（*Rhopalosiphum maidis*）带毒迁移到谷子上取食引起病毒传播并流行，麦长管蚜、麦二叉蚜等 8 种蚜虫也可传毒，种子、土壤均不传病。玉米蚜带毒持久，取食 5min 即可传毒，传毒能力强。在自然条件下，该病毒可侵染多种禾本科作物和杂草，谷子田及附近田块的大量带毒越冬杂草是诱发红叶病的重要因素。谷子红叶病发生程度与蚜虫发生时期和田间虫口密度密切相关，蚜虫数量越大、谷子感病越早，发病越重。早播田发病较重，晚播田发病较轻。春季气候干燥、气温升高较快的年份，病害发生普遍且严重。品种间抗病性差异明显。

附：玉米蚜当地一年十几代，以无翅胎生雌蚜在小麦苗及禾本科杂草的心叶里越冬。4 月底 5 月初向春玉米、高粱迁移。谷子出苗后向谷田迁移，苗期以成蚜、若蚜群集在心叶中为害，抽穗后为害穗部。当旬平均气温 23℃ 左右，相对湿度 85% 以上，最适于玉米蚜的增殖为害，而暴风雨对玉米蚜有较大控制作用。

【防治关键】首选抗红叶病品种，其次，监控蚜虫迁入谷田情况，及时防治传毒蚜虫，可阻断传毒途径，减少蚜口基数，进而控制病害或大大减轻病害。

【防治方法】

（1）农业防治。选用抗红叶病品种是防治该病经济有效的措施。及时清除田间及周边杂草，及时拔除病株，销毁病株上的蚜虫。培育壮苗，提高植株抗病能力。

（2）药剂消灭传毒蚜虫。①种子处理，用种子量 0.3% 的 70% 的吡虫啉可湿性粉剂拌种，有效防治播后 25d 内的蚜虫。②谷子出苗后，蚜虫迁入谷田时喷施药剂防治蚜虫。10% 的吡虫啉可湿性粉剂 1 000 ~ 1 500 倍液、4.5% 高效氯氰菊酯乳油 1 500 倍液、40% 乐果乳油 1 500 倍液。③必要时喷洒抗毒丰（0.5% 菇类蛋白多糖）水剂 300 倍液或 5% 井冈霉素水剂 40 ~ 50mg/kg，隔 7d 1 次，喷施 1 次或 2 次。

（二）谷子丛矮病

【分布、为害】在各个谷子产区均有发生，严重为害可造成毁种。冬小麦、水稻和多年生禾本科杂草既是病毒寄主又是传毒昆虫灰飞虱的取食栖息地。

【病原物】谷子丛矮病源是北方禾谷花叶病毒（*Aorthern cereal mosaic virus*，NCMV），和水稻黑条矮缩病毒（*Rice black-streaked dwarf virus*，RBSDV），属弹状病毒组。病毒粒体杆状，病毒质粒主要分布在细胞质内，常单个或多个，成层或簇状包在内质网膜内。在传毒介体灰飞虱唾液腺中病毒质粒只有核衣壳而无外膜。病毒汁液体外保毒期 2～3d，稀释限点 10～100 倍。丛矮病潜育期因温度不同而异，一般 6～20d。

【症状识别】病株上部叶片有黄绿相间条纹，分蘖增多，植株矮缩，呈丛矮状。播后 20d 即可呈现症状，最初症状心叶有黄白色相间断续的虚线条，后发展为不均匀黄绿条纹，分蘖明显增多，病株矮化。成株期发病，植株严重矮化，叶片直立丛生，叶色较浓绿或有黄绿相间花纹。一般不能抽穗，或穗小畸形，籽粒秕瘦。

【发生规律】该类病毒不经汁液、种子和土壤传播，主要由灰飞虱 [*Laodel-phaxstriatellus*（Fallon）] 传。病毒在冬小麦和多年生禾本科杂草上或带毒灰飞虱体内越冬，带毒灰飞虱若虫在杂草根际或土缝中越冬，成为翌年毒源，为害麦苗。小麦成熟后，灰飞虱迁飞至自生麦苗、水稻、禾本科杂草上越夏，或迁入夏谷田为害传毒。谷子苗期易感病，出苗期遇到灰飞虱扩散高峰期（5 月底至 6 月中旬）则发病重。田间杂草多、灰飞虱数量大，则发生重。沟渠路边杂草丛生处发病重。谷子品种间存在明显差异。

灰飞虱吸食后，需经一段循回期才能传毒。日均温 26.7℃，平均 10～15d，20℃时平均 15.5d。1～2 龄若虫易得毒，而成虫传毒能力最强。最短获毒期 12h，最短传毒时间 20min。获毒率及传毒率随吸食病株时间延长而提高。一旦获毒可终生带毒，但不能经卵传递。

【防治关键】选用抗病品种，清除田间及周边杂草，减少病毒来源。药剂防治大量迁入谷田的灰飞虱，阻断传毒途径。

【防治方法】

（1）农业防治。①种植抗、耐病品种。②适时晚播，避开灰飞虱发生扩散高峰期。③清除田间及周边杂草，发现病株及时拔除，减少病毒来源。

（2）种子处理。70% 吡虫啉可湿性粉剂按种子量的 0.3% 拌种。播种后 25d 内有效。

（3）喷药防治。没有拌种或拌种药剂失效后，可喷施药剂防治灰飞虱，周边杂草全田喷到。10% 吡虫啉可湿性粉剂 1 000～1 500 倍液，或 2.5% 溴氰菊酯 2 000～3 000 倍液，或 30% 乙酰甲胺磷可湿性粉剂 1 000 倍液，任选一种喷药防治一次。

三、风雨传播为主的病害

（一）谷子锈病

【分布、为害】全国谷子产区都有发生。辽宁、吉林、内蒙古、河北省低平原地区较重。锈病流行年份，可减产 30% 以上，严重地块可造成绝收。

【病原物】*Uromyces setaria-eitalica* 称谷子单胞锈菌，属担子菌亚门真菌。夏孢子单细胞，椭圆形，黄褐色，表面有刺，柄无色，具 3～4 个芽孔。冬孢子单细胞，球形、长球形或多角形，有柄，黄褐色，顶端有芽孔。

【症状识别】谷子锈病主要为害叶片，叶鞘上也可发病。发病初期在叶背面出现深红褐色小点，稍隆起，后表皮破裂，散出黄褐色粉末。严重时叶面布满病斑，致使叶片早枯，穗子干瘪，茎秆柔软易倒伏，可造成绝产。后期叶背和叶鞘表皮下散生黑色小斑点、椭圆形的冬孢子堆，表皮不易破裂，但在北方少见。谷子锈菌是专性寄生菌，不同谷子品种被侵染后，表现为高感病到高抗病，差异极明显。抗病品种夏孢子堆小，孢子堆周围寄生组织枯死或失绿，夏孢子堆不能突破表皮而扩散。

【发生规律】谷子锈病为流行性病害，主要发生在谷子生长的中后期，在河北低平原地区，一般抽穗期开始发病。以夏孢子越冬、越夏，第二年进行侵染。常年在 7 月下旬，夏孢子遇雨水溅到叶片上，萌发后通过气孔侵入，在表皮下或细胞间隙中生长，约 10d 后产生夏孢子堆，并开始散发夏孢子，通过风雨传播，落在叶片上，若湿度合适形成再侵染，夏孢子堆可连续产生夏孢子，引起该病的暴发流行。流行过程一般可分为：发病中心形成期，此时为发病初期，病叶率在逐渐增加，严重度没有发展，田间明显形成发病中心；普遍率扩展期，发病中心消失转为全田发病，病株率、病叶率急剧增加，为田间流行提供了充足菌源；严重度增长期，病株率、病叶率达到顶峰，发病程度急剧增加，引起植株倒伏，严重影响产量。高温多雨有利于病害发生。7～8 月降雨量是决定谷子锈病当年是否流行的关键因素，降雨多，发病重，干旱年，发病轻。氮肥过多、植株密度过大发病重。田边寄主杂草（谷莠子、狗尾草）多，有利于发病。

【防治关键】

（1）种植抗病品种。

（2）清洁田园，合理密植。

（3）谷子抽穗前后调查叶片上有无夏孢子堆，发现形成发病中心时及时药剂防治。

【防治方法】

（1）农业防治。①种植抗病品种。②处理带病谷草，清除田间杂草，以消灭越冬菌源。③加强田间管理，合理密植，避免过多施用氮肥，增施磷钾肥，雨后及时排水，多中耕。

（2）化学防治。在田间发病的中心形成期，即病叶率 1% ~ 5% 时，进行第一次叶面喷药，可选用药剂：20% 三唑酮乳油 800 ~ 1 000 倍液；15% 三唑醇可湿性粉剂 1 000 ~ 1 500 倍液；12.5% 烯唑醇可湿性粉剂 1 500 ~ 2 000 倍液；50% 萎锈灵可湿性粉剂 1 000 倍液；发生严重时，间隔 7 ~ 10d 再喷 1 次，可达到良好防治效果。

（二）谷子纹枯病

【分布、为害】谷子纹枯病在我国谷子各种植区均有不同程度的为害，主要为害谷子叶鞘、茎秆，也侵染叶片。一般病株率 10% ~ 50%，重病区发病株率高达 70%。寄主有玉米、水稻、大豆、大麦、小麦和棉花等 43 科 263 种植物。发病程度与产量损失的关系为：0 级，健株，没有产量损失；1 级，仅在茎基部轻微发病，其产量损失在 5% 以内；3 级，植株从上至下有 7 ~ 8 片健叶，产量损失为 10% 左右；5 级，植株从上至下有 4 ~ 6 片健叶，产量损失为 25% 左右；7 级，植株从上至下有 2 ~ 3 片健叶，产量损失为 40% 左右；9 级，全株发病或只有 1 片健叶，产量损失为 50% 左右。在河北低平原地区，该病随着谷子种植水肥条件的改善有上升趋势。

【病原物】立枯丝核菌 *Rhizoctonia solani*，为半知菌亚门真菌。①菌丝。初无色，较细，分枝处多缢缩，近分枝处有隔膜。随菌龄增长，菌丝细胞渐变粗短，并纠结成菌核。②菌核。形状各异，初为白色，后变为褐色，表面粗糙。③担子。担子桶形或亚圆筒形，较支撑担子的菌丝略宽，上具 3 ~ 5 个小梗，梗上着生担孢子。④担孢子。担孢子椭圆形至宽棒状，基部较宽，大小（7.5 ~ 12）μm ×（4.5 ~ 5.5）μm。担孢子能重复萌发形成 2 次担子。但不同寄主上的病菌在菌落形态和菌核形成等性状上均有明显差异。

【症状识别】一般谷子拔节期发病，病菌常自叶鞘侵染，初期在近地面叶鞘上产生暗绿色形状不规则的病斑，病斑迅速扩大，形成长椭圆形云纹状的大块斑，病斑中央部分逐渐枯死并呈现苍白色，而边缘呈现灰褐色或深褐色，几个病斑可连成更大的斑块，病斑达到叶鞘宽度时，致使叶鞘和其上的叶片干枯。病斑可随叶鞘向上发展，有时可达到植株顶部。病菌在叶鞘内侧生长，侵染茎秆形成云状或椭圆形褐色坏死斑。与被侵染叶鞘相接触的茎秆处，在灌浆期易折倒。发病较早的病株也可整株干枯。病菌也可侵染叶片，形成像叶鞘上的病斑症状，使整个叶片变成褐色，卷曲并干枯。发病植株穗小，灌浆不饱满，或不能抽穗，茎秆软且易折。当环境潮湿时，在病株叶鞘内侧和表面，特别是在叶鞘与茎秆的间隙生长出大量菌丝，并生成大量白色菌核，菌核后期变为深褐色或黑色。

【发生规律】主要以菌丝和菌核在病残体或在土壤中越冬，菌源数量大、发病重。翌年越冬菌核萌发侵染谷子幼苗或叶鞘，并逐步向植株上部发展，在病部形成菌核，菌核脱落随雨水或灌溉水传播，进行再侵染。当旬平均气温在24.3℃，降水量在80mm以上，相对湿度在80%以上时，纹枯病垂直向上侵染叶片的速度可达0.56片/d，为全生育期侵染高峰期。因此本区谷子纹枯病始发期多发生在7月中旬降雨后，高湿天气出现后病害暴发。谷子播种期与发病关系密切，早播病重，迟播病轻，种植密度大、偏施氮肥发病重。

【防治关键】谷子拔节后，即7月中下旬，病株率达到5%以上时，在谷子茎基部彻底喷雾防治1次，7~10d后防治第2次，效果良好。

【防治方法】

（1）农业防治。选用抗纹枯病的品种；清除田间病残体，包括根茬的清除和深翻土地，减少侵染源；适期晚播以缩短侵染和发病时间；合理密植，铲除杂草，改善田间通风透光条件，及时排除田间积水，降低田间湿度；科学施肥，有机肥为主，增施磷钾肥料，适当减少氮肥，培育壮苗健株。

（2）化学防治。①种子处理。用种子量0.03%有效成分的三唑醇、三唑酮进行拌种，2.5%咯菌腈悬浮剂按种子量的0.2%播种，6%戊唑醇按种子量的0.3%拌种，可有效控制苗期侵染，减轻为害程度。②发病初期喷药防治。5%井冈霉素水剂100ml/亩；12.5%烯唑醇可湿性粉剂35.5~50g/亩；40%菌核净可湿性粉剂1 000~1 500倍液；在病株率达到5%~10%时，针对谷子茎基部彻底喷雾防治1次，7~10d后酌情防治第2次。

（三）谷子胡麻斑病

【分布、为害】谷子胡麻斑病在全国谷子产地均有发生，主要寄主谷子、水稻等禾本科作物。为害叶片、叶鞘和颖果部位。病情严重时，病斑融合，叶片枯死。

【病原物】*Bipolaris setariae*（Saw.）Shoem. = *Helminthosporium setariae* Saw. 称狗尾草平脐蠕孢，属半知菌亚门真菌，有性态为 *Cochliobolus setariae*（Ito et Kurib）Drechsler et Dastur 称狗尾草旋孢腔菌，属子囊菌亚门真菌。子

囊座烧瓶状，大小（240～500）μm×（220～315）μm，喙长60～125μm。子囊梭形，大小（130～150）μm×（22～32）μm，内含子囊孢子1～8个。子囊孢子线形，具5～9个隔膜，大小（200～315）μm×（6～7）μm。分生孢子梗多数单生，少数2～5根丛生，直立或稍弯曲，有膝状曲折，2～5个隔膜，褐绿色，大小（105～156）μm×（7.5～10）μm。分生孢子深橄榄色，梭状至倒棍棒形，略弯，具5～8个隔膜，大小（40～120）μm×（10～18）μm，两端生芽管。

【症状识别】谷子整个生育期均可发病，主要为害叶片、叶鞘和颖果。叶片染病初生许多黄色至黄褐色斑点，斑点椭圆形或纺锤形，边缘不明显，色较暗后变为褐色至黑褐色。大小3～5mm×2～3mm。病斑两端钝圆，区别于谷瘟病。后期病斑表面生出分生孢子梗和分生孢子，呈黑色丝绒状霉层。病情严重时，病斑融合，叶片枯死。叶鞘、穗轴、颖壳上也产生褐色的梭形、椭圆形或不规则形的病斑，病斑界限多不明显，有的相互汇合。

【发生规律】病原菌以菌丝体、分生孢子、分生孢子梗随病残体或种子越冬，翌年条件适宜，产生分生孢子，由风雨传播，反复进行再侵染。胡麻斑病菌可侵染多种禾本科杂草，杂草寄主也有可能为谷子提供菌源。分生孢子在干燥条件下可存活2～3年，潜伏菌丝体能存活3～4年，菌丝翻入土中经一个冬季后失去活力。带病种子播后，潜伏菌丝体可直接侵害幼苗。菌丝生长温度为5～35℃，最适24～30℃，分生孢子形成温度为8～33℃，最适30℃。萌发温度为2～40℃，最适24～30℃。孢子萌发须有水滴存在，相对湿度大于92%。饱和湿度下25～28℃、4h就可侵入寄主。因此，降水多，大气湿度高，叶面结露时间长，气温25～30℃，有利于病菌侵染。连作地、田间四周杂草多、管理粗放、缺磷少钾时易发病。地势低洼、排水不良、土壤潮湿或氮肥施用过多或过迟，植株柔嫩易发病。栽培过密，株行间通风透光差，施用的农家肥未充分腐熟易发病。上年秋冬温暖、干旱、少雨雪，翌年温暖、重雾、重露、高湿、多雨或长期连阴雨的气候易发病。

【防治关键】胡麻斑病应以农业防治特别是深耕改土、科学管理肥水为主，辅以药剂防治。种植抗病、轻病品种，选用无病种子。重病田在收获后应及时清除病残体，或与非禾本科进行轮作。科学管理肥水要施足基肥，注意氮、磷、钾肥的配合施用，不过量追施氮肥。避免长期淹灌所造成的土壤通气不良，又要防止缺水受旱。深耕改土，促使根系发育良好，增强吸水吸肥能力，增强植株抗病能力。结合防治粒黑穗病和白发病，进行药剂拌种，减少种子传播病菌。发病初期病株率达到5%～10%时，及时喷药防治。

【防治方法】

（1）农业防治。①选用抗病品种，或无病田留种。②重病田与非禾本科作物实行轮作，清洁田园。③加强田间管理，施用酵素菌沤制的堆肥或腐熟的有机肥，不用带病菌的肥料，适当增施磷钾肥，不过量使用氮肥，及时间苗、中耕、排水，降低田间湿度，深耕改土促进根系发育，培育壮苗，有利于减轻病害。

（2）药剂防治。①种子处理。用种子重量 0.3% 的 15% 粉锈灵粉剂或 50% 福美双或 70% 甲基托布津或 12.5% 速保利拌种；用种子重量 0.3% 的 40% 多菌灵超微可湿性粉剂拌种；用种子重量 0.7% 的 50% 萎锈灵或 50% 敌克松或 40% 拌种双或 50% 多菌灵拌种。拌种方法：先把药剂加适量水喷在种子上拌匀，再堆闷 4 ~ 8h 后直接播种。②喷药防治。发病初期，开始防治，间隔 7 ~ 10d 1 次，防治 2 ~ 3 次。选用药品 20% 井冈霉素可湿性粉剂 1 000 倍液；50% 多菌灵可湿性粉剂 500 ~ 600 倍液；75% 三环唑可湿性粉剂 2 000 倍液；70% 甲基托布津可湿性粉剂 1 000 倍液；甲基硫菌灵可湿性粉剂 600 ~ 800 倍液；在以上药液中加 2% 春雷霉素水剂 500 ~ 700 倍液或展着剂效果更好。

（四）谷瘟病

【分布、为害】谷子瘟病分布广泛，在各谷子产区均有发生。谷瘟病菌能侵染青狗尾草，而马唐等多种禾本科植物则不被侵染，田间多数禾本科作物和杂草不能提供越冬菌源。近年在河北低平原地区有逐年加重趋势。叶瘟、穗瘟发生普遍，为害更重。谷瘟病菌能侵染青狗尾草，而马唐等多种禾本科植物则不被侵染，田间多数禾本科作物和杂草不能提供越冬菌源。

【症状识别】在谷子的整个生育期均可发病，侵染叶片、叶鞘、茎节、穗颈、小穗和小穗梗等部位，形成叶瘟、穗颈瘟、穗瘟。叶片在苗期即可发病，病斑为梭形，中央灰白色，边缘紫褐色并有黄色晕环，湿度大时叶背密生灰色霉层，严重时病斑密集汇合成长梭形造成叶片局部或全部枯死。有时侵染叶鞘形成鞘瘟，叶鞘病斑长椭圆形，较大。抽穗前后病害严重时常发生节瘟，茎节染病初呈黄褐或黑褐色小斑，后渐绕全节一周，造成茎节上部枯死，易折断。穗颈染病初为褐色小点，后扩展为灰黑色梭形斑，严重时，绕颈一周造成全穗枯死。小穗染病穗梗变褐枯死，籽粒干瘪。主穗轴感病造成半边穗枯死。

【病原物】（*Pyricularia grsea*）称谷梨孢，属半知菌亚门真菌。分生孢子梗单生或丛生，不分枝，具隔膜 2 ~ 3 个，无色或基部淡褐色，顶端尖，孢痕明显。分生孢子梨形或梭形，无色，有 2 个隔膜，基部圆形或钝圆，顶端稍尖。

【发生规律】谷瘟病以分生孢子在病草、病残体和种子上越冬，成为翌年初侵染源。分生孢子遇水萌发，直接穿透表皮细胞或经气孔侵染叶片和叶鞘，茎节上多从外包的叶鞘侵入，穗轴上多从小穗梗分枝处侵入。田间发病后，在叶片病斑上形成分生孢子借气流传播进行再侵染。温度25℃、相对湿度大于80%、叶面结露，有利于该病发生和蔓延。7月中旬连续多雨、高湿有利于叶瘟发生，7月下旬至8月上旬阴雨多、露重、气温偏低，有利于穗瘟发生。播种过密、田间湿度大，发病重，黏土、低洼地发病重，偏施氮肥易发病。在华北地区，每年发生5~8代，8月是本地谷瘟病发生的高峰期，不同品种间抗病性差异显著。

【防治关键】选抗病品种、清洁田园，在苗期叶瘟发生初期及时药剂防治，防止分生孢子形成而引起再侵染。

【防治方法】

（1）农业防治。①清洁田园。田间病株杂草要处理干净，收获后深翻土地。②选种抗病品种。③合理水肥和种植密度，降低田间湿度。忌偏施氮肥，忌大水漫灌，宜浅水快过，密度不宜过大，保证通风透光。④采集无病谷种进行单打单收。

（2）药剂防治。叶瘟发生初期、抽穗期、齐穗期各喷药1次，可有效地防治谷子瘟病的为害。2%春雷霉素可湿性粉剂600倍液；80%代森锰锌可湿性粉剂600倍液+50%四氯苯酞可湿性粉剂800倍液；45%代森铵水剂1 000倍液+40%稻瘟净乳油600~800倍液；70%甲基硫菌灵可湿性粉剂600~800倍液喷雾防治。

第三节　谷子主要虫害、鸟害发生与防治

一、地下害虫

（一）蝼蛄

蝼蛄，俗称拉拉蛄、地拉蛄，属直翅目蝼蛄科。在河北低平原地区，主要有两种蝼蛄，单刺蝼蛄又称华北蝼蛄（*Gryllotalpa unispina* Saussure）和东方蝼蛄（*Gryllotalpa orientalis* Burmeister），是谷田主要地下害虫。以成虫或若虫在地下串行，取食未出苗的种芽和谷苗根茎，造成缺苗断垄。

【形态特征】蝼蛄身体梭形，前足为特殊的开掘足，雌性缺产卵器，雄性

外生殖结构简单，雌雄可通过翅脉识别（雄性覆翅具发声结构）。

单刺蝼蛄成虫，身体比较肥大，雌虫体长 45～66mm，头宽 9mm，雄虫体长 39～45mm，头宽 5.5mm。体黄褐色，全身密布黄褐色细毛；前胸背板中央有 1 凹陷不明显的暗红色心脏形斑；前翅黄褐色，长 14～16mm，覆盖腹部不到一半，后翅长 30～35mm，纵卷成筒形附于前翅之下；腹部圆筒形、背面黑褐色，有 7 条褐色横线；足黄褐色，前足发达，中后足细小，后足胫节背侧内缘有距 1～2 个或消失。卵椭圆形。初产时黄白色，较小，长 1.6～1.8mm，宽 1.3～1.4mm，孵化前膨大为长 2.4～3.0mm，宽 1.5～1.7mm。颜色变为黄褐色，孵化前呈暗灰色。若虫共 13 个龄期，初龄若虫头小，腹部肥大，行动迟缓，全身乳白色，渐变土黄色，以后每蜕 1 次皮，颜色随之加深，5 龄以后，与成虫体色、体形相似。初孵若虫体长 3.56mm，末龄若虫体长 41.2mm，体长增加 10 余倍。

东方蝼蛄成虫，体长 30～35mm，灰褐色，腹部色较浅，全身密布细毛。头圆锥形，触角丝状。前胸背板卵圆形，中间具一明显的暗红色长心脏形凹陷斑。前翅灰褐色，较短，仅达腹部中部。后翅扇形，较长，超过腹部末端。腹末具 1 对尾须。前足为开掘足，后足胫节背面内缘有 3～4 个距，别于华北蝼蛄。卵初产时长 2.8mm，孵化前长 4mm，椭圆形，初产乳白色，后变黄褐色，孵化前暗紫色。若虫共 8～9 龄，末龄若虫体长 25mm，体形与成虫相近。

单刺蝼蛄体型比东方蝼蛄体型大，黄褐色，前胸背板心形凹陷不明显，后足胫节背面内侧仅 1 个距或消失。卵椭圆形，孵化前呈深灰色。若虫共 13 龄，形态与成虫相似，翅尚未发育完全，仅有翅芽。5～6 龄后体色与成虫相似。东方蝼蛄体型略小，前胸背板心形凹陷明显，后足胫节背面内缘有 3～4 个距，卵孵化前呈暗紫色或暗黑紫色，若虫 7～8 龄，初孵若虫乳白色，渐变黄色，再变浅褐色。

【发生规律】蝼蛄为多食性害虫，喜食各种蔬菜、花卉、作物幼苗，为害严重。蝼蛄成虫和若虫在土中咬食刚播下的种子和幼芽，或将幼苗根、茎部咬断，使幼苗枯死，受害的根部呈乱麻状。蝼蛄在地下活动，将表土穿成许多隧道，使幼苗根部透风和土壤分离，造成幼苗因失水干枯致死，缺苗断垄，严重的甚至毁种，使蔬菜大幅度减产。

蝼蛄在北方地区 2～3 年发生 1 代，在南方 1 年 1 代，以成虫或若虫在地下越冬。清明后上升到地表活动，在洞口可顶起一小虚土堆。5 月上旬至 6 月中旬是蝼蛄最活跃的时期，也是第一次危害的高峰期，6 月下旬至 8 月下旬，天气炎热，转入地下活动，6—7 月为产卵盛期。9 月气温下降，再次上升到地表，形成第二次危害高峰，10 月中旬以后，陆续钻入深层土中越冬。蝼蛄昼伏夜出，以夜间 9～11 时活动最盛，特别在气温高、湿度大、闷热的夜晚，大量出土活动。早春或晚秋因气候凉爽，仅在表土层活动，不到地面上，在炎热的中午常潜至深土层。蝼蛄具趋光性，并对香甜物质，如半熟的谷子、炒香的豆饼、麦麸以及马粪等有机肥，具有强烈趋性。成、幼虫均喜松软潮湿的壤土或沙壤土，20cm 表土层含水量 20% 以上最适宜，小于 15% 时活动减弱。当气温在 12.5～19.8℃，20cm 土温为 15.2～19.9℃时，对蝼蛄最适宜，温度过高或过低时，则潜入深层土中。

蝼蛄为不完全变态，完成一世代需要 3 年左右。以成虫或较大的若虫在土穴内越冬，第二年 4、5 月开始活动，并为害作物的幼苗。若虫逐渐长大变为成虫，继续为害。越冬成虫从 6 月中旬开始产卵，7 月初孵化，初孵幼虫有聚集性，3 龄分散为害，到秋季达 8～9 龄，深入土中越冬。第二年春越冬若虫恢复活动继续为害，到秋季达 12～13 龄后入土越冬。第三年春又活动为害。夏季若虫发育为成虫，成虫越冬。

单刺蝼蛄在北方 3 年发生 1 代，多与东方蝼蛄混杂发生。以 8 龄以上若虫或成虫在冻土层下越冬，一般深度 50～120cm。翌年春季土壤温度升到 8℃时越冬蝼蛄开始表层土壤活动。华北地区成虫 6 月上中旬开始产卵，每头雌虫产卵 80～800 粒，当年秋季以 8～9 龄若虫越冬；第二年 4 月上中旬越冬若虫开始活动，当年可蜕皮 3～4 次，以 12～13 龄若虫越冬；第三年春季越冬高龄若虫开始活动，8—9 月蜕最后 1 次皮后以成虫越冬；第四年春天越冬成虫开始活动，于 6 月上中旬产卵，至此完成 1 个世代。成虫具一定趋光性，白天多潜伏于土壤深处，晚上到地面为害，喜食幼嫩部位，为害盛期多在播种期和幼苗期。

东方蝼蛄在北方 2 年 1 代，以成虫或若虫在冻土层以下越冬。第二年春上升到地面为害，4—5 月是春季为害盛期，在保护地内 2～3 月即可活动为害。5 月下旬产卵，每头雌虫平均产卵 150 粒，孵化后为害夏秋作物，10 月越冬。初孵若虫群集，逐渐分散，有趋光性、趋化性、趋粪性、喜湿性。

【防治关键】结合农业防治，进行种子处理或土壤处理。

【防治方法】

（1）农业防治。①深翻土壤：夏收后，及时翻地，破坏蝼蛄的产卵场所。②合理肥水：施用腐熟的有机肥料，不施用未腐熟的肥料；在蝼蛄为害期，追施碳酸氢铵等化肥，散出的氨气对蝼蛄有一定驱避作用；秋收后，进行大水灌地，使向深层迁移的蝼蛄被迫向上迁移，在结冻前深翻，把翻上地表的害虫冻死。③合理轮作：改良盐碱地，有条件的地区实行水旱轮作，可消灭大量蝼蛄、减轻危害。

（2）灯光诱杀。蝼蛄发生为害期，在田边或村庄利用黑光灯、白炽灯诱杀成虫，以减少田间虫口密度。

（3）人工捕杀。结合田间操作，对新拱起的蝼蛄隧道，采用人工挖洞捕杀虫、卵。

（4）种子处理。播种前，用50%辛硫磷乳油，或40%甲基异柳磷乳油按种子重量0.1%～0.2%拌种，堆闷12～24h后播种。

（5）毒饵诱杀。敌百虫毒饵。将麦麸、豆饼、秕谷、棉籽饼或玉米碎粒等炒香，按饵料重量0.5%～1%的比例加入90%晶体敌百虫制成毒饵，每亩施毒饵1.5～2.5kg，于傍晚时撒在已出苗的谷田表土上，或随播种撒于播种沟内。

（6）土壤处理。每亩用3%辛硫磷颗粒剂2～2.5kg，均匀撒于地表，翻耕混匀。

（二）蛴螬

蛴螬种类很多，成虫通称金龟子，幼虫通称蛴螬，为害谷子的主要有东北大黑鳃金龟（*Holotrichia diomphalia Bates*）、华北大黑鳃金龟（*Holotrichia oblita*）、铜绿丽金龟（*Anomala corpulenta*）、黄褐丽金龟（*Anomala exoleta*）。蛴螬在各地普遍发生。为害多种作物，如豆科、茄科、小麦、玉米等，尤其喜食大豆、花生等。

【形态特征】蛴螬为金龟子幼虫，不同种类大小有所差别，一般体长30～45mm，乳白色，体壁柔软、多皱，向腹面弯曲成C形，体表疏生细毛。头大而圆，多为黄褐色或红褐色。有胸足3对，一般后足较长。腹部10节，臀节生有刺毛，不同种类刺毛的数量和排列有明显差别。铜绿丽金龟幼虫臀节刺毛由两种刺毛组成，前段为尖端向中央弯曲的短锥状刺毛，一般每列10～15根，后段为长针状刺毛，每列7～13根，均为两行排列。华北大黑鳃金龟幼虫和东北大黑鳃金龟幼虫臀节无刺毛，只有钩毛群。

【发生规律】蛴螬是多食性害虫，幼虫能直接咬断幼苗的根、茎，造成枯死苗；或啃食块根、块茎，使作物生长衰弱，直接影响产量和品质。成虫主要取食叶片。

东北大黑鳃金龟和华北大黑鳃金龟两年发生一代，成虫和蛹均能越冬，越冬成虫4月下旬开始出土，6—7月交尾、产卵，7月中下旬进入卵孵化盛期，10月中下旬幼虫入土越冬。越冬幼虫5月上中旬上升至耕层为害，7月中旬后陆续化蛹、羽化并就地越冬。

铜绿丽金龟、黄褐丽金龟一年发生一代，以幼虫越冬，5—6月越冬幼虫上升到耕土层为害，6月中下旬化蛹、羽化，产卵高峰期在6—7月，7月中下旬卵孵化为幼虫，10月转入深土层越冬。

蛴螬共3龄，各龄幼虫均有互相残杀习性，初孵化幼虫先取食土中腐殖质，以后取食苗木、杂草及农作物的地下根部，各龄的初期和末期食量较小，3龄食量最大，取食根茎及播下的种子。幼虫具假死性。常沿垄向前移动，在新鲜被害株下很容易找到幼虫，上下垂直活动力较大，每年随地温升降而上下活动。在土壤中活动的适宜温度为13~18℃，高于23℃或低于10℃即逐渐向深土层（20~25cm）转移。一般有机质多、疏松地块蛴螬发生重，相反土壤黏重、有机质含量低的地块发生轻。土壤湿度对幼虫的生长发育有很大影响，过湿或过干都会造成幼虫大量死亡，尤其是10cm以下的幼虫，反应更为灵敏，如土壤含水量低于10%，初龄幼虫就会很快死亡，当土壤含水量在10.2%~25.7%范围内幼虫则生长发育良好。取食为害期间，如遇雨水或灌水则下移，深处暂停为害，如浸渍3d以上，则窒息而死。老熟幼虫下潜至20~38cm深处，营建一个长椭圆形蛹室，在其中不食不动，进入预蛹期。预蛹期23d，蛹期22~25d。11月中旬后地温降到6℃以下时，则移至30~40cm深处越冬。

所有金龟子成虫都在傍晚飞出取食、交尾，黎明前又钻入土中。晚8~9时为出土高峰期，以后又逐渐减少至后半夜2时相继入土潜伏，白天很少出动。初羽化成虫，出土后先在地面爬行，后做短距离飞行觅食，尤其喜欢在路旁、地边群集取食交尾，并在近处土壤里产卵。卵散产于有机质较多的土壤里，产卵深度为5~10cm，常4~10余粒连在一起，每雌虫一生产卵量为100~200粒。有假死性和较强趋光性，对黑光灯的趋性更强，但雌成虫很少扑灯。对未腐熟的厩肥有较强的趋性。

【防治关键】地下害虫蛴螬的防治必须贯彻"预防为主，综合防治"的植保方针，以农业防治为基础，把化学农药防治与其他防治方法协调起来，因地制宜地开展综合防治，才能将蛴螬的危害控制住。

【防治方法】

（1）农业防治措施。①冬前耕翻土地，消灭地边、荒坡、田埂等处的蛴螬，可将部分成、幼虫翻至地表，使其风干、冻死或被天敌捕食、机械杀伤，防效明显。②合理施肥，施用充分腐熟的有机肥，防止招引成虫飞入田块产卵，减少将幼虫和卵带入田间，堆柴底部的腐殖土全部销毁，不能用来沤肥。

③谷豆轮作。④7月中下旬幼虫孵化盛期灌水对蛴螬有一定杀伤力。秋末进行冬灌，水量越大蛴螬死亡率越高，可使第二年春季蛴螬危害减轻。

（2）人工捕杀。施有机肥前应筛出其中的蛴螬。发现幼苗被害可挖出根际附近的幼虫。利用成虫的假死性，在其停落的作物上捕捉或震落捕杀。

（3）生物防治。在蛴螬卵期或幼虫期，每亩用蛴螬专用型白僵菌杀虫剂1.5~2kg，与15~25kg细土拌匀，在作物根部土表开沟施药并盖土。或者顺垄条施，施药后随即浅锄，能浇水更好。此法高效、无毒无污染，以活菌体施入土壤，效果可延续到下一年。目前，美国等已筛选出乳状菌及其变种，用于蛴螬防治。在美国乳状菌制剂 Doom 和 Japidemic 已有乳状菌商品出售，防治用量是每 $23m^2$ 用 0.05kg 乳状菌粉，防治效果一般为 60%~80%。

（4）物理防治。5~8月利用金龟子趋光性强的生物特性，用黑光灯或频振式诱虫灯诱杀成虫，减少田间虫卵量。黑绿单管双光灯（一半绿光，一半黑光）对金龟子的诱杀量比黑光灯提高 10% 左右。

（5）化学药剂防治。①种子处理。40% 甲基异柳磷乳油或 40% 辛硫磷乳油、70% 吡虫啉可湿性粉剂按种子量的 0.3% 拌种，然后堆闷 12~24h，晾干后播种。也可使用包衣种子。②土壤处理。在蛴螬发生严重地块，种子处理不能有效控制蛴螬为害时可进行土壤处理。亩用 10% 杀地虎（二嗪磷颗粒剂）500g，与 15~30kg 细土混匀后撒于播种沟内后覆土。或亩用 2.5% 敌百虫粉剂 2~2.5kg 拌适量细土施用。③灌根。在蛴螬发生较重的田块，48% 毒死蜱乳油 1 500 倍液、50% 辛硫磷乳油 1 000 倍液，或 80% 敌百虫可湿性粉剂 800 倍液灌根，每株灌 150~250ml，可杀死根际附近的幼虫。④撒毒土。6月中旬成虫盛发期，每亩用 50% 辛硫磷乳剂 250g、2% 甲基异柳磷粉剂或 5% 敌百虫粉剂 2.5~3kg，对 20~25kg 干细土撒施，并浅锄入土内，可有效毒杀成虫，减少田间卵量。7月中下旬幼虫孵化盛期每亩用 50% 辛硫磷乳剂 250g，对干细土 20~25kg，拌匀撒施，结合中耕，锄入土中，防治幼虫有较好的效果。在谷子生长期可选用灌根、沟施毒土等措施。

（三）金针虫

【分布、为害】金针虫是叩头虫的幼虫，属鞘翅目叩头甲科。在河北低平原地区为害谷子的主要种类有沟金针虫（*Pleonomus canaliculatus*）、细胸金针虫（*Agriotes fusicollis*）、褐纹金针虫（*Melanotus caudex*），在土中为害根部、茎基、取食新播种子，咬断幼苗，并能钻到根和茎内取食，致使幼苗死亡，缺苗断垄。同时为害小麦、大麦、玉米、高粱、粟、花生、甘薯、马铃薯、豆类、棉、麻类、甜菜和蔬菜等多种作物，也可为害林木幼苗。

沟金针虫主要分布区域北起辽宁，南至长江沿岸，西到陕西、青海，旱作区的沙壤土和沙黏壤土地带发生较重；细胸金针虫从东北北部，到淮河流域，北至内蒙古以及西北等地均有发生，但以水浇地、潮湿低洼地和黏土地带发生较重；褐纹金针虫主要分布于华北。

【形态特征】

成虫：三种金针虫体色深褐色至黑色，体形细长或扁平，具有梳状或锯齿状触角。胸部下侧有一个爪，受压时可收入中胸腹板的沟穴中。头部能上下活动似叩头状，故俗称"叩头虫"。当叩头虫仰卧，若突然敲击，叩头虫即会弹起，向后跳跃。沟金针虫体长 14～18mm，细胸金针虫和褐纹金针虫体长 7～14mm。

幼虫：体细长，25～30mm，金黄或茶褐色，末端有两对附肢，体表坚硬，有光泽，故名"金针虫"。沟金针虫体长 20～30mm，宽 4mm，黄褐色，有光泽，背部中央有一条纵向细沟，尾巴分叉，叉的内侧各有一个小齿。细胸金针虫幼虫体长 23mm，宽 1.3mm，浅黄褐色，有光泽，尾节圆锥形，不分叉。褐纹金针虫幼虫色较深，红褐色，体长 20～30mm，宽 1.7mm，尾节近圆锥形，末端有 3 个齿状突起。

蛹：纺锤形，初为乳白色，后变黄色。沟金针虫蛹长 15～17mm，细胸金针虫和褐纹金针虫蛹长 8～12mm。

卵：均为乳白色，宽 0.5～1.0mm。

【发生规律】金针虫幼虫长期生活于土壤中，随温度变化上移为害，下移越冬。因不同种类而不同，常需 3～5 年才能完成一代，各代以幼虫或成虫在地下越冬，越冬深度在 20～85cm。10cm 土层温度降低到 4～8℃时下移越冬，高于上述温度时上移为害。

沟金针虫约 3～4 年完成一代。在华北地区，越冬成虫于 3 月上旬开始活动，4 月上旬为活动盛期。成虫白天躲在麦田或田边杂草中和土块下，夜晚活动，雌性成虫不能飞翔，行动迟缓有假死性，没有趋光性，雄虫飞翔较强，有趋光性。卵产于土下 3～7cm 深处，卵孵化后，幼虫直接为害作物。翌年 3 月中旬当 10cm 土层土温达到 4～8℃时幼虫开始上升活动；3 月下旬土温为 8～12℃时，上升到根际进行为害；5 月中旬土温升高，幼虫向 13～17cm 土层深处移动，土温为 21～22℃时停止为害；9 月下旬至 10 月上旬，表土温度渐低（6～10cm 土层土温约 18℃）时幼虫又回升到 13cm 以上的土层活动。沟金针虫在 8—9 月间化蛹，蛹期 20d 左右，9 月羽化为成虫。沟金针虫喜好有机质少、疏松的沙质土壤，适宜的土壤湿度为 15%～18%，较能适应干燥，主要发生在旱地块。

细胸金针虫2～3年完成一代，生活习性与沟金针虫基本相同，但比沟金针虫更适应低温，适宜在有机质丰富的粉沙黏土或黏土中，适宜土壤含水量为20%～25%，主要发生在水浇地或潮湿低地。早春为害严重，一般土温超过17℃时停止为害。

褐纹金针虫3年1代，成虫没有趋光性，喜好湿润疏松、有机质含量高于1%以上的土壤。

【防治关键】前茬冬小麦田，金针虫严重地块，夏季翻耕暴晒，进行药剂拌种或土壤处理保护幼苗。防治前要调查虫情，每点取0.25m²，挖虫深度为：春季3～17cm，秋季20cm，平均每平方米有虫2～3头时要及时药剂防治。

【防治方法】

（1）农业防治方法。①种植前要深耕多耙，收获后及时深翻；夏季翻耕暴晒。②精细整地，适时播种，合理轮作，消灭杂草，适时早浇，及时中耕除草，创造不利于金针虫活动的环境，减轻作物受害程度。

（2）药剂防治。①药剂拌种：用60%吡虫啉悬浮种衣剂拌种，比例为药剂∶水∶种子＝1∶200∶10 000。②施用毒土：用48%毒死蜱乳油每亩200～250g，50%辛硫磷乳油每亩200～250g，加水10倍，喷于25～30kg细土上拌匀成毒土，顺垄条施，随即浅锄；用5%甲基毒死蜱颗粒剂每亩2～3kg，或用5%辛硫磷颗粒剂每亩2.5～3kg处理土壤。

二、幼苗期害虫

（一）地老虎

【分布、为害】地老虎，别名切根虫、夜盗虫，俗称地蚕、土蚕。属夜蛾科。多食性作物害虫，谷子出苗后，以幼虫咬断幼苗，造成缺苗断垄。同时为害棉、玉米、高粱、粟、麦类、薯类、豆类、麻类、苜蓿、烟草、甜菜、油菜、瓜类以及多种蔬菜等。药用植物、牧草和林木苗圃的实生幼苗也常受害。多种杂草常为其重要寄主。

全国有10余种地老虎可给农业生产造成危害，在河北低平原地区以小地老虎、黄地老虎和大地老虎为主。

小地老虎（*Agrotis ipsilon*）世界性分布，分布最广。在中国遍及各地，但以南方旱作及丘陵旱地发生较重；北方则以沿海、沿湖、沿河、低洼内涝地及水浇地发生较重。南岭以南可终年繁殖；由南向北年发生代数递减，如广西壮族自治区（全书简称广西）南宁7代，江西南昌5代，河北4代，黑龙江2代。

黄地老虎在中国主要分布在新疆及甘肃乌鞘岭以西地区及黄河、淮河、海河地区。华北和江苏一带年发生3～4代，新疆2～3代，内蒙古2代。

大地老虎分布也较普遍，并常与小地老虎混合发生；以长江流域地区为害较重。中国各地均一年发生1代。

【形态特征】

（1）小地老虎。成虫体长16～23mm，翅展42～54mm；前翅黑褐色，有肾状纹、环状纹和棒状纹各一，肾状纹外有尖端向外的黑色楔状纹与亚缘线，内侧2个尖端向内的黑色楔状纹相对。卵半球形，直径0.6mm，初产时乳白色，孵化前呈棕褐色。老熟幼虫体长37～50mm，黄褐至黑褐色；体表密布黑色颗粒状小突起，背面有淡色纵带；腹部末节背板上有2条深褐色纵带。蛹体长18～24mm，红褐至黑褐色；腹末端具1对臀棘。

（2）黄地老虎。成虫体长14～19mm，翅展32～43mm；前翅黄褐色，肾状纹的外方无黑色楔状纹。卵半球形，直径0.5mm，初产时乳白色，以后渐现淡红斑纹，孵化前变为黑色。老熟幼虫体长32～45mm，淡黄褐色；腹部背面的4个毛片大小相近。蛹体长16～19mm，红褐色。

（3）大地老虎。成虫体长20～23mm，翅展52～62mm；前翅黑褐色，肾状纹外有一不规则的黑斑。卵半球形，直径1.8mm，初产时浅黄色，孵化前呈灰褐色。老熟幼虫体长41～61mm，黄褐色，体表多皱纹，头部褐色，中央具黑褐色纵纹1对，额（唇基）三角形，底边大于斜边，各腹节2毛片与1毛片大小相似。气门长卵形黑色，臀板除末端2根刚毛附近为黄褐色外，几乎全为深褐色，且全布满龟裂状皱纹。蛹体长23～29mm，腹部第4～7节前缘气门之前密布刻点。

【发生规律】

成虫：有趋光性和趋化性。小地老虎、黄地老虎对黑光灯均有趋性；对糖酒醋液的趋性以小地老虎最强；黄地老虎则喜在大葱花蕊上取食作为补充营养。

卵：多产在土表、植物幼嫩茎叶上和枯草根际处，散产或堆产。

幼虫：3龄前的幼虫多在土表或植株上活动，昼夜取食叶片、心叶、嫩头、幼芽等部位，食量较小。3龄后分散入土，白天潜伏土中，夜间活动为害，常将作物幼苗齐地面处咬断，造成缺苗断垄。有自残现象。

越冬习性：地老虎的越冬习性较复杂。黄地老虎以老熟幼虫在土下筑土室越冬。大地老虎以3～6龄幼虫在表土或草丛中越夏和越冬。小地老虎越冬受温度因子限制：1月0℃（北纬33°附近）等温线以北不能越冬；以南地区可有少量幼虫和蛹在当地越冬；而在四川则成虫、幼虫和蛹都可越冬。

迁飞：1979—1980年，中国首次取得了小地老虎越冬代成虫，由低海拔向高海拔迁飞直线距离22~240km和由南向北迁飞490~1 818km的记录。并查明1月10℃等温线以南的华南为害区及其以南是国内主要虫源基地，江淮蛰伏区也有部分虫源，成虫由虫源地区交错向北迁飞为害。

【影响地老虎发生的主要生态因素】

（1）温度。高温和低温均不适于地老虎生存、繁殖。在温度（30±1）℃或5℃以下条件下，可使小地老虎1~3龄幼虫大量死亡。平均温度高于30℃时成虫寿命缩短，一般不能产卵。冬季温度偏高，5月气温稳定，有利于幼虫越冬、化蛹、羽化，从而第1代卵的发育和幼虫成活率高，为害就重。黄地老虎幼虫越冬前和早春越冬幼虫恢复活动后，如遇降温、降雪，或冬季气温偏低，易大量死亡。越冬代成虫盛发期遇较强低温或降雪不仅影响成虫的发生，还会因蜜源植物的花受冻，恶化了成虫补充营养来源而影响产卵量。

（2）湿度和降水。大地老虎对高温和低温的抵抗能力强，但常因土壤湿度不适而大量死亡。小地老虎在北方的严重为害区多为沿河、沿湖的滩地或低洼内涝地以及常年灌区。成虫盛发期遇有适量降雨或灌水时常导致大发生。土壤含水量在15%~20%的地区有利于幼虫生长发育和成虫产卵。黄地老虎多在地势较高的平原地带发生，如灌水期与成虫盛发期相遇为害就重。在黄淮海地区，前一年秋雨多、田间杂草也多时，常使越冬基数增大，翌年发生为害严重。

（3）其他因素。如前茬作物、田间杂草或蜜源植物多时，有利于成虫获取补充营养和幼虫的转移，从而加重发生为害。自然天敌中如姬蜂、寄生蝇、绒茧蜂等也对地老虎的发生有一定抑制作用。

【防治关键】清洁杂草，翻耕土地，根据当地预报，在幼虫3龄前施药防治，可取得较好效果。

【防治方法】幼虫4龄后进入暴食阶段，为害加重。

（1）农业防治。①清洁田园，铲除菜地及地边、田埂和路边的杂草。②进行秋耕冬灌、春耕耙地、结合整地人工铲埂等，可杀灭虫卵、幼虫和蛹。③种植诱集植物，利用小黄地老虎喜产卵在芝麻幼苗上的习性，种植芝麻诱集产卵带，引诱成虫产卵，在卵孵化初期铲除并携出田外集中销毁，如需保留诱集用芝麻，在3龄前喷洒90%晶体敌百虫1 000倍液防治。

（2）物理防治。①在春季成虫发生期黑光灯诱杀越冬代成虫。②糖醋液诱杀成虫：糖 6 份、醋 3 份、白酒 1 份、水 10 份、90% 敌百虫 1 份调匀，或用包菜水加适量农药，在成虫发生期设置，均有诱杀效果。③人工捕杀幼虫。用新鲜泡桐叶，用水浸泡后，每亩 50 ~ 70 片叶，于 1 代幼虫发生期的傍晚放入田内，次日清晨人工捕捉。④草堆诱杀幼虫。谷子种植前地老虎仅以田中杂草为食，因此可选择地老虎喜食的灰菜、刺儿菜、苦荬菜、小旋花、苜蓿、艾篙、青篙、白茅、鹅儿草等杂草堆放诱集地老虎幼虫，鲜草或菜叶每亩 20 ~ 30kg，在田内撒成小堆诱集捕捉，或拌入药剂毒杀。

（3）药剂防治。①用 2.5% 敌百虫粉剂每亩 2.0 ~ 2.5kg 喷粉。②撒施毒土：用 2.5% 敌百虫粉剂每亩 1.5 ~ 2kg 加 10kg 细土制成毒土，顺垄撒在幼苗根际附近，或用 50% 辛硫磷乳油 0.5kg 加适量水喷拌细土 125 ~ 175kg 制成毒土，每亩撒施毒土 20 ~ 25kg。③撒毒饵：在 3 龄后开始取食时应用，每亩用 2.5% 敌百虫粉剂 0.5kg 或 90% 晶体敌百虫 1 000 倍液均匀拌在切碎的鲜草上，或用 90% 晶体敌百虫加水 2.5 ~ 5kg，均匀拌在 50kg 炒香的麦麸或碾碎的棉籽饼上，或 50% 辛硫磷乳油 50g 拌在 5kg 棉籽饼上，制成的毒饵于傍晚在谷田内每隔一定距离撒成小堆。④用 90% 晶体敌百虫 800 ~ 1 000 倍液或 50% 辛硫磷乳油 800 倍液或 50% 杀螟硫磷 1 000 ~ 2 000 倍液或 20% 菊杀乳油 1 000 ~ 1 500 倍液或 2.5% 溴氰菊酯乳油 3 000 倍液喷雾。⑤灌根：在虫龄较大、为害严重的谷田，可用 80% 敌敌畏乳油或 50% 辛硫磷乳油或 50% 二嗪农乳油 1 000 ~ 1 500 倍液灌根。

（二）粟凹胫跳甲

【分布、为害】粟凹胫跳甲（*Chaetocnema ingenua*）属鞘翅目，叶甲科。分布在东北、华北、西北及河南、湖北、江苏、福建等地。以幼虫和成虫为害刚出土的幼苗。幼虫为害，由茎基部咬孔钻入，枯心致死。当幼苗较高，表皮组织变硬时，便爬到顶心内部，取食嫩叶。顶心被吃掉，不能正常生长，形成丛生，河北群众叫做"芦蹲"或"坐坡"。成虫为害，则取食幼苗叶子的表皮组织，吃成条纹，白色透明，甚至干枯死掉。

【形态特征】成虫体椭圆形，长 2.5 ~ 3mm，蓝绿至青铜色，具金属光泽。头部密布刻点，漆黑色。前胸背板拱凸，其上密布刻点。鞘翅上有由刻点整齐排列而成的纵线。各足基部及后足腿节黑褐色，其余各节黄褐色。后足腿节粗大。腹部腹面金褐色，具有粗刻点。卵长椭圆形，米黄色，0.75mm。末龄幼虫圆筒形；头、前胸背板黑色；胸部、腹部白色，体面具椭圆形褐色斑点。裸蛹椭圆形，乳白色。

【发生规律】河北衡水一年 2~3 代，以成虫在表土层中或杂草根际
1.5cm 处越冬。翌年 5 月上旬气温高于 15℃时越冬成虫在麦田出现，5 月下
旬、6 月中旬迁至谷子田产卵，6 月中旬至 7 月上旬进入第一代幼虫盛发期，
一代成虫于 6 月下旬开始羽化，7 月中旬产第二代卵，第二代幼虫为害盛期在
7 月下旬至 8 月上旬，第二代成虫于 8 月下旬出现，10 月入土越冬。成虫能
飞善跳，白天活动，9 时至 16 时最为活跃，中午日烈或阴雨时，多潜于叶背、
叶鞘或土块下静伏。喜食谷子叶面的叶肉，残留表皮常成白色纵纹，严重时
可使叶片纵裂或枯萎。成虫一生多次交尾，并有间断产卵习性。卵大多产于
谷子根际表土中，少数产于谷茎或叶鞘或土块下。幼虫孵化后沿地爬行到谷
茎基部蛀入为害，被害谷苗心萎蔫枯死形成枯心苗。幼虫共 3 龄，老熟幼虫
在谷苗近地表处咬孔脱出，在谷株附近土中作土室化蛹。在气候干旱少雨的
年份发生为害重。在干旱年份，黏土地受害重于旱坡地，而在雨涝年份，则
旱坡地发生重于黏土地。早播春谷较迟播谷子受害重，重茬谷地重于轮作
谷地。

【防治关键】清洁田园，翻耕土壤，减少虫源。严重地块进行种子处理或
土壤处理，发现每平方米幼虫 1 头以上时，及时喷药防治。

【防治方法】

（1）农业防治。①因地制宜选用种植抗虫品种。②清除田间及周边杂草，
收获后深翻土地，减少越冬菌源。③合理轮作，避免重茬。④适期晚播，躲
过成虫盛发期可减轻受害。⑤清除虫株。间苗、定苗时注意拔除枯心苗，集
中深埋或烧毁。

（2）药剂防治。①种子处理：用种子重量 0.2% 的 50% 辛硫磷乳油拌种。
②土壤处理：用 3% 氯唑磷颗粒剂 2kg/亩处理土壤。③喷药防治：谷子出苗
后 4~5 叶期或谷子定苗期喷洒 5% 高效氯氰菊酯乳油 2 500 倍液，或 5% 顺式
氰戊菊酯乳油 2 500 倍液，或 2.5% 溴氰菊酯乳油 3 000 倍液。

（三）粟鳞斑肖叶甲

【分布、为害】粟鳞斑肖叶甲（*Pachnephorus lewisii*），俗称土截，属鞘翅
目肖叶甲科。在我国北方谷子产区均有发生，春播谷子被害重。成虫、幼虫
均可为害，主要以成虫为害。可为害禾本科、菊科、豆科、藜科、旋花科等
40 余种植物，最喜食谷子及野生杂草小蓟。成虫在谷子发芽出土前后咬断顶
心和茎基部，使全株枯死，造成缺苗断垄，重者全田毁种。

【形态特征】

成虫：椭圆形，灰褐色有铜色光泽，体长 2~3mm，头向下伸被前胸背板

掩盖，身体和翅鞘布满细小点刻及淡绿和白色鳞片。

卵：椭圆形，长 0.5 ~ 0.6mm，淡黄色，表面有光泽。幼虫、老熟幼虫 5mm 左右，乳白色，头部黄褐色，身体略弯曲。

蛹：裸蛹，初蛹白色后变灰黄色，体长 3cm。

【发生规律】粟鳞斑叶甲在东北及山西等地每年发生 1 代，华北地区 1 ~ 2 代。以成虫在田边、土块缝隙及杂草丛中越冬。华北地区越冬代成虫 2 月下旬即开始活动为害，4 月下旬至 5 月上旬成虫盛发并进入为害高峰。粟鳞斑叶甲寿命较长，可达 8 个月之久，6 月产卵于 0.5 ~ 3cm 的土层，平均每雌虫产卵 38 粒，产卵期 33 ~ 162d，故田间世代发生不整齐。一般越冬代成虫出土时，谷子尚未出苗即在小蓟及苍耳上取食，当谷子萌芽出土时，大量迁入谷田，咬断谷苗生长点，使谷苗不能出土或刚刚出土而死亡。当真叶现绿时，由茎基齐土咬断，受害较重。7 月上旬至 8 月中下旬为第 2 代幼虫发生期，幼虫主要生活在根际 1 ~ 16cm 土层内食害幼根，但为害不重。幼虫期 30d，然后在地下 4 ~ 5cm 处做土室化蛹，蛹期 7d 左右。8 月下旬至 9 月上旬陆续化蛹羽化。成虫食性很杂，并喜在枯枝落叶及杂草丛下越冬，10 月下旬开始越冬，有的第 1 代成虫直接越冬。成虫有趋光性、群集性和假死性。一般坡地比平地发生重，旱田比灌区重，沙壤地比黏土地重。

【防治关键】种子处理或平均每平方米有成虫 1 头时，即应进行防治。

【防治方法】

（1）农业防治。铲除杂草，秋季翻耕，灌溉保墒，降低虫口密度。

（2）药剂防治。①种子处理：用 70% 吡虫啉可湿性粉剂按种子重量的 0.3% 拌种。②喷药防治：在当地越冬代成虫开始活动后，每平方米有成虫 1 头时全天喷药。4.5% 高效氯氢菊酯乳油 1 500 倍液或 12.5% 溴氰菊酯乳油 1 000 倍液或 10% 吡虫啉乳油 1 000 倍液或 90% 敌百虫晶体 1 000 倍液，喷雾防治一次。

三、钻蛀害虫

（一）粟芒蝇

【分布、为害】粟芒蝇（*Atherigona besita*），又称双毛芒蝇、粟秆蝇、谷蛆等，属双翅目蝇科。主要分布在我国东北、西北、华北等谷子产区。除为害谷子外，亦为害狗尾草、谷莠子等狗尾草属植物。以幼虫在谷子苗期至抽穗前蛀茎为害，破坏植株生长点，造成枯心苗、畸形穗和白穗等症状，严重发生可导致毁种。

【形态特征】

成虫体长 3.0 ~ 4.5mm。头部间额黑色；眼周围有带银白色的环；下颚须黑色，略上弯。胸部背板有三条暗色纵条；翅透明，腋瓣白色，平行棒黄色；前足股节大部黑色，前足胫节黑色，中后足黄色；各足跗节黑色。腹部近圆锥形，暗黄色。雄蝇第 1、第 2 腹节背板有对不明显的暗斑，第 3 腹节背板有 1 对三角形大黑斑，第 4 腹节有 1 对小圆形黑斑，腹部末端背面可见三分叉的尾节突起，正中突与侧突大小相仿。肛尾叶的三叶突中叶菱形，顶端有"U"形缺刻，上无针刺。雌蝇第 3、第 4 两背板各有 1 对略呈长方形或梯形暗色侧斑；第 5 背板有 1 对暗色小圆点斑。卵乳白色，长约 1.65mm，腹面呈缓弧形，有纵棱，前端略钝平，后端圆钝。老熟幼虫体长 4.5 ~ 6.2mm，蛆形，初孵化时透明无色，老熟时橘黄和淡黄色，微带绿色，口钩黑色，尾端钝圆，有 2 个黑色气门突。蛹长 4.2 ~ 6.0mm，褐色，长圆柱形，前端略钝平，尾端稍圆，上有气门突痕迹。

【发生规律】粟芒蝇在我国北方 1 年发生 1 ~ 3 代，均以老熟幼虫在土中越冬。在春夏谷混作区或夏谷区 1 年发生 3 代，第 1 代为害春谷或狗尾草，第 2、第 3 代为害夏谷。第 3 代老熟幼虫在 8 月底 9 月间离株入土越冬。该区以 2、3 代危害为主，6 月底至 7 月初为 2 代防治关键期，7 月下旬为 3 代防治关键期。成虫对腐败鱼腥气味有很强趋性。成虫喜于早晨和傍晚取食和交尾。卵单产，卵期 3 ~ 4d，幼虫孵化后爬入谷心咬食嫩心，造成螺旋状食痕，导致心叶萎蔫，干枯扭曲，形成炮捻状枯心苗，枯心内部多腐烂。后期侵入亦可造成畸形穗和白穗。粟芒蝇发生程度与湿度密切相关，6—8 月多雨年份，发生为害重；低洼地，水渍地发生重。无论春谷或夏播谷，一般早播轻，晚播重。

【防治关键】首选用抗虫品种。夏谷区 6 月底至 7 月初为 2 代防治关键期，7 月下旬为 3 代防治关键期，发现枯心苗达 1% 以上，及时药剂防治。

【防治方法】

（1）农业防治。选用抗虫品种。适时早播，避免间、混、套作，加强田间管理，促进谷苗健壮生长。

（2）田间放置腐鱼盆诱杀成虫。

（3）种子处理。播种时用 70% 吡虫啉可湿性粉剂或 70% 噻虫嗪可分散粉剂按种子量 0.3% 拌种。

（4）药剂防治。苗期在田间发现被害枯心苗后，可用 4.5% 高效氯氰菊酯乳油或 2.5% 溴氰菊酯乳油或 20% 氰戊菊酯乳油 1 500 ~ 2 000 倍液全田喷雾防治。拔节后可亩用 20% 氰戊菊酯乳油 20ml 对水 500ml，以手持电动离心喷雾机隔行进行行间超低量喷雾。

（二）粟灰螟

【分布为害】粟灰螟（*Chilo infuscatellus*）属鳞翅目，螟蛾科。别名甘蔗二点螟、二点螟、谷子钻心虫等。主要分布在东北、华北、甘肃、陕西、宁夏、河南、山东、安徽、台湾、福建、广东、广西等地。以幼虫蛀食谷子茎秆基部，苗期受害形成枯心苗，穗期受害遇风雨易折倒，常常形成穗而不实，并使谷粒空瘪形成白穗，造成减产。在北方同时为害糜黍和狗尾草、谷莠子等禾本科作物和杂草，成为北方谷区的主要蛀茎害虫。

【形态特征】成虫翅展 18～25mm，雄成虫淡黄褐色，额圆形不突向前方，无单眼，下唇须浅褐色，胸部暗黄色；前翅浅黄褐色杂有黑褐色鳞片，中室顶端及中室里各具小黑斑 1 个，有时只见 1 个，外缘生 7 个小黑点成一列；后翅灰白色，外缘浅褐色。雌蛾色较浅，前翅无小黑点。卵扁椭圆形，表面生网状纹，初白色，后变灰黑色。每个卵块有卵 20～30 粒，呈鱼鳞状，但排列较松散。末龄幼虫头红褐色或黑褐色，胸部黄白色。初蛹乳白色，羽化前变成深褐色。

【发生规律】一年发生 2 代，以老熟幼虫在谷茬内或谷草、玉米茬及玉米秆里主要集中在谷茬内越冬。越冬幼虫于 5 月下旬化蛹，6 月初羽化，6 月中旬为成虫盛发期，随后进入产卵盛期，第 1 代幼虫 6 月中下旬为害；第 2 代幼虫 8 月中旬至 9 月上旬为害。在 2 代区，第 1 代幼虫集中为害春谷苗期，造成枯心，第 2 代主要为害春谷穗期和夏谷苗期，夏谷以第 2 代为害较重。

成虫多于日落前后羽化，白天潜栖于谷株或其他植物的叶背、土缝等阴暗处，夜晚活动，有趋光性。第 1 代成虫卵多产于春谷苗中及下部叶背的中部至叶尖近部中脉处，少数可产于叶面。第 2 代成虫卵在夏谷上的分布情况与第 1 代卵相似，而在已抽穗的春谷上多产于基部小叶或中部叶背，少数产于谷茎上。

初孵幼虫行动活泼，爬行迅速。大部分幼虫沿茎爬至下部叶鞘或靠近地面新生根处取食为害；部分吐丝下垂，随风飘至邻株或落地面爬于他株。幼虫孵出后 3d，大多转至谷株基部，并自近地面处或第 2、第 3 叶鞘处蛀茎为害，约 5d 后，被害谷苗心叶青枯，蛀孔处仅有少量虫粪或残屑。发育至 3 龄后表现转株为害习性，一般幼虫可能转移为害 2～3 株。

降雨量和湿度对粟灰螟影响较大，春季如雨多、湿度大，有利于化蛹、羽化和产卵。播种越早，植株越高，受害越重。品种间的差异也较大，一般株色深，基部粗软，叶鞘茸毛稀疏，分蘖力弱的品种受害重。春谷区和春夏谷混播区发生重，夏谷区为害轻。

【防治关键】秸秆在 5 月下旬前全部处理，消灭越冬虫源。适期晚播避开成虫产卵盛期。药剂防治最佳时期是卵盛孵期至幼虫蛀茎之前。

【防治方法】

（1）农业防治。①选种抗虫品种。②种植早播诱集田，集中防治。③清洁田园。秋耕时，拾净谷茬、黍茬等，集中深埋或烧毁。④播种期可因地制宜调节，适当晚播，使苗期避开成虫羽化产卵盛期，可减轻受害。

（2）物理防治。成虫始盛期黑光灯或频振式诱虫灯诱杀成虫。

（3）药剂防治。在卵孵化盛期至幼虫蛀茎前施药。当谷田每 500 株谷苗有卵 1 块或 1 000 株谷苗累计有 5 个卵块时用药。20% 氯虫苯甲酰胺悬浮剂（杜邦康宽），每亩 10ml 加水 50kg 喷雾；用 40% 水胺硫磷乳油 100ml、5% 甲萘威粉剂 1.5~2kg 加少量水与 20kg 细土拌匀，顺垄撒在谷株心叶或根际。也可选用 1.5% 乐果粉剂 2kg，拌细土 20kg 制成毒土，撒在谷苗根际，形成药带，效果也好。

（三）亚洲玉米螟

亚洲玉米螟（*Ostrinia furnacalis*）属鳞翅目，螟蛾科。我国各谷子产区均有发生。世界性的蛀食性大害虫，同时为害玉米、棉花等作物。在河北低平原地区主要为害世代为 7 月中下旬的二代玉米螟和 8 月中下旬的三代玉米螟。幼虫孵化后，在穗节以下蛀茎，造成折茎、白穗。影响籽粒产量甚至绝收。

【形态特征】成虫体黄褐色，雄蛾体长 10~14mm，翅展 20~26mm；触角丝状，灰褐色，复眼黑色；前翅内横线为暗褐色波状纹，内侧黄褐色，基部褐色；外横线为暗褐色锯齿状纹，外侧黄褐色，外横线与外缘线之间，有 1 褐色带。内横线与外横线之间淡褐色，有 2 个褐色斑；缘毛内侧褐色，外侧白色，后翅灰黄色，中央和近外缘处各有 1 褐色带；雌蛾比雄蛾体形大，体色浅，前翅淡黄色，线纹与斑纹均淡褐色，外横线与外缘线之间的阔带极淡，不易察觉；后翅灰白或淡灰褐色；后翅基部有翅缰，雄蛾 1 根，较粗壮；雌蛾 2 根，稍细。

卵块多产在叶片背面，卵长约 1mm，短椭圆形，扁平，略有光泽；初产时呈乳白色，后转黄白色，半透明；临孵化前卵粒中央呈现黑点，为幼虫头壳，边缘仍为乳白色。

幼虫初孵化时长约 1.5mm，头壳黑色，体乳白色，半透明。末龄幼虫体长 20~30mm，宽 3~3.5mm，头壳深棕色，体淡灰褐或淡红褐色，有纵线 3

条，以背线较明显；胸部第 3 节背面各有 4 个圆形毛瘤，腹部第 1 ~ 8 节背面各有 2 列横排毛瘤，前列 4 个，后列 2 个，前大后小；第 9 腹节具毛瘤 3 个，中央一个较大；胸足黄色，腹足趾钩为三序缺环。蛹纺锤形，黄褐色至红褐色，体长约 15 ~ 18mm，体背密布细小波状横皱纹。雄蛹腹部较瘦削，尾端较尖。雌蛹腹部较雄蛹肥大，尾端较钝圆。

【发生规律】河北低平原地区发生 3 代，以老熟幼虫在寄主被害部位及根茬内越冬。越冬幼虫 5 月中下旬进入化蛹盛期，5 月下旬至 6 月上旬越冬代成虫盛发，在春玉米上产卵。1 代幼虫 6 月中下旬盛发为害，此时春玉米正处于心叶期，为害很重。2 代幼虫 7 月中下旬为害谷子和春玉米（穗期）。3 代幼虫 8 月中下旬进入盛发，为害谷子茎部和夏玉米穗及茎部。在春、夏玉米混种区发生重。

成虫常在晚上羽化，且有雄虫比雌虫早 1 ~ 2d 羽化的习性。白天多躲藏在杂草丛或麦田、稻田、豆地茂密的作物间，夜晚飞出活动，飞行力强。成虫有趋光性和较强的性诱反应。幼虫孵出后有取食卵壳的现象。初孵幼虫行动敏捷，能迅速爬行，遇风吹或被触动，即吐丝下垂，转移到其他部位或扩散到邻近植株。幼虫具有趋糖、趋湿多种特性。播期早、生长茂盛、叶色浓绿的植株着卵量往往超过一般谷田。不同生育期、品种和播期的谷子上，由于幼虫成活率高低不同，受害轻重也就不同。开花期最易吸引螟蛾产卵；在小花和嫩粒上，幼虫成活率显著较心叶期高。在相同的卵量或虫口密度下，感虫品种（系）受害重，玉米螟幼虫的存活率高。

【防治关键】以农业防治、物理防治、生物防治为主，春季减少越冬代虫源。一代、二代寄主作物统一防治，减少谷田虫源。二代、三代发生在谷田严重再辅以药剂防治。幼虫孵化盛期为药剂防治的最佳时期。

【防治方法】

（1）农业防治。①处理虫源。越冬幼虫羽化以前，处理玉米、高粱、谷子等越冬寄主的茎秆是消灭越冬幼虫、压低越冬虫源基数的有效措施。② 3 代发生区，压缩玉米、高粱、谷子等寄主作物的春播面积，减少第 1 代玉米螟的食料来源和繁殖场所，以控制第 2、第 3 代发生量和减轻对夏谷的为害。③利用雌蛾喜在高大茂密、生长旺盛的寄主植株上产卵的习性，在春季即正常播种前 1 个月左右，选择邻近地块种植小面积的玉米诱集带、诱集田，诱集成虫产卵，集中药剂防治。④种植抗螟品种是一种经济、有效、安全的治螟措施。⑤寄主作物的田间管理措施相互结合，间苗、定苗以及棉花整枝、打杈、去顶心等措施可以直接去除虫、卵。如第 1 代玉米螟在棉花苗期为害，可结合间苗、定苗去掉有虫株；第2代玉米螟低龄幼虫先在棉花嫩头、叶柄为害，然后才蛀茎，可结合整枝、打顶去掉有虫叶柄、嫩尖和枝杈，并带出田外集中处理，均可明显减轻玉米螟数量与为害。

（2）物理防治。使用高压汞灯诱虫，具体方法是：在越冬代成虫羽化期，将200W或400W的高压汞灯安装在村庄内较开阔的地方，灯距150m（用400W的灯泡则为200m）。灯泡应装在防水灯头上，用铁丝固定好，灯下面修一直径为1m的圆形水池，砖结构和水泥结构均可；亦可在灯下挖一同样大小的土坑，坑内铺塑料布，但均以不漏水为准。池内放水6cm深，并加入100g左右的洗衣粉，拌匀。一般每3d换水1次，并另加洗衣粉。如换水时间未到而池中水不足时，可随时添加。灯泡挂在水池中央距水面15cm处为宜。从越冬代成虫的羽化初期至末期，每天20：30时半开灯，次日晨4：00时闭灯。由于诱蛾量通常很大，每天早晨将池中的蛾子捞出深埋。或放置频振式诱虫灯。

（3）生物防治。每年4月中旬至5月初越冬幼虫化蛹前，用白僵菌孢子粉对烧剩的寄主作物秸秆、根茬进行喷粉封垛，菌粉用量为100g/m³，垛面每平方米喷1个点，至垛面可见菌粉即可。在产卵始盛期释放螟黄赤眼蜂，每亩5个放蜂点，每点2 500头蜂，在卵盛期第二次放蜂每点2 800头。利用玉米螟的性信息素诱杀雄虫或投放大量性信息素，干扰雄虫，使其难以找到雌虫，无法交尾。

（4）药剂防治。在2~3龄幼虫期，可用以下药剂：20%氯虫苯甲酰胺悬浮剂（杜邦康宽），每亩10ml；25%氰戊菊酯·辛硫磷乳油80~100ml/亩；20%辛硫磷乳油200~250ml/亩；80%敌百虫可溶液剂80~100ml/亩；40%甲基辛硫磷乳油50~100ml/亩；40%水胺硫磷乳油75~150ml/亩；40%三唑磷乳油60~100ml/亩；10%杀螟腈可湿性粉剂100~200g/亩；50%甲基嘧啶磷乳油80~100ml/亩；50%杀螟丹可溶性粉剂70~100g/亩；20%虫酰肼悬浮剂25~35ml/亩；25%甲萘威可湿性粉剂200~300g/亩；2.5%氯氟氰菊酯乳油25~50ml/亩；2.5%溴氰菊酯乳油20~30ml/亩；5.7%氟氯氰菊酯乳油30~40ml/亩；1%甲氨基阿维菌素苯甲酸盐乳油5~10ml/亩；8 000 IU/ml苏云金杆菌可湿性粉剂100~200g/亩对水40~50kg均匀喷雾。

四、食叶害虫

（一）谷子负泥虫

谷子负泥虫（*Oulema tristis*）属鞘翅目，负泥甲科。别名粟叶甲、俗称白焦虫。分布在黑龙江、吉林、辽宁、内蒙古、宁夏、陕西、山西、山东、河北、北京。主要为害谷子、糜、黍、高粱、玉米、大麦及水稻等，也可寄生禾本科杂草。成虫沿叶脉啃食叶肉，成白条状，不食下表皮。幼虫钻入心叶内涨食叶肉，叶面出现宽白条状食痕，造成叶面枯焦，出现枯心苗。

【形态特征】成虫体长 3.5 ~ 4.5mm，宽约 1.6 ~ 2mm，体黑蓝色具金属光泽；胸部细长，略似古钟状；小盾片、前胸背板及腹面钢蓝色，触角基半部较端半部细，黑褐色；足黄色，基节钢蓝色，前跗节黑褐色，前胸背板长于宽，基部横凹显著，中央处有 1 个短纵凹，刻点密集在两侧和基凹里。鞘翅平坦，上有 10 列纵行排列刻点，青蓝色，基部刻点稍大，每 1 行刻点在纵沟处。卵椭圆形，黄色。末龄幼虫体圆筒形，腹部稍膨大，背板隆起；头部黄褐色，胸、腹部黄白色；前胸背板具 1 排不规则的黑褐色小点，中、后胸和腹部各节生有褐色短刺。裸蛹黄白色，长 5mm。

【发生规律】北方一年发生 1 代，以成虫潜伏在谷茬、田埂裂缝、枯草叶下或杂草根际及土内越冬，多在谷茬地。翌年 5—6 月成虫飞出活动、取食谷叶或交尾，中午尤为活跃，有假死性和趋光性。6 月上旬进入产卵盛期，把卵散产在 1 ~ 6 片谷叶的背面，2 ~ 3 片叶最多，卵期 7 ~ 10d，初孵幼虫常聚集在一起啃食叶肉，有的身负粪便，幼虫共 4 龄，历期 20 多天，老熟后爬至土中 1 ~ 2cm 处作茧化蛹，茧外粘有细土，似土茧，蛹期 16 ~ 21d。羽化出来的成虫于 9 月上中旬陆续进入越冬状态。该虫在干旱少雨的年份或干旱年份的黏土地或雨涝年份的旱坡地易受害，早播春谷较迟播谷、重茬地较轮作地受害重。

【防治方法】

（1）农业防治。①减少虫源。合理轮作，避免重茬，秋耕整地，清除田间地边杂草、谷茬，适时播种，均可减少越冬虫源。②掌握成虫盛发期，利用成虫的假死性，进行人工捕杀成虫。谷子心叶有枯白斑时，用手从下向上捏心叶和叶鞘，可消灭 70% 以上的幼虫。

（2）药剂防治。①种子处理。用 50% 水胺硫磷乳油或 50% 辛硫磷乳油按种子重量 0.2% 药量拌种。②谷子出苗后 4 ~ 5 叶或定苗时，用 25% 氰戊·辛乳油或 37% 高氯·马乳油 1 500 倍液，喷施于谷苗心叶内。消灭成虫、兼治幼虫，在成虫发生高峰期和卵孵化盛期，用 50% 辛硫磷乳油 1 500 倍液喷雾，防效达 90% 以上。用 2.5% 溴氰菊酯乳油或 20% 速灭杀丁乳油 2 000 ~ 2 500倍液，每亩用 60kg 配制好的药液喷雾效果显著。用 2.5% 溴氰菊酯乳油、40% 乐果乳油、80% 敌敌畏乳油，3 种农药等量混合，每亩用 50ml，低用量喷雾，防治效果更佳。

（二）黏虫

黏虫又称五色虫、剃枝虫、行军虫等，属鳞翅目夜蛾科。具有迁飞性、杂食性、暴发性，是全国性重大农业害虫。在我国谷子产区普遍发生，除谷子外可为害百余种植物，主要以幼虫为害谷子叶片，咬食成缺刻，大发生时能将叶片啃食干净，仅留叶脉，造成减产，甚至绝收。

【形态特征】成虫体长 16～20mm，翅展 35～45mm，体淡黄色至淡灰褐色。卵馒头形，直径约 0.5mm。初产乳白色，后转黄色，孵化前灰黑色。卵粒排列成链状卵块。老熟幼虫体长 38～40mm。头黄褐色至淡红褐色，有暗褐色网纹，头正面有近八字形黑褐色纵纹。体色多变，背面底色淡绿色、黑褐色至黑色，大发生时多呈黑色。背中线白色，边缘有细黑线，两侧各有 2 条极明显的淡色宽纵带，上方 1 条深红褐色，下方 1 条黄白色、黄色、褐色或近红褐色。两纵带边缘均有灰白色细线。

【发生规律】黏虫成虫具有远距离迁飞习性，春季由南方向北逐渐迁移为害，秋季又由北迁飞回南方。8 月底至 9 月上、中旬羽化，陆续回迁至华南越冬代发生区为害。根据黏虫迁飞习性，在我国主要谷子产区，6—7 月以二代黏虫在东北三省、内蒙古、河北、山西及西北各省的春谷区为害，7 月中下旬至 8 月上旬羽化，并迁往夏谷区。8 月中下旬以三代黏虫在河北中南部、山西、山东及京津一带夏谷区为害。河北低平原地区夏谷田处在三代黏虫为害区域。

黏虫成虫有昼伏夜出习性，对灯光、糖醋液有较强趋性。黏虫喜好潮湿气候，相对湿度75%以上，温度23～30℃有利于成虫产卵和幼虫存活。幼虫有 6 个龄期。一至二龄幼虫多隐藏在谷子心叶，取食叶肉，残留表皮。三龄后将叶片咬成不规则缺刻，虫口密度大时能将叶片吃成仅剩叶脉。四龄后幼虫具假死性并进入暴食阶段，大发生时若食料不足有群集转移危害习性。老熟后停止取食，爬入 3～4cm 深的土层作土茧化蛹。

【防治关键】各代黏虫发生区紧密合作，搞好黏虫迁飞预报，及时组织防治，以药剂防治为主，辅以物理杀虫减虫措施。药剂防治的最佳时期在三龄幼虫前。

【防治措施】

（1）物理防治。①于成虫发生期在田间插谷草把，大草把（直径5cm）每隔 10m 插一把，每天早晨捕杀潜伏在草把中的成虫。②田间设置糖醋液盆诱杀成虫。③放置黑光灯或频振式诱虫灯。

（2）药剂防治。在幼虫三龄盛期以前用 20% 氯虫苯甲酰胺悬浮剂 3 000 倍液、20% 除虫脲悬浮剂 800 倍液或用 10% 氟啶脲乳油 1500 倍液喷雾。也可用 20% 氰戊菊酯乳油 1 000~1 500 倍液、4.5% 高效氯氰菊酯乳油 1 000 倍液任选其一喷雾一次。

五、传毒害虫

玉米蚜虫（*Rhopalosiphum maidis*）属同翅目，蚜科。又称玉米缢管蚜，俗称腻虫。主要分布在华北、东北、西南、华南、华东等地。为害玉米、高粱、小麦、大麦、谷子等作物，另外还为害马唐、狗尾草、牛筋草、稗草、雀稗等禾本科杂草。在谷田常年为害较轻，个别年份为害严重。

【为害特点】以成、若蚜刺吸植株汁液。幼苗期蚜虫群集于心叶为害，植株生长停滞，发育不良，严重受害时，甚至死苗。抽穗后，移向新生的心叶中繁殖，在展开的叶面可见到一层密布的灰白色脱皮壳，这是玉米蚜为害的主要特征。穗期除刺吸汁液外，蚜虫则密布于叶背、叶鞘和穗部上取食，还因蚜虫排泄的"蜜露"，黏附叶片，引起煤污病，常在叶面形成一层黑色的霉状物，影响光合作用，千粒重下降。同时蚜虫大量吸取汁液，影响正常灌浆，导致秕粒增多，粒重下降，甚至造成无穗"空株"，造成减产。

【形态特征】无翅孤雌蚜体长卵形，若蚜体深绿色，成蚜为暗绿色，披薄白粉，附肢黑色，复眼红褐色，触角 6 节，体表有网纹。腹管长圆筒形，端部收缩，腹管具覆瓦状纹，基部周围有黑色的晕纹；尾片圆锥状，具毛 4~5 根。有翅孤雌蚜长卵形，体深绿色，头、胸黑色发亮，复眼为暗红褐色，腹部黄红色至深绿色；触角 6 节比身体短；腹部 2~4 节各具 1 对大型缘斑；翅透明，前翅中脉分为二叉，足为黑色；腹管为圆筒形，端部呈瓶口状，暗绿色且较短；尾片两侧各着生刚毛 2 根卵椭圆形。

【发生规律】一年发生 20 代左右，以成、若蚜在麦类及早熟禾、看麦娘等禾本科杂草的心叶里越冬。翌年 3—4 月间随着气温上升，开始在越冬寄主上活动、繁殖为害。6 月下旬 7 月初蚜虫由其他寄主迁往夏谷田，7 月下旬玉米蚜大量迁入，抽穗前蚜虫在心叶为害，7 月底至 8 月上旬，玉米蚜迅速增殖。8 月上旬至中旬进入盛期。8 月下旬末天敌大量出现，气候干燥凉爽，蚜量急剧下降，集中在下部叶片，收获前产生有翅蚜迁飞其他寄主。

【防治关键】发现蚜虫迁入谷田形成中心蚜害株即进行药剂防治，防止蚜虫扩散，大面积传毒。抽穗期发生严重，可结合防治玉米螟、黏虫兼治蚜虫。

【防治方法】

（1）农业防治。及时清除田间地头杂草。

（2）药剂拌种。可用70%吡虫啉拌种剂40～50g/10kg种子、5.4%戊唑·吡虫啉悬浮种衣剂11～18g/10kg种子拌种，减少蚜虫的传毒为害。

（3）喷施药剂。在谷子拔节期，发现中心蚜株喷药防治，可有效地控制蚜虫的扩散为害。50%抗蚜威可湿性粉剂20～40g/亩；25%唑蚜威可湿性粉剂60～80g/亩；10%吡虫啉可湿性粉剂10～20g/亩，对水40～50kg，均匀喷雾。当有蚜株率达30%～40%，出现"起油株"时应进行全田普治。2.5%高效氯氟氰菊酯乳油12～20ml/亩；10%氯氰菊酯乳油30～60ml/亩；4.5%高效氯氰菊酯乳油40～60ml/亩；2.5%溴氰菊酯乳油10～15ml/亩。

六、收获期害虫

粟缘蝽

粟缘蝽（*Liorhyssus hyalinus*）属半翅目，缘蝽科。分布在全国各地。以成虫和若虫刺吸谷子穗部未成熟籽粒的汁液，影响产量、质量。同时为害高粱、玉米、水稻、烟草、向日葵、红麻、青麻、大麻等。

【形态特征】成虫体长6～7mm，体草黄色，有浅色细毛。头略呈三角形，头顶、前胸背板前部横沟及后部两侧、小盾片基部均有黑色斑纹，触角、足有黑色小点。腹部背面黑色，第5背板中央生1卵形黄斑，两侧各具较小黄斑1块，第6背板中央具黄色带纹1条，后缘两侧黄色。卵椭圆形长0.8mm，卵块10多粒，初产时血红色，近孵化时变为紫黑色。若虫初孵血红色，呈卵圆形，头部尖细，触角4节较长，胸部较小，腹部圆大，至5～6龄时腹部肥大，灰绿色，腹部背面后端带紫红色。

【发生规律】河北低平原地区，一年发生2～3代，以成虫潜伏在杂草丛中、树皮缝、墙缝等处越冬。翌春恢复活动，先为害杂草或蔬菜，7月间春谷抽穗后转移到谷穗上产卵。2～3代则产在夏谷和高粱穗上，成虫活动遇惊扰时迅速起飞，无风的天气喜在穗外向阳处活动。夏谷较春谷受害重。

【防治关键】以减少虫源为主，药剂防治为辅，穗期基本不用药。

【防治方法】

（1）农业防治。①因地制宜种植抗虫品种。②清洁田园。尽量机耕后再播种。秋收后也要注意拔除田间及四周杂草，减少成虫越冬场所。③在成虫的越冬场所，在翌年春季粟缘蝽恢复活动前，人工进行捕捉，效果很好。④出苗后及时浇水，可消灭大量若虫。

（2）药剂防治。一般谷子成熟期不推荐药剂防治，成虫发生期严重为害可喷撒2.5%敌百虫粉剂1.5kg/亩；或2.5%溴氰菊酯乳油2 000倍液等药剂。

七、收获期鸟害

为害谷子的鸟类有17种，麻雀是为害谷子的主要鸟类种群，多数鸟类生活在居民区2~3 km之内，喜成群活动。谷子成熟后飞入谷田啄食。

【防治方法】

（1）选好种植地点。针对麻雀的习性，把种植地点规划到远离居民点的地方，即种植地在居民区2~3 km以外。避开鸟害。

（2）选用轻害品种。褐色谷粒品种如冀谷31、冀谷19鸟害比黄粒品种轻。早熟品种比晚熟品种受害重。

（3）物理驱鸟。①田间放置反光纸带。驱鸟彩带是一种以聚酯薄膜为基材的闪光防鸟带。它是由聚酯薄膜层、金属膜层以及红色漆层所组成。宽度1~3cm不等，长度一般为100m一卷，其一面为亮银色，另一面为红色。悬挂彩带高度要高出农作物10~50cm，先将彩带的一端固定后再开始悬拉，每拉2m长，将彩带翻转180°使彩带拧紧，每拉10~15m加一支点，可将彩带拉成："田"字形和"Z"形，10d后变换悬挂形状，延长驱鸟时间，提高驱鸟效果。②放天敌鸣声录音、人工驱赶。③小面积谷田可设置防鸟网。

第四节　谷田杂草发生与防治

一、杂草种类与为害

河北低平原地区谷田杂草有30多种，主要有谷莠子、狗尾草、马唐、牛筋草、稗草、马齿苋、苍耳、荠菜、葎草、地锦、刺儿菜、龙葵、酸模叶蓼、苦苣菜、山苦荬、苣荬菜、田旋花、圆叶牵牛、打碗花、猪毛菜、问荆、反枝苋、白苋、铁苋菜、藜、小藜等。杂草争水、争肥、争光，造成谷子减产，形成草荒可导致几乎绝收。同时，杂草还是有些病虫害的寄主和栖息场所，是谷子病虫害的侵染源。

二、合理使用化学除草剂

人工除草和机械除草分别面临劳动强度大、工效低和杂草难以除净的问题，化学除草实现是大面积、高效率、高质量除草的唯一途径，人工和机械只能作为中耕结合除草的辅助措施。使用除草剂要注意以下问题。

1. 除早、除小

除草策略是在谷子苗期解决草害的问题，除草时间越早、杂草越小效果越好。夏谷播种前一定要翻耕灭草，播种后，趁着墒情好马上用谷友等除草剂封地面，苗后有草芽冒出时，补喷一遍苗后除草剂。抗拿捕净的谷子品种在谷子 3～5 叶期，可用壮谷灵每亩 100ml 顺垄喷施，既可间苗，又可防治一年生和多年生禾本科杂草，不抗拿捕净谷田不能使用。针对漏除的阔叶杂草可以喷施二甲四氯（方法见二甲四氯）有漏除的杂草长大，要在草籽成熟前及时拔除。

2. 选用谷田除草剂

经过反复小面积除草试验筛选和田间应用效果比较，兼顾防治单子叶和双子叶杂草，推荐以下除草剂，结合田间实际情况谨慎使用。每种除草剂只能用一次，严格按标准用药，用量不要超过每亩 100ml 或 100g。

拿捕净：通用名烯禾啶，本来用于阔叶作物防除禾本科杂草。由于抗拿捕净谷子品种培育成功，可用来防治抗拿捕净谷田中的稗草、野燕麦、狗尾草、马唐、牛筋草、看麦娘、野黍、臂形草、黑麦草、稷属、旱雀麦、自生谷苗、自生小麦、狗牙根、芦苇、冰草、假高粱、白茅等一年生和多年生禾本科杂草，可以杀死谷莠子。用药量：12.5% 拿捕净机油乳剂、20% 拿捕净乳油，防治一年生禾本科杂草 3 叶期每亩用 67ml（有效成分 8.4g 和 13.4g）；4～5 叶期用 100ml（有效成分 12.5g 和 20g），对水 30～40kg 喷雾。

二甲四氯：为苯氧乙酸类选择性内吸传导激素型除草剂，可以破坏双子叶植物的输导组织，使生长发育受到干扰，茎叶扭曲，茎基部膨大变粗或者开裂。二甲四氯对禾本科植物的幼苗期很敏感，3～4 叶期后抗性逐渐增强，分蘖末期最强，而幼穗分化期敏感性又上升。在气温低于 18℃时效果明显变差，对未出土的杂草效果不好。通常用量每亩 30～60g（有效成分）。严禁用于双子叶作物。

苗后 4 叶期喷施，每亩 56% 二甲四氯钠可湿性粉剂 100g，对水 30～40kg 均匀喷雾。可防治马齿苋、荠菜、刺儿菜、酸模叶蓼、苦苣菜、苣荬菜、田旋花、反枝苋、藜等阔叶杂草和莎草科杂草。

谷友：又称谷草灵，是 44% 单嘧磺隆＋扑灭津可湿性粉剂，低毒内吸性除草剂。播后苗前封地面，夏谷田每亩 100g，对水 50kg 田间均匀喷雾。对没有出土的杂草有封杀作用，对已经出土的杂草有抑制作用，对谷子有蹲苗作用，药效期 45d。能有效控制稗草、野燕麦、狗尾草、马唐、牛筋草、马齿苋、反枝苋、藜等一年生单子叶和双子叶杂草，不能杀死谷莠子。

扑灭津：杀草谱广，对单、双子叶杂草均有较好的防效，对刚刚萌发的杂草防效最好。对谷苗有抑制作用，对后茬安全。每亩50%扑灭津可湿性粉剂50～80g，对水40～50kg，均匀喷施于地表。

单嘧磺隆：单嘧磺隆能有效防除播娘蒿、荠菜、反枝苋、藜等阔叶杂草。对单子叶效果较差。每亩10%单嘧磺隆可湿性粉剂30～40g，对水40～50kg均匀喷雾。

3. 除草注意事项

不同药剂有不同的施药时期、剂量、施药环境要求，一定要仔细阅读使用说明，严格按说明操作。封地面药剂在墒情好的情况下效果最好。避开谷子敏感期用药，尽量在晴天施药，保证播后7d无雨。

第五节　谷子病虫草害综合防治技术

谷子起源于我国，在长期的生物进化过程中，形成了多样性的谷子有害生物种群。河北低平原地区是我国夏谷主产地，随着全球气候变暖、种植环境的改变，谷子病虫草害发生的种类和为害情况出现新的变化。主要表现在一些次要病害虫为害加剧，如粟芒蝇、谷子褐条病、谷子纹枯病等，近年不断有严重发生的报道。一些过去已控制的病虫为害加重，如金针虫、蛴螬、线虫病、白发病等。谷田杂草有30多种，争水、争肥、争光，造成谷子减产，形成草荒可导致几乎绝收。同时，杂草还是有些病虫害的寄主和栖息场所，是谷子病虫害的侵染源。

病虫草害的新变化，谷子生产技术的提高，过去有效防治病虫害的高毒高残留农药被禁用，农民对生产的简约化、机械化和规模化的需求，社会对食品安全的期盼，都促使我们研发新的病虫草害防治技术。

谷子病虫草在谷田形成地下至地上、播种到成熟全生育期的有害生物结构，必须根据现有的技术手段和生产要求进行全程综合防治，为确保谷子产品的安全性，首选非化学防治措施，化学防治作为辅助手段，严格控制施药种类、施药次数、施药量和施药剂型和方法。同期发生的病虫害，选择可兼治药品，控制减少用药次数。

1. 农业防治

谷子栽培环境是其病虫草害发生的基础，采用农业措施不仅能大大减轻大多数病虫草为害，还有利于病虫草害的进一步防治，甚至完全控制病虫草害的发生。

（1）根据当地病虫草害发生情况选用抗病虫品种，可基本控制谷子锈病、白发病为害，减轻纹枯病、胡麻斑病等为害。主要抗病品种：冀创 1 号、冀谷 15、朝谷 15、保谷 18、郑谷 10、豫谷 3 号、济谷 11、鲁谷 5 号、晋谷 21、晋谷 30、衡谷 10 号、衡谷 13 号等品种。

（2）减少侵染源。彻底清除谷茬、谷草和田边杂草，在谷子生长期及时发现拔除并销毁病株。与豆类、薯类等非禾本科作物实行 2～3 年的轮作。建立无病繁种田，截断种传渠道。

（3）加强田间管理，培育壮苗。夏谷适期播种：6 月上中旬；合理密植：5 万～6 万株/亩；播深 3～5cm；合理施肥：一般中等肥力每亩施底肥，腐熟有机肥 3m³、尿素 10～13kg、过磷酸钙 4kg、氯化钾 7kg。拔节后期追施尿素 20kg；及时中耕、排水、降湿；趁雨播种苗期有旱象需补浇一水，造墒播种一般到收获不用浇水。

2. 种子处理

种传病虫害、土传病虫害、幼苗期侵染病害、幼苗期为害虫害均可采用种子处理的方法减轻甚至控制病虫害的发生为害。

种子重量 0.2%～0.3% 的 35% 甲霜灵拌种剂拌种防治白发病；种子重量 0.2%～0.3% 的 40% 拌种双可湿性粉剂拌种防治黑穗病；种子重量 0.1% 的 2.5% 适乐时悬浮剂播种防治纹枯病；种子重量 0.1%～0.2% 的 1.8% 阿维菌素乳油播种防治线虫病；40% 甲基异柳磷乳油 50ml，加水 5kg，拌种 50kg 防治蝼蛄、金针虫蛴螬等地下害虫，一般有效期 30d 左右，可兼治幼苗期病虫害。甲基异柳磷只用于拌种和处理土壤。

3. 土壤处理

在谷子线虫、地下害虫严重地块，需进行土壤药剂处理一次。播种时每亩用 20% 乳油 300～450ml 制成毒土 20kg，均匀进行条施后覆土；40% 乳油 100ml，麸皮 5kg 配成毒饵，施于垄内；BM 白僵菌 1 号 1kg 与 5～10kg 潮麦麸、1kg 大豆粉混匀后，随种子一起进行沟施，盖土即可反复侵染地下害虫。0.5% 阿维菌素颗粒剂沟施，每亩 3～5kg 可有效防治线虫；以上方法取得良好的保苗效果的同时，兼治幼苗期虫害。

4. 除治杂草

播种前旋耕灭草，播种后压实，谷友（44% 单嘧磺隆·扑灭津可湿性粉剂）封地面，每亩 100g，施药后 35d 内不要破坏土层，可有效控制一年生单子叶和双子叶杂草，对谷莠子无效。谷子 4 叶期后，每亩 56% 二甲四氯钠可溶性粉剂 100g 对水 30~40kg 均匀喷雾，可防治阔叶杂草和莎草科杂草，对禾本科杂草无效。灭草、封地面、苗后补喷一次除草剂后，基本可以将草害控制在谷子苗期。

5. 苗期

谷子苗期的主要害虫有各种地下害虫、粟芒蝇、粟灰螟、粟负泥虫、粟凹胫跳甲，也是玉米蚜等迁入谷田为害传毒时期。主要病害白发病。种子处理和土壤处理的药效期内，一般不需药剂防治。白发病注意拔除病株，带出田外销毁。粟芒蝇、粟灰螟可进行物理防治。

腐鱼诱杀粟芒蝇：成虫盛期在田间放置腐鱼诱杀盆，每亩一盆。盆内放 1kg 腐鱼，腐鱼上隔 2d 喷一次 2.5% 溴氰菊酯 200 倍液，及时补充水分。

灯光诱杀粟灰螟：频振式诱虫灯或黑光灯，每 40~50 亩地放置一盏。注意及时清理集虫袋。二、三代玉米螟和三代黏虫成虫发生期继续开灯。

粟芒蝇、粟凹胫跳甲、粟灰螟为害造成枯心苗，发现谷田枯心苗达到 1%~3%，或千株粟灰螟卵块有 2~5 块时，可用 20% 氯虫苯甲酰胺悬浮剂（杜邦康宽），每亩 10ml，对水 30kg 喷雾防治一次（该农药属微毒级，对施药人员非常安全，对有益昆虫、鱼虾也非常安全。持效期可以达到 15d 以上，对农产品无残留影响，同其他农药混合性能好）。或 2.5% 溴氰菊酯乳油 2 000 倍液喷雾防治一次。

6. 拔节—抽穗期

主要病害谷瘟病、纹枯病、白发病。虫害主要有粟芒蝇、二代玉米螟。

（1）谷瘟病。在田间初见叶瘟病斑时，用 40% 稻瘟灵乳油 1 000~1500 倍液或 6% 春雷霉素可湿性粉剂 1 000 倍液喷雾，间隔 5~7d 再喷 1~2 次。

（2）纹枯病。病株率达到 5% 时，采用 12.5% 禾果利可湿性粉剂 400~500 倍液在谷子茎基部喷雾防治 1 次，7~10d 后酌情补防 1 次。

7. 抽穗—成熟期

该时期病害主要是锈病、谷瘟、白发病、褐条病、纹枯病。虫害主要是三代玉米螟、三代黏虫、粟芒蝇。注意早期预防、适期用药、一喷多防。

（1）锈病。当病叶率达 1%~5% 时，用 15% 的粉锈宁可湿性粉剂 600 倍液进行第一次喷药，隔 7~10d 后酌情进行第二次喷药。

（2）谷瘟病。同前。抽穗后最好针对穗部再防治一次。

（3）纹枯病。同前。拔节期防治不理想的酌情补防一次。

（4）褐条病。在初发期用 72% 农用链霉素 4 000 倍液或 20% 噻森铜悬浮剂 500 倍液连防 2~3 次。

（5）白发病。拔除田间病株，并带出田外烧毁或深埋。

（6）黏虫。8月中下旬黏虫成虫发生期灯光诱杀成虫。或在黏虫处于3龄以下时，用90%敌百虫晶体、或20%氰戊菊酯乳油2 500倍液喷雾。

（7）亚洲玉米螟。利用杀虫灯和性诱剂诱杀成虫。释放螟黄赤眼蜂：在8月中下旬，卵始盛期和盛期（一般距第一次放蜂7d）各放蜂一次。每亩3个释放点，每点放蜂2 500头。没有放蜂条件的可采用药剂防治，成虫产卵至初孵幼虫期蛀茎前用2.5%溴氰菊酯乳油与40%乐果乳油混配剂1 000倍液喷雾。或20%氯虫苯甲酰胺悬浮剂（杜邦康宽），每亩10ml，加水30kg喷雾防治一次。兼治黏虫、粟芒蝇。

8. 收获期

（1）白发病。拔除病株，带出田外深埋或烧毁。

（2）线虫病、黑穗病。摘除病穗，不作留种。

（3）麻雀。田间布置反光纸带。

附件

农业部公布的禁止和限制使用的农药名单

一、国家明令禁止使用的农药（23种）

六六六，滴滴涕，毒杀芬，二溴氯丙烷，杀虫脒，二溴乙烷，除草醚，艾氏剂，狄氏剂，汞制剂，砷、铅类，敌枯双，氟乙酰胺，甘氟，毒鼠强，氟乙酸钠，毒鼠硅，甲胺磷，甲基对硫磷，对硫磷，久效磷，磷胺。

二、在蔬菜、果树、茶叶、中草药材上不得使用和限制使用的农药（19种）

禁止氧乐果在甘蓝上使用；禁止三氯杀螨醇和氰戊菊酯在茶树上使用；禁止丁酰肼（比久）在花生上使用；禁止特丁硫磷在甘蔗上使用；禁止甲拌磷，甲基异柳磷，特丁硫磷，甲基硫环磷，治螟磷，内吸磷，克百威，涕灭威，灭线磷，硫环磷，蝇毒磷，地虫硫磷，氯唑磷，苯线磷在蔬菜、果树、茶叶、中草药材上使用。

按照《农药管理条例》规定，任何农药产品都不得超出农药登记批准的使用范围使用。

三、关于氟虫腈的规定

鉴于氟虫腈对甲壳类水生生物和蜜蜂具有高风险，在水和土壤中降解慢，按照《农药管理条例》的规定，根据我国农业生产实际，为保护农业生产安全、生态环境安全和农民利益，经全国农药登记评审委员会审议，现就加强氟虫腈管理的有关事项公告如下。

（1）自本公告发布之日起，除卫生用、玉米等部分旱田种子包衣剂和专供出口产品外，停止受理和批准用于其他方面含氟虫腈成分农药制剂的田间试验、农药登记（包括正式登记、临时登记、分装登记）和生产批准证书。

（2）自 2009 年 4 月 1 日起，除卫生用、玉米等部分旱田种子包衣剂和专供出口产品外，撤销已批准的用于其他方面含氟虫腈成分农药制剂的登记和（或）生产批准证书。同时，农药生产企业应当停止生产已撤销登记和生产批准证书的农药制剂。

（3）自 2009 年 10 月 1 日起，除卫生用、玉米等部分旱田种子包衣剂外，在我国境内停止销售和使用用于其他方面的含氟虫腈成分的农药制剂。农药生产企业和销售单位应当确保所销售的相关农药制剂使用安全，并妥善处置市场上剩余的相关农药制剂。

（4）专供出口含氟虫腈成分的农药制剂只能由氟虫腈原药生产企业生产。生产企业应当办理生产批准证书和专供出口的农药登记证或农药临时登记证。

（5）在我国境内生产氟虫腈原药的生产企业，其建设项目环境影响评价文件依法获得有审批权的环境保护行政主管部门同意后，方可申请办理农药登记和生产批准证书。已取得农药登记和生产批准证书的生产企业，要建立可追溯的氟虫腈生产、销售记录，不得将含有氟虫腈的产品销售给未在我国取得卫生用、玉米等部分旱田种子包衣剂农药登记和生产批准证书的生产企业。

参考文献

白金铠 . 1977. 杂粮作物病害 [M] . 北京：农业出版社 .

白玉 . 2009. 谷子萌发期和苗期抗旱性研究及抗旱鉴定指标的筛选 [D] . 北京：首都师范
大学 .

柴婷婷 . 2009. 湖北省小麦免耕栽培技术推广应用研究 [D] . 武汉：华中农业大学 .

陈钦 . 2011. 脱毒马铃薯种薯快繁技术推广研究：以汉中地区为例 [D] . 杨凌：西北农林
科技大学 .

陈少裕 . 1989. 膜脂过氧化与植物逆境胁迫 [J] . 植物学通报，6（4）：211 – 217.

陈淑艳，宿莲芝 . 2003. 播种期对谷子生长发育及产量结构的影响 [J] . 辽宁农业科学
（3）：7 – 8.

陈一舞，邵桂花，常汝镇 . 1997. 盐胁迫下大豆子叶细胞器超氧化物歧化酶的影响 [J] .
作物学报（2）：214 – 219.

陈轶，张倩倩 . 2011. 催熟剂敌草快在单季晚稻上的应用效果初探 [J] . 中国稻米，17
（2）：45 – 46.

陈友荣，侯任昭，范仕容，等 . 1993. 水稻免耕法及其生理生态效应的研究 [J] . 华南农
业大学学报，14（2）：10 – 17.

程汝宏，师志刚，刘正理，等 . 2010. 谷子简化栽培技术研究进展与发展方向 [J] . 河北
农业科学，14（11）：1 – 4，18.

程汝宏，师志刚，刘正理，等 . 2010. 抗除草剂简化栽培型谷子品种冀谷 25 的选育及配套
栽培技术研究 [J] . 河北农业科学，14（11）：8 – 12.

程汝宏 . 2005. 我国谷子育种与生产现状及发展方向 [J] . 河北农业科学，9（4）：86 –
90.

初广洲，宋殿友，季世松，等 . 2011. 玉米免耕技术理论的试验研究 [J] . 吉林农业（3）：
77，80.

代小冬，杨育峰，陈煜 . 2014. 施肥对谷子农艺性状、产量及抗倒伏能力的影响 [J] . 河
南农业科学，43（10）：47 – 52.

刁现民 . 2011. 中国谷子产业与技术体系 [M] . 北京：中国农业科学技术出版社 .

董立，马继芳，董志平 . 2013. 谷子病虫草害防治原色生态图谱 [M] . 北京：中国农业出
版社 .

董立，马继芳，郑直，等 . 2010. 我国谷子害虫种类初步调查 [J] . 河北农业科学，14
（11）：50 – 53.

杜金泉，方树安，蒋泽芳，等.1990.水稻少免耕技术研究Ⅰ：稻作少免耕类型、生产效应及前景的探讨［J］.西南农业学报，3（4）：26-32.

杜金泉，帅志希，胡开树，等.1992.水稻少免耕技术研究Ⅱ：高产的系列配套技术［J］.西南农业学报，5（3）：18-22.

段培姿，郭珠，刘亮，等.2014.衡水市马铃薯生产现状、限制因素和发展对策［J］.农业开发与装备（11）：23.

段永侯，肖国强.2003.河北平原地下水资源与可持续利用［J］.水文地质工程地质（1）：2-8.

樊修武，池宝亮.2011.谷子杂交种与常规种水分利用效率及耗水规律差异［J］.山西农业科学，39（5）：428-431，452.

冯革良，倪旭照，朱晓康.2002.油菜催熟剂应用与机械收获配套技术研究［J］.江苏农机化，92（5）：16.

古世禄.1980.谷子需水规律研究［J］.山西农业科学（6）：10-11.

郝洪波，崔海英，李明哲，等.2012.免耕播种对麦茬夏谷生长发育及产量的影响［J］.河北农业科学，16（2）：8-14.

郝洪波，崔海英，李明哲，等.2013.免耕对谷子生长发育及产量的影响［J］.作物杂志（5）：104-108.

黄晨，李艳，刘爱婷，等.2014.邢台市黑龙港流域春播油葵最佳施肥量研究［J］.中国农技推广（6）：36-38.

黄锦法，俞慧明，陆建贤，等.1997.稻田免耕直播对土壤肥力性状与水稻生长的影响［J］.浙江农业科学（5）：28-30.

籍增顺，张树梅，薛宗让，等.1998.旱地玉米免耕系统土壤养分研究——土壤有机质、酶及氮变化［J］.华北农学报，13（2）：43-48.

籍增顺.1994.国外免耕农业研究［J］.山东农业科学，22（3）：63-68.

金亚征，谢瑞芝，李少昆.2008.华北平原保护性耕作方式下冬小麦稳产技术研究［J］.作物杂志（4）：50-52.

金宗亭，赵永红，王惠滨，等.2006.棉花催熟剂的使用技术［J］.中国棉花（2）：28.

景蕊莲，昌小平.2003.用渗透胁迫鉴定小麦种子萌发期耐旱性的方法分析［J］.植物遗传资源学报，4（4）：292-296.

孔令杰.2006.用乙烯利催熟棉花应注意的几个问题［J］.农村百事通（16）：39-40.

李昌华，曾可，韦善清，等.2011.不同耕作方式下水分管理对水稻水分利用的影响［J］.作物杂志（4）：81-84.

李刚，杨粉团，姜晓莉，等.2010.基于抗旱低碳的秸秆覆盖免耕栽培玉米［J］.作物杂志（5）：10-13.

李军虎，秦建国，陈钢，等.2002.油葵杂交种春播产比试验及适宜播期的确定［J］.种子（4）：13-14.

李明哲，郝洪波，谢楠，等 . 2010. 黑龙港地区谷—草一年两作种植模式的可行性研究
　　[J]. 河北农业科学，14 (12)：5 - 7.

李书田，赵敏，刘斌，等 . 2010. 谷子新品种播期·密度与施肥的复因子试验 [J]. 内蒙
　　古农业科技 (3)：33 - 34.

李顺国，刘斐，刘猛，等 . 2014. 我国谷子产业现状、发展趋势及对策建议 [J]. 农业现
　　代化研究，35 (5)：531 - 535.

李素娟，陈继康，陈阜，等 . 2008. 华北平原免耕冬小麦生长发育特征研究 [J]. 作物学
　　报，34 (2)：290 - 296.

李素娟，李琳，陈阜，等 . 2007. 保护性耕作对华北平原冬小麦水分利用的影响 [J]. 华
　　北农学报，22 (增刊)：115 - 120.

李文体，刘向华，冯谦诚 . 2000. 河北省地下水超采区划分及现状分析研究 [J]. 地下水，
　　22 (2)：50 - 54.

李新举，张志国，邓基先，等 . 1998. 免耕对土壤生态环境的影响 [J]. 山东农业大学学
　　报，29 (4)：104 - 110.

李兴，史海滨，程满金，等 . 2008. 集雨补灌区谷子种植方式对产量水分利用效率的影响
　　[J]. 灌溉排水学报，27 (2)：106 - 109.

李扬汉 . 1988. 中国杂草志 [M]. 北京：中国农业出版社 .

李荫梅，等 . 1997. 谷子育种学 [M]. 北京：中国农业出版社 .

李英杰，赵世强，杨金深 . 2001. 河北省油葵产业现状分析 [J]. 河北农业科学
　　(2)：56 - 60.

李自超，刘文欣，赵笃乐 . 2001. PEG 胁迫下水、陆稻幼苗生长势比较研究 [J]. 中国农业
　　大学学报，6 (3)：16 - 20.

梁梅 . 2012. 邢台市春播油葵地膜覆盖栽培技术 [J]. 现代农村科技 (12)：15.

廖祥儒，朱新产 . 1996. 活性氧代谢和植物抗盐性 [J]. 生命的化学 (16)：19 - 23.

刘恩魁，段喜顺，刘红霞，等 . 2013. 春谷种植密度与产量的数量关系及其分析 [J]. 中
　　国农学通报，29 (30)：118 - 123.

刘海萍，王素英，王淑君，等 . 2012. 谷子新品种豫谷 15 不同密度及肥料配合效果研究
　　[J]. 园艺与种苗 (9)：44 - 46.

刘怀珍，黄庆，李康活，等 . 2000. 水稻连续免耕抛秧对土壤理化性状的影响初报 [J].
　　广东农业科学 (5)：8 - 11.

刘环，刘恩魁，周新建，等 . 2013. 夏谷播期与籽粒产量的回归分析 [J]. 作物栽培与设
　　施园艺，19 (3)：77 - 82.

刘京涛，刘炳强，吴振美，等 . 2006. 立收谷水剂催熟对小麦机械收割效果的影响 [J].
　　作物杂志 (3)：53.

刘生荣，刘党培 . 2004. 不同熟性棉花乙烯利催熟效应研究 [J]. 耕作与栽培 (5)：
　　85 - 86.

刘为红，孙黛珍，卢布，等.1996.谷子根系生长发育规律及环境条件对其影响的研究［J］.干旱地区农业研究，14（2）：20–25.

玛丽肖，杜雄，张立峰.2009.华北农牧交错带畜牧业外部经济效应解析［J］.草业学报，18（4）：155–162.

彭娟莹，杨仁斌，郭正元.2007.敌草快在甘蔗及土壤中的残留动态［J］.生态与农村环境学报，23（4）：76–77，82.

齐宏伟.2013.油葵新品种比较试验［J］.农业科技通讯（6）：140–143.

祁娟，徐柱，王海清，等.2009.披碱草与老芒麦苗期抗旱性综合评价［J］.草地学报，17（1）：36–42.

秦爱红，杨向红，李海秋，等.2010.油葵杂交品种S31种植密度试验研究［J］.安徽农学通报，16（7）：91，171.

秦岭，杨延兵，管延安，等.2013.济谷14对留苗密度和氮肥施用量的响应［J］.河北农业科学，17（1）：1–5.

屈冬玉，金黎平，谢开云.2010.中国马铃薯产业10年回顾［M］.北京：中国农业科学技术出版社.

山西农业科学院.1987.中国谷子栽培学［M］.北京：农业出版社.

邵长建，董勤成.2009.简述黄淮海地区夏玉米丰产配套栽培技术［J］.安徽农学通报，15（6）：66，129.

师志刚，夏雪岩，刘正理，等.2010.谷子抗咪唑乙烟酸新种质的初步研究［J］.河北农业科学，14（11）：133–134，136.

孙淑珍.2010.从水资源角度看黑龙满港区域农业种植结构优化［J］.河北工程技术高等专科学校学报，3（1）：4–6

孙元枢.2002.中国小黑麦遗传育种研究与应用［M］.杭州：浙江科学技术出版社.

田伯红，王建广，李雅静，等.2008.谷子发芽期和幼苗前期耐盐性鉴定指标的研究［J］.河北农业科学，12（7）：4–6.

田伯红，王建广，李雅静，等.2010.杂交谷子适宜除草剂筛选研究［J］.河北农业科学，14（11）：46–47.

田伯红，王素英，李雅静，等.2008.谷子地方品种发芽期和苗期对NaCl胁迫的反应和耐盐品种筛选［J］.作物学报，34（12）：2 218–2 222.

田敏，饶龙兵，李纪元.2005.植物细胞中的活性氧及其生理作用［J］.植物生理学通讯，41（2）：235–241.

王崇爱，方波，崔香连，等.2005.免耕晚播小麦生育特点及高产栽培技术［J］.山东农业科学（3）：30–32.

王大力.1995.豚草属植物的化感作用研究综述［J］.生态学杂志，14（4）：48–53.

王德兴，崔良基，孙恩玉，等.2010.密度对不同生育期油葵杂交种产量的影响［J］，黑龙江农业科学（9）：28–31.

王法宏，冯波，王旭清．2003．国内外免耕技术应用概况［J］．山东农业科学（6）：49－53.

王贵玲，陈浩，蔺文静，等．2006．河北省京津以南平原区未来30年地下水供需预测［J］．干旱区资源与环境，20（6）：63－68.

王桂华，2011．油葵栽培技术［J］．现代农业科技（8）：55－56.

王桂盛，田中午，陈发，等．1997．机采棉化学脱叶催熟技术的应用研究［J］．中国棉花，24（10）：25－26.

王冀川，万素梅，徐雅丽，等．2004．杂交油葵品种G101种植密度效应研究［J］．甘肃农业科技（8）：9－11.

王均华，闫保罗，李平海，等．2011．夏玉米免耕直播密植高产栽培技术［J］．现代农业科技（5）：75，88.

王万兴，孔德男，李明哲，等．2015．华北漏斗区雨养条件下马铃薯品种的筛选［J］．中国马铃薯（1）：8－13.

王熹，施一平．1975．乙烯利对水稻的催熟效应［J］．植物学报，17（4）：284－290.

王熹．1995．水稻的化学催熟［J］．中国稻米（3）：36－37.

王学奎．2006．植物生理生化实验原理和技术（第2版）［M］．北京：高等教育出版社.

王增远，孙元枢，陈秀珍，等．2002．新饲料作物——小黑麦［J］．作物杂志（4）：44－45.

王宗尧，欧阳凤仔，朱瑞琴．2012．油菜化学催熟技术研究概况［J］．浙江农业科学（1）：26－28.

吴凯，于静洁，谢贤群．2001．河北南部平原地下水位变化趋势及其对农业生态环境的影响［J］．农业环境保护，2（6）：401－404.

吴美娟，黄洪明．2009．喷施乙烯利对油菜角果催熟的效果试验［J］．浙江农业科学（1）：111－112.

夏雪岩，马铭泽，杨忠妍，等．2012．施肥量和留苗密度对谷子杂交种张杂谷8号产量及主要农艺性状的影响［J］．河北农业科学，16（1）：1－5.

夏雪岩，师志刚，刘正理，等．2010．栽培方式对简化栽培品种冀谷25生长发育的影响［J］．河北农业科学，14（11）：5－7，12.

肖文娜，周可金．2010．不同化学催熟剂对油菜光合生理及产量和品质的影响［J］．西北农林科技大学学报：自然科学版，38（3）：106－112.

谢德体，曾觉廷．1990．水田自然免耕土壤孔隙状况研究［J］．西南农业大学学报，12（4）：394－397.

徐洪志，廖淑梅，曾川，等．2011．稻田免耕直播油菜三峡油3号的种植密度研究［J］．作物杂志（5）：114－115.

严少华，黄东迈．1995．免耕对水稻土持水特征的影响［J］．土壤通报，26（5）：198－199.

杨德智，杨素梅，霍阿红，等．2010．河北省向日葵产业现状及发展对策［J］．农业科技通讯（5）：17－19．

杨国航，张春原，陈国平，等．2006．此京地区杂交油葵适宜密度、水分管理、除草刻试脸研究［J］．种子世界（1）：22－24．

杨艳君，郭平毅，曹玉凤，等．2012．施肥水平和种植密度对张杂谷5号产量及其构成要素的影响［J］．作物学报，38（12）：2 278－2 285．

于振文．2013．作物栽培学各论（北方本）［M］．北京：中国农业出版社．

岳增富．2007．夏谷的生长特点及栽培技术［J］．现代农业科技，17：164－171．

曾宪成，张曾凡，张德海．2006．小麦免耕撒播栽培技术［J］．安徽农学通报，12（13）：200．

张艾英，郭二虎，范惠萍，等．2014．谷子不同生育时期水分胁迫抗旱生理特性研究［J］，山西农业科学，42（7）：669－671．

张爱胜，马吉利，崔爱珍，等．2006．不同耕作方式对冬小麦产量及水分利用状况的影响［J］．中国农学通报，22（1）：110－113．

张海金．2007．谷子在旱作农业中的地位和作用［J］．安徽农学通报（10）：169－170．

张金龙，刘学锋，于长文．2012．河北省干旱分布特征和变化规律分析［J］．干旱区研究，29（1）：41－46．

张锦鹏，王茅雁，白云凤，等．2005．谷子耐旱性的苗期快速鉴定［J］．植物遗传资源学报，6（1）：59－62．

张树花．2001．杂交油葵栽培技术［J］，河北农业科技（2）：12．

张喜文，武钊．1993．谷子栽培生理［M］．北京：中国农业科技出版社．

张勇勇，顾克章，张顺泉．1997．水稻免耕旱播耕作法的效益及其对土壤理化性状的影响［J］．浙江农业科学（3）：20－22．

赵尔成，王祥云，韩丽君，等．2005．常用植物生长调节剂残留分析研究进展［J］．安徽农业科学，33（9）：1 709－1 711．

赵海超，曲平化，龚学臣，等．2012．不同播期对旱作谷子生长及产量的影响［J］．河北北方学院学报：自然科学版，28（3）：26－30．

赵继磊．2012．威县地膜杂交油葵栽培技术要点．现代农村科技（11）：10．

郑曦，季春娟，仝炜．2008．悬铃木落叶水提液对三种植物种子萌发和幼苗生长的影响［J］．种子，27（5）：26－27，31．

周汉章，刘环，薄奎勇，等．2010．除草剂谷友对谷田杂草的除草效果及对谷子安全性的影响［J］．河北农业科学，14（11）：40－43．

周可金，官春云，肖文娜，等．2009．催熟剂对油菜角果光合特性、品质及产量的影响［J］．作物学报，35（7）：1 369－1 373．

周可金．2009．油菜化学催熟及其生理机制的研究［D］．长沙：湖南农业大学．

朱文珊．1984．夏玉米免耕增产效果的初步研究［J］．北京农业大学学报，10（1）：41－

48.

朱学海，宋燕春，赵治海，等．2008．用渗透剂胁迫鉴定谷子芽期耐旱性的方法研究［J］．
植物遗传资源学报，9（1）：62 – 67．

朱钟麟，卿明福，郑家国，等．2005．免耕和秸秆覆盖对小麦、油菜水分利用效率的影响
［J］．西南农业学报，18（5）：63 – 66．

邹应斌，李克勤，任泽民．2003．水稻的直播与免耕直播栽培研究进展［J］．作物研究
（1）：52 – 59．

Andersor D M，Swanton C J，Hail J C，et al. 1993. The influence of soil moisture simulated rain-
fall and time of application on the officacy of glufosinate-ammonium［J］．Weed Research（Ox-
ford），33：2，149 – 160．

Derpsh R，Sidiras N，Roth C H. 1986. Results of studies made from 1977 to 1984 to control ersion
by cover crops and no-tillage techniques in Barana，Brazil［J］. Soil & Tillage Research（8）：
253 – 263．

Logan J，Gwathmey C O. 2002. Effects of weather on cotton responses to harvest-aid chemicals
［J］．J Cotton Sci（6）：1 – 12．

Ojeniyi S O. 1986. Effect of zero-tillage and disc ploughing on soil water，soil temperature and
growth and yield of maize［J］. Soil & Tillage Research（7）：173 – 182．

Uniyal R C，Nautiyal A R. 1998. Seed germination and seedling extension growth in Qugeinia dal-
bergioides Benth. Under water salinity stress［J］．New Forests，16：265 – 272．

Wen Xiaoxia，Zhang Deqi，Liao Yuncheng，et al. 2012. Effects of Water-collecting and retaining
techniques Photosynthetic rates，yieldand water use efficiency of Millet Grown in a semiarid re-
gion［J］．Journal of Integrative Agriculture，11（7）：1 119 – 1 128．